Estado e capital ferroviário em São Paulo

A Companhia Paulista de Estradas de Ferro entre 1930 e 1961

Estado e capital ferroviário em São Paulo

A Companhia Paulista de Estradas de Ferro entre 1930 e 1961

Guilherme Grandi

Coleção História Econômica

Copyright © 2013 Guilherme Grandi

Grafia atualizada segundo o Acordo Ortográfico da Língua Portuguesa de 1990, que entrou em vigor no Brasil em 2009.

Publishers: Joana Monteleone/Haroldo Ceravolo Sereza/Roberto Cosso
Edição: Joana Monteleone
Editor assistente: Vitor Rodrigo Donofrio Arruda
Projeto gráfico, capa e diagramação: Rogério Cantelli
Revisão: Íris Friedman
Coordenador da coleção História Econômica: José Jobson de Andrade Arruda

IMAGENS DA CAPA:
Frente – *Desembarque de migrantes na Estação do Norte, década de 1930.* Casa do Imigrante. In: PORTA, Paula (org.). *História da cidade de São Paulo: a cidade na primeira metade do século XX.* São Paulo: Paz e Terra, 2004, vol. 3, p. 165.
Verso – Disponível em: http://www.sxc.hu/

CIP-BRASIL. CATALOGAÇÃO-NA-FONTE
SINDICATO NACIONAL DOS EDITORES DE LIVROS, RJ

G774e

Grandi, Guilherme.
ESTADO E CAPITAL FERROVIÁRIO EM SÃO PAULO: A COMPANHIA PAULISTA DE ESTRADAS DE FERRO ENTRE 1930 E 1961
Guilherme Grandi
São Paulo: Alameda, 2013
328p.

Inclui bibliografia
ISBN: 978-85-7939-159-0

1. Brasil – História 2. Transportes – Brasil 3. Ferrovias – São Paulo (Estado) – História. I. Título.

12-5468   CDD: 385.0981
             CDU: 656.2(81)
                                    037830

ALAMEDA CASA EDITORIAL
Rua Conselheiro Ramalho, 694 – Bela Vista
CEP 01325-000 – São Paulo, SP
Tel. (11) 3012-2400
www.alamedaeditorial.com.br

*Aos meus pais, Luiz e Sônia,
e aos meus irmãos, Alexandre
e Maurício, minhas principais
referências afetivas.*

Sumário

ÍNDICE DE ABREVIATURAS 11

PREFÁCIO 13

NOTA METODOLÓGICA 17

INTRODUÇÃO 19

CAPÍTULO I – TRANSPORTE TERRESTRE, ECONOMIA CAFEEIRA 41
E FERROVIARISMO

1. O transporte terrestre de carga em São Paulo antes das ferrovias 48
2. Elite latifundiária e formação do Estado no Brasil 65
3. Legislação ferroviária e capital cafeeiro 77
4. A constituição da primeira ferrovia paulista 86

CAPÍTULO II – ESTADO, CAPITAL FERROVIÁRIO E A CONCEPÇÃO DO 99
PROJETO VIÁRIO NACIONAL

5. A Companhia Paulista e a República Oligárquica 106
6. A crise dos anos vinte e o primeiro Plano Nacional de Viação 131
7. A política de transporte estadonovista: puxando o freio para arrumar a "casa" 145
8. A gestão Dutra e o Plano Nacional de Viação de 1951 153

CAPÍTULO III – O DESEMPENHO ECONÔMICO-FINANCEIRO DA COMPANHIA PAULISTA (1930-1961)   169

9. Serviço de tráfego e resultado operacional   182
10. Créditos de financiamento e concretização dos investimentos   210
11. Movimento operário e os ferroviários da Paulista   228

CAPÍTULO IV – O FIM DE UMA ERA: A ESTATIZAÇÃO DA COMPANHIA PAULISTA   245

12. A Paulista e o seu projeto de transporte   248
13. O Programa de Metas e a constituição do GEIA   262
14. A greve e o fim da gestão privada   272

CONCLUSÃO   281

ANEXOS   291

ÍNDICE DE TABELAS   301

ÍNDICE DE IMAGENS   303

FONTES E BIBLIOGRAFIA   305

AGRADECIMENTOS   325

A história como evento é pura atividade prática (econômica e moral). Uma ideia se realiza não enquanto é logicamente coerente do ponto de vista da pura verdade, da pura humanidade (que existe somente como programa, como finalidade ética geral dos homens), mas enquanto encontra na realidade econômica sua justificação, o instrumento para afirmar-se. Para se conhecer com exatidão quais são as finalidades históricas de um país, de uma sociedade, de um agrupamento, é preciso conhecer, antes de mais nada, quais são os sistemas e as relações de produção e de troca daquela país, daquela sociedade. Sem este conhecimento, será possível redigir monografias parciais, dissertações úteis para a história da cultura; será possível recolher reflexos secundários, consequências longínquas, mas não se fará história, não se conseguirá apreender o núcleo da atividade prática em toda a sua solidez.

Antonio Gramsci

ÍNDICE DE ABREVIATURAS

ACS – Associação Comercial de Santos
ALL – América Latina Logística
ANL – Aliança Nacional Libertadora
ANTF – Associação Nacional dos Transportadores Ferroviários
ANTT – Agência Nacional dos Transportes Terrestres
BNDE – Banco Nacional de Desenvolvimento Econômico
CAIC – Companhia de Agricultura, Imigração e Colonização
CEXIM – Carteira de Exportação e Importação do Banco do Brasil
CMBEU – Comissão Mista Brasil-Estados Unidos para Desenvolvimento Econômico
CNP – Conselho Nacional do Petróleo
CNT – Conselho Nacional de Transporte
Cofins – Contribuição para o Financiamento da Seguridade Social
CPT – Companhia Paulista de Transportes
CSN – Companhia Siderúrgica Nacional
CTT/CGT – Conselho de Tarifas e Transportes da Contadoria Geral dos Transportes
CVRD – Companhia Vale do Rio Doce
DASP – Departamento Administrativo do Serviço Público
DNEF – Departamento Nacional de Estradas de Ferro
DNER – Departamento Nacional de Estradas de Rodagem
Dops – Departamento de Ordem Política e Social
Eximbank – Banco de Exportação e Importação de Washington
Fiesp – Federação das Indústrias do Estado de São Paulo
FNM – Fábrica Nacional de Motores
FNV – Fábrica Nacional de Vagões
FOSP – Federação Operária de São Paulo

GEIA – Grupo Executivo da Indústria Automobilística
GEIPOT – Grupo Executivo de Integração da Política de Transportes
IBGE – Instituto Brasileiro de Geografia e Estatística
ICESP – Instituto do Café do Estado de São Paulo
IFE – Inspetoria Federal de Estradas
IPI – Imposto sobre Produtos Industrializados
IPT – Instituto de Pesquisas Tecnológicas de São Paulo
LAB – Liga Agrícola Brasileira
MVOP – Ministério da Viação e Obras Públicas
PCB – Partido Comunista Brasileiro
PD – Partido Democrático
PEA – População Economicamente Ativa
PIB – Produto Interno Bruto
PIS – Programa de Integração Social
PNB – Produto Nacional Bruto
PRP – Partido Republicano Paulista
PSB – Partido Socialista Brasileiro
PSD – Partido Social Democrático
PTB – Partido Trabalhista Brasileiro
RCP – Relatório da Companhia Paulista
RFFSA – Rede Ferroviária Federal S.A.
Senai – Serviço Nacional de Aprendizagem Industrial
SPA – Sociedade Paulista Agrícola
SRB – Sociedade Rural Brasileira
Sumoc – Superintendência da Moeda e Crédito
TAV – Trem de Alta Velocidade
TKU – Tonelada-quilômetro de peso útil

Prefácio

O destino da Paulista: entre o capital privado e as políticas públicas

O livro de Guilherme Grandi, *Estado e Capital Ferroviário em São Paulo: a Companhia Paulista de Estradas de Ferro entre 1930 e 1961*, revisita um tema histórico de enorme relevância para a história de São Paulo e do país, densamente trabalhado pelos historiadores, mas ainda não esgotado, como os leitores desta instigante tese constatarão.

A Paulista é um ícone no concerto dos estudos ferroviários. Por seu papel chave no desenvolvimento econômico da província e do Estado de São Paulo, absolutamente dependente de sua produção agrícola deste os tempos coloniais, portanto, dependente da ocupação sistemática de suas terras, de seus espaços agricultáveis, numa contínua produção do território na forma das fazendas, vilas e cidades constituídas, perseverando naquele que tinha sido o traço fundamental da conquista e colonização portuguesa nos trópicos, a perene semovência das fronteiras.

Dos carros de boi aos trens de ferro, dos caminhos de chão batido aos trilhos, séculos medearam. Mas, com a implantação da rede ferroviária o ritmo das inovações se acelera além do normal. Torna-se frenético. Equivale dizer, o lapso de tempo entre o nascer, o *boom* e o eclipsar do fenômeno ferroviário esgota-se em menos de um século. Esta é a temporalidade da Paulista. Idealizada em 1868, pelo então presidente da província de São Paulo, Saldanha Marinho e um grupo de empreendedores constituído por capitalistas e fazendeiros, para quem a nova estrutura de transportes era uma condição *sine qua nom* para o escoamento de suas safras, a preservação e o desenvolvimento do sistema reprodutivo cafeicultor, da economia e das finanças em geral, aventura encerrada, melancolicamente,em 1961, com sua incorporação ao patrimônio ferroviário do Estado de São Paulo.

Esta foi a primeira ferrovia brasileira a ser financiada exclusivamente por capitais nativos. O trecho ferroviário construído pelo Barão de Mauá em 1854, no Rio de Janeiro, recebera aporte substancial de capitais ingleses. A São Paulo Railway, que interligava o porto de Santos a Jundiaí, aberta ao tráfego em 1867, fora constituída somente por capitais ingleses, contemplados que foram com o monopólio da rota destinada ao porto de Santos, artéria vital para o escoamento do café paulista.

Esta excepcionalidade faz da Paulista um objeto de estudo privilegiado. É uma empresa nacional, fato raro num contexto em que os investimentos de grande magnitude não avançavam sem o concurso do capital estrangeiro, mormente inglês. Trata-se de um exitoso empreendimento da burguesia nacional, criador de uma empresa modelar por seus sucessivos aprimoramentos, cuja decadência, entretanto, não ocorre nos fins dos anos 1940 como quer a grande maioria dos estudos sobre a Paulista. Manifesta-se uma década após, nos finais dos anos 1950, como quer Guilherme Grandi, fundamentado no exame detido dos relatórios oferecidos pela Companhia aos acionistas em suas Assembleias Gerais, realizadas periodicamente.

Entre os anos de 1930 e 1960, a estrutura produtiva do Estado de São Paulo alterou-se significativamente. O café beneficiado continuava a ser o produto dominante nas cargas transportadas. Mas, o desenvolvimento agrícola diversificara substancialmente a produção, caracterizando-se uma significativa policultura, com o renascimento da cultura algodoeira – em recesso desde o boom econômico dos anos 1860 atrelado à Guerra Civil Americana –, a expansão da rizicultura e do amendoim, dinamismo agrícola que garantiu o bom desempenho financeiro da Companhia, traduzido em investimentos na retificação de parte do traçado, na eletrificação de alguns trechos e no alargamento de bitola das linhas com maior densidade de tráfico, investimentos estes que, por seu turno, são indicadores da saúde econômica da Paulista ainda no decorrer da década de 1950.

As décadas gloriosas, contudo, estavam prestes a se extinguir. Um complexo de razões. Um caudal irresistível produz a avalanche que conduziria a Companhia à extinção. Um destes fatores é de longo curso, e estava contido na própria origem da empresa. Constituída que fora pelo capital votante de fazendeiros de café e, posteriormente de outros produtos agrícolas, estava submetida aos interesses imediatos destes proprietários, nem sempre compatíveis com a racionalidade empresarial. A sinuosa malha criada, os ramais antieconômicos, os traçados prioritários abandonados, a incapacidade de reagir de forma coesa em face da crise que se avizinhava, são uma prova cabal desse problema estrutural de origem. Uma contradição flagrante, pois a natureza da constituição societária constituíra, ao mesmo tempo, a força e a fraqueza da empresa criada.

No médio prazo, na média temporalidade dos anos 1950, o problema visceral enfrentado foi a exacerbação do conflito capital/trabalho. O embate entre a empresa, representada por sua diretoria, e os funcionários, por seu sindicato, um dos primeiros e mais poderosos do Brasil. Situação agravada por um terceiro fator conducente à crise, a inflação, que deteriorava o poder de compra dos funcionários e operários, cujas demandas ainda mais se legitimavam pelas diferenças salariais em relação aos valores pagos pela Estrada de Ferro Sorocabana aos seus empregados, de propriedade do governo do Estado. O resultado foi uma série infinda de greves, iniciadas nos meados dos anos 1950, e que se arrastaram até 1961, culminando na paralisação completa das atividades da Paulista, de resto vitais para a economia paulista, justificando sua encampação pelo poder público.

Concomitantemente, no plano nacional, uma reversão das prioridades governamentais relacionadas ao sistema de transportes, reposicionava as ênfases da política presidencial. O Programa de Metas do Presidente Juscelino Kubitschek via nos polos indústria automotiva/malha rodoviária, um binômio virtuoso, capaz de alavancar o crescimento econômico acelerado e criar condições para a projeção do país à nova etapa do desenvolvimento econômico, superando o atraso estrutural que tolhia a modernização do país há décadas. O moderno passava a se identificar com automóveis, ônibus e caminhões. Locomotivas e vagões simbolizavam o arcaico, a decadência, o atraso. O tempo das estradas de ferro havia passado no país; como passara o tempo das diligências nos Estados Unidos, por mais absurdo que possa parecer.

Inversão de prioridades, que teve um impacto profundo sobre a trajetória histórica da Paulista, pois, na reflexão do autor da obra em epígrafe, "a companhia ferroviária que se mostrara vigorosa do ponto de vista econômico sob a égide do capital privado, foi estatizada como consequência direta de um processo de sucateamento do sistema ferroviário nacional, resultante de uma inflexão na orientação política do Estado sobre a questão dos transportes".

Guilherme Grandi empenhou-se no sentido de construir uma história conhecimento, entrelaçando narração e interpretação, produzindo um texto que, certamente, enriquecerá a produção histórica sobre a história ferroviária de São Paulo. Razão pela qual foi acolhido pela Alameda Casa Editorial para integrar a sua coleção de textos de história econômica, sob nossa direção, texto apoiado financeiramente pela Fapesp, reconhecimento indiscutível de sua qualidade como obra científica relevante.

Poder-se-ia pedir mais? Por certo não. Mas, pode-se perscrutar sobre o que mais se poderia fazer em tempos historiográficos galvanizados pela história cultural, no afã de estabelecer um saudável diálogo entre história econômica e história cultural. Pensar a empresa ferroviária modelar pela constante inovação que garantia a qualidade operacional, a pontualidade britânica de suas partidas e chegadas, a rapidez, o conforto, o convívio dos passageiros frequentes no vagão restaurante de cardápio inesquecível, resguardado no arquivo dos sabores e odores da memória, o filé arcesp, frito na manteiga, agasalhado num perfumado panachê de legumes. Privilégio de poucos. Claro, dos passageiros da primeira classe do trem azul.

Mas que também, por outras vias, preserva-se no imaginário dos 1.6 milhão de imigrantes que foram gratuitamente transportados pela Paulista, a contar de 1948. Ano em que 35.327 colonos, familiares e bagagens, foram deslocados da capital para as cidades do interior onde se instalariam nos remotos rincões das frentes pioneiras, que faz da referência "Paulista" um cintilar de luzes na memória de milhões de imigrantes e descendentes, que formam hoje a elite da rede urbana servidas pela Companhia. Um imaginário vivo, disponível para ser acessado pelos pesquisadores instalados tanto numa quanto noutra corrente historiográfica. O parque sucateado Paulista em Bauru, entroncamento ferroviário estratégico, é um museu a céu aberto, um acicate permanente à memória, um chamado à remoldagem histórica deste poderoso imaginário.

José Jobson de Andrade Arruda

NOTA METODOLÓGICA

AS PRINCIPAIS FONTES PRIMÁRIAS QUE FUNDAMENTAM empiricamente este trabalho são os Relatórios da Companhia Paulista de Estradas de Ferro, principalmente os exemplares correspondentes ao período de 1930-1961.

De periodicidade anual, tal fonte seriada foi indispensável à análise empregada sobre o desempenho econômico-financeiro da ferrovia. Em diversas passagens do trabalho, reproduzi na íntegra alguns trechos desses relatórios que expressam as opiniões da diretoria da Companhia com respeito aos mais diversos temas relacionados às atividades da Paulista. No entanto, essa opção metodológica não deve induzir o leitor a pensar que concordo com todas as ideias presentes nesses documentos. Além disso, optei por atualizar a grafia dos termos desses relatórios como forma de tornar a leitura desses trechos mais acessível ao público leitor.

Em relação à análise do material empírico, considero que todo documento primário comporta uma dimensão ideológica que caracteriza seu discurso e que, por sua vez, demanda do historiador certo distanciamento crítico no momento de empreender sua avaliação sobre o material selecionado. Isso porque a dimensão ideológica singulariza o discurso, imprimindo "marcas" sociais próprias de um tempo e espaço delimitados, em que o interlocutor assume, quase que invariavelmente, o papel de representar as concepções de um grupo, a visão de mundo de uma classe ou fração de classe. Assim, ao fazer as citações, procurei imprimir um olhar crítico frente ao posicionamento ideológico dos diretores da Companhia.

Já a respeito da correção dos valores monetários, adotei a metodologia empregada na obra *Uma ferrovia entre dois mundos: a E. F. Noroeste do Brasil na primeira metade do século 20*, de Paulo Cimó Queiroz, que, para deflacionar os dados, utilizou mais amplamente o IGP-DI, índice de preço composto pela Fundação Getúlio Vargas desde 1944.

Introdução

EM FACE DOS FREQUENTES CAOS AÉREOS ocorridos nos aeroportos brasileiros, e diante da insegurança presente diariamente em nossas rodovias, que tem custado a vida de um número crescente de usuários, a opção ferroviária vem ressurgindo com força no debate nacional sobre infraestrutura de transportes. Projetos bilionários como o Trem de Alta Velocidade (TAV) entre São Paulo e Rio de Janeiro e o chamado Expresso Aeroporto, trem que deve ligar a estação da Luz ao aeroporto de Cumbica em Guarulhos-SP, vêm atraindo o interesse da opinião pública e de empresários estrangeiros e nacionais potencialmente dispostos a investirem nesses projetos. No caso da ligação rápida por trilhos entre os dois maiores estados da federação, o problema central decorre das informações divergentes a respeito da demanda de passageiros, das cifras a serem investidas, do valor da tarifa e da expectativa de retorno financeiro para o operador ferroviário, que foram divulgados pelos consórcios interessados no megaempreendimento.

A despeito das incertezas da sociedade e dos riscos inerentes a esses projetos, observa-se que o atual desempenho da economia brasileira vem estimulando muitos setores de infraestrutura, como o setor energético e o próprio setor ferroviário. Decerto, vivemos um contexto altamente promissor ao desenvolvimento das ferrovias, devido à grande expectativa em torno dos empreendimentos destinados a incrementar a mobilidade em nosso país, haja vista que o Brasil tem no horizonte a realização da Copa do Mundo em 2014 e das Olimpíadas em 2016.

O cenário atual do transporte ferroviário de carga no país denota que o setor vem experimentando um crescimento robusto e sustentável em função, principalmente, da maturação dos investimentos realizados nos anos precedentes. Dois aspectos estreitamente relacionados explicam esses recentes bons resultados: primeiro, o crescimento da demanda por transporte de massa a longas distâncias como consequência do desempenho favorável da economia como um todo, especialmente do comércio exportador de *commodities*; e, segundo, o aumento dos investimentos das operadoras induzido pelo otimismo das empresas ferroviárias em relação ao setor produtivo para os próximos anos.

Para ilustrar o que estamos pontuando, dados de 2007 da Agência Nacional dos Transportes Terrestres (ANTT) demonstram que as operadoras privadas investiram R$ 2,7 bilhões na malha ferroviária. No período de dez anos, de 1997, início da reprivatização do setor no país, até 2007, o total investido pela iniciativa privada no setor somou R$ 14,4 bilhões. Por ano, a média de recursos investidos pelas empresas chega a R$ 1 bilhão. Destaca-se que a maior parte do volume investido se destina à aquisição e reforma de material rodante e de tração. Só para se ter uma ideia, antes do arrendamento dos trechos da extinta Rede Ferroviária Federal (RFFSA), 60% do material ferroviário era importado; em 2008, uma empresa como a América Latina Logística (ALL), a maior concessionária de ferrovias da América Latina, importava apenas 7% do material ferroviário utilizado.[1] Recentemente, em entrevista à *Revista Ferroviária*, o diretor-presidente da ALL, Bernardo Hees, afirmou que todo ano a empresa acrescenta à sua frota 50 locomotivas e 1.500 vagões, entre novos e reformados.[2]

Frente aos investimentos privados, o governo federal também vem se mobilizando no intuito de investir nas ferrovias cargueiras. Três grandes projetos governamentais que estão em andamento – as ferrovias Norte-Sul, Leste-Oeste e a Nova Transnordestina – compõem o plano para alcançar a meta de se construir 10 mil quilômetros de linhas férreas até 2020. A esse respeito, Paulo Sérgio Passos, Secretário-Executivo do Ministério dos Transportes, estima um investimento público em ferrovias para os próximos anos na casa de R$ 18 bilhões.[3] Num esforço de tentar melhorar a infraestrutura e a concorrência do setor, o governo já havia anunciado em 2008, durante a apresentação da *Política de Desenvolvimento Produtivo*, que o setor ferroviário se beneficiara de uma desoneração tributária da ordem de R$ 2,6 bilhões até 2011, devido à isenção do pagamento de PIS, Cofins e IPI.

---

1 Agência Nacional de Transportes Terrestres. *Evolução do transporte ferroviário*, 2008. Disponível em: http://www.antt.gov.br/concessaofer/EvolucaoFerroviaria.pdf. Último acesso em 23/9/2008.
2 "Hees: 'Setor virou ciclo de investimento'". *Revista Ferroviária*, 28/3/2008.
3 "Brasil vai dobrar meta de expansão de ferrovias". *Brasil Econômico*, 19/3/2010.

Esse pacote de projetos, que o governo espera consolidar nesta década, visa fundamentalmente aumentar a integração da rede ferroviária do país, ao mesmo tempo em que, ao estimular a concorrência entre as empresas ferroviárias, se pretende melhorar a competitividade do agronegócio, principal cliente das ferrovias. Atualmente, os produtores agrícolas do estado do Mato Grosso, por exemplo, têm apenas uma opção de escoamento através das linhas da ALL que opera a Ferronorte e descarrega os produtos nos portos de Paranaguá-PR ou de Santos-SP. O governo acredita que com a melhoria da integração ferroviária, em vez da existência de uma única concessionária em cada região, surgirá, pelo menos, duas alternativas de escoamento por portos diferentes, gerando um ambiente de competição tarifária. Resta saber se as concessionárias vão cooperar com essa intenção do poder público.

De qualquer forma, entendemos que o governo vem agindo nos últimos anos de modo acertado, mesmo porque um dos maiores desafios do país em relação aos transportes é tentar romper com a competição intermodal e, assim, procurar criar condições para a promoção da complementaridade e integração das diferentes modalidades de locomoção. Além disso, devido a natureza de bem público do transporte por trilhos, que acarreta um benefício social geralmente superior ao benefício privado, fazendo com que em certos casos sua oferta seja insuficiente ou mesmo inviável economicamente, uma política de subsídios e uma boa regulamentação atrelada a critérios claros, transparentes e bem definidos de regulação, tornam-se imprescindíveis no caso do transporte ferroviário para que o Brasil possa desenvolver melhor esse setor.

O outro lado dessa história, todavia, é que o país possui, hoje, apenas 29 mil quilômetros de estradas de ferro, e somente três linhas transportam passageiros em longas distâncias fora de regiões metropolitanas: a E. F. Vitória-Minas e a E. F. Carajás, ambas da Companhia Vale do Rio Doce (CVRD), e o Trem da Serra Verde, entre Curitiba e Paranaguá, no estado do Paraná.

Há quem diga que os atuais investimentos no setor visam resgatar os tempos áureos do setor vividos durante a década de 1950, quando a rede nacional computava 37 mil quilômetros de linhas. No entanto, se todos os investimentos projetados se concretizarem, atingiríamos uma extensão ferroviária de 35 mil quilômetros em 2015. Segundo Rodrigo Vilaça, diretor da Agência Nacional dos Transportadores Ferroviários (ANTF) – órgão da sociedade civil que representa as empresas concessionárias de ferrovias –, o governo federal prevê alcançar 52 mil quilômetros de linhas até 2030, o ideal para atender adequadamente grande parte do território do país.[4]

É importante lembrar que, durante o processo de reprivatização das estradas de ferro ocorrido nos anos 1990, o Brasil, indubitavelmente, optou pelo transporte de carga em detrimento do de passageiros. Tal situação fica ainda mais patente se observarmos que todas as concessionárias de ferrovias são controladas por grandes grupos empresariais que, em geral, buscam transportar seus próprios produtos, a exemplo das megamineradoras CVRD e Companhia Siderúrgica Nacional (CSN). Ademais, sabe-se que, do ponto de vista econômico, o transporte de passageiros sempre foi deficitário – não só no Brasil, mas no mundo inteiro – o que o torna necessariamente dependente de estímulos e incentivos governamentais, a exemplo das várias formas de subsídio existentes hoje e no passado.

Ressalva-se também que o setor ferroviário poderia apresentar um desempenho bem melhor se, durante essas rodadas de reprivatizações, não tivesse ocorrido o que de fato se sucedeu: a montagem de um balcão de negociações que precedeu a definição de um marco regulatório consistente. Em consequência, é possível notar atualmente a persistência de certo atrofiamento das funções regulatórias do Estado no setor, o que aumenta a possibilidade de captura deste por parte das grandes *holdings* empresariais que controlam, como concessionárias, a maioria dos serviços de transporte no país.

Portanto, diante dos fatos e especificidades apontados acima, compreender as transformações históricas experimentadas pelo transporte ferroviário brasileiro, mais especificamente pelas ferrovias em São Paulo – região à qual este estudo se dedica –, nos qualifica para tratar dos problemas do presente. Embora essa interpenetração passado-presente não se esgote em si mesma – ela nos lança para o futuro ao anunciar os próximos acontecimentos – a reflexão histórica faz do presente uma permanente antecipação do porvir ao nos mostrar o leque de possibilidades que se abre e fecha conforme o dinamismo das relações econômicas. Essas relações, sendo elas sempre conflituosas ao envolverem empresas, consumidores e o Estado, estão no centro de nossa análise.

O objeto do presente estudo é a Companhia Paulista de Estradas de Ferro no período de 1930 a 1961. Com o propósito de sanar a lacuna existente na

---

4   "País deve investir R$ 71 bilhões em ferrovias". *Agência Estado*, 21/9/2009.

historiografia a respeito da história dessa Companhia após os anos 1930, selecionamos a referida periodização na intenção de ampliar o conhecimento a respeito do tema das ferrovias de São Paulo para além das décadas de 1930 e 1940, até então estudadas. A sincronia que existe entre este marco temporal, adotado com frequência pelos pesquisadores, e o binômio café-ferrovia, resulta do fato de alguns renomados historiadores econômicos privilegiarem, insistentemente em seus trabalhos, a imbricada relação entre a economia cafeeira e o desenvolvimento do sistema ferroviário paulista.

A razão para muitos estudiosos confinarem suas perspectivas de análise somente até os anos 1930 reside, no nosso modo de ver, na hipótese da inextricável vinculação da crise do setor cafeeiro com a suposta derrocada do transporte ferroviário, uma vez que a grande maioria das ferrovias de São Paulo surgiu e se desenvolveu como consequência das inversões efetuadas pelo capital cafeeiro ao longo dos séculos XIX e XX.

Por esse motivo, vários autores se dedicaram ao tema que relaciona a cafeicultura ao setor ferroviário.[5] Dentre eles, Odilon Nogueira de Matos sintetiza essa relação ao afirmar que as linhas férreas no Brasil – particularmente aquelas estabelecidas nas áreas paulistas, mineiras e fluminenses – nasceram atreladas à afamada rubiácea e, assim, permaneceram durante quase toda a sua história. Para o autor, essas ferrovias foram construídas em função dos interesses dos cafeicultores e, posteriormente, quando algumas delas foram agrupadas em redes maiores, como a Leopoldina e a própria Paulista, pequenas ferrovias a elas foram incorporadas; grande parte, no entanto, acabou ficando sem função, dado o caráter sazonal do café e, por isso, muitas foram sistematicamente desmanteladas.[6]

Existe uma bibliografia razoavelmente extensa sobre a história das estradas de ferro no Brasil que, via de regra, aborda os mais diversos aspectos relacionados

---

5   R. H. Mattoon Jr. *The Companhia Paulista de Estradas de Ferro, 1868-1900: a local railway enterprise in São Paulo*. Tese de doutorado, Yale University, 1971; O. N. de. Matos. *Café e ferrovias: a evolução ferroviária de São Paulo e o desenvolvimento da cultura cafeeira*. São Paulo: Alfa-Omega. Sociologia e Política, 1974; D. M. de F. L. Diniz. "Ferrovia e expansão cafeeira: um estudo da modernização dos meios de transportes". In: Revista de história n° 104, 1975, p. 825-52; F. A. M. de Saes. *As ferrovias de São Paulo (1870-1940)*. São Paulo: Hucitec, 1981; D. J. Hogan. *Café, ferrovia e população: o processo de urbanização em Rio Claro*. Campinas: NEPO-Unicamp, 1986; G. Grandi. *Café e expansão ferroviária: a Companhia E. F. Rio Claro, 1880-1903*. São Paulo: Annablume/Fapesp, 2007.

6   O. N. de Matos. "Vias de comunicação". In: S. B. de Holanda. *História geral da civilização brasileira*. Tomo II, 4° vol. São Paulo: Difel, 1971, p. 57.

a construção ferroviária no Brasil, admite que para analisar os efeitos causados pelas estradas de ferro na economia agrícola, como aumento de produtividade e redução dos custos, é importante considerar as diferenças regionais e a cronologia distinta das construções ferroviárias. Além do mais, a autora chama a atenção para a escassez de pesquisas a respeito de como, onde e quando as ferrovias passaram a suceder as primeiras formas de transporte no Brasil.[13]

Já para Flávio Saes, as ferrovias em São Paulo vieram substituir o transporte realizado por tropas de muares. Na medida em que as estradas de ferro liberaram parte do contingente de escravos destinados à atividade de transporte, este pôde ser alocado no trabalho propriamente agrícola. Apesar de não negar a imbricação existente entre café e ferrovias, Saes pontua, no entanto, que tal relação se desenvolveu sob a contradição latente que envolvia esses dois setores econômicos. Segundo o autor, as companhias ferroviárias não devem ser entendidas como meros apêndices da economia cafeeira, pois seus objetivos podiam conflitar com os da "lavoura" e até serem definidos segundo políticas próprias.[14]

Nesse sentido, embora houvesse a interdependência entre a economia cafeeira e as ferrovias, a maioria das companhias ferroviárias de São Paulo buscava seus próprios interesses que oscilavam entre garantir alta rentabilidade aos capitais investidos, na forma de distribuição de dividendos elevados aos seus acionistas, e expandir suas linhas como alternativa para assegurar o monopólio do transporte e, consequentemente, a lucratividade operacional das empresas.[15]

É inegável que em São Paulo a cafeicultura gerou uma série de efeitos "encadeadores", ao estimular uma quantidade maior de atividades produtivas em comparação àquelas gestadas em outras regiões do país. Desde a produção de vestuário e alimentos como o próprio serviço ferroviário, o processo de acumulação do

---

of Economics, 2000; L. H. S. Kliemann. *A ferrovia gaúcha e as diretrizes da ordem e progresso*. Porto Alegre, dissertação de mestrado, PUC, 1977; D. Tenório. *Capitalismo e ferrovias no Brasil (as ferrovias em Alagoas)*. Maceió: EDUFAL, 1979; J. R. de S. Dias. A E. F. *Porto Alegre a Uruguaiana e a formação da Rede de Viação Férrea do Rio Grande do Sul. Uma contribuição ao estudo dos transportes no Brasil Meridional, 1866-1920*. São Paulo, tese de doutorado, USP, 1981; L. R. Kroftz. *As estradas de ferro do Paraná*. São Paulo, tese de doutorado, USP, 1985.

13   Lamounier, *op. cit.*, p. 12.
14   Saes, *op. cit.*, 1986, p. 64-67.
15   *Ibidem*, p. 163.

capital cafeeiro viabilizou novas oportunidades de investimentos ao estabelecer *linkages* expressivos tanto de produção como de consumo.[16]

Outra parcela da bibliografia relevante focaliza a questão da mão de obra empregada nas ferrovias, sua origem e o tipo de organização do trabalho.[17] A legislação e as características dos investimentos no setor foram tratadas por outra gama de autores.[18]

Por exemplo, Colin Lewis considera que, do ponto de vista histórico, a atuação do Estado brasileiro no setor ferroviário foi extremamente intervencionista. Para ele, desde a aprovação da lei ferroviária de 1852 até a liberalização, em 1873, do sistema de garantia de juros sobre o capital despendido (que passou a ser de responsabilidade dos governos das províncias), a alta centralização e a administração burocratizada marcaram as questões das concessões, da fiscalização e da regulação das estradas de ferro no país.[19]

Ainda nesse tocante, William Summerhill identifica três importantes características do envolvimento estatal no desenvolvimento ferroviário durante o período imperial no Brasil. A primeira refere-se ao esforço do Estado em criar incentivos ao capital privado na forma de garantia mínima de retorno aos investidores; a segunda corresponde à própria construção e operação ferroviária pelos governos;

---

16 Para Wilson Cano, a acumulação cafeeira não estimulou somente as indústrias de bens de consumo (*linkages* para frente), mas também a fabricação de sacaria de juta, máquinas de beneficiamento, implementos agrícolas etc (*linkages* para trás). Esta observação encontra-se no trabalho de W. Suzigan. *Indústria brasileira. Origens e desenvolvimento*. São Paulo: Hucitec, Editora da Unicamp, 2000, p. 37, nota de rodapé nº 14. Para uma definição mais precisa a respeito dos conceitos de *linkages* ver: A. O. Hirschman. "A generalized linkage approach to development with special reference to staple". In: *Economic Development and Cultural Change* 25, Supplement, 1977, p. 67-98.

17 W. P. Costa. *Ferrovias e trabalho assalariado em São Paulo*. Campinas, dissertação de mestrado, Unicamp, 1976; L. R. P. Segnini. *Ferrovia e ferroviários*. São Paulo: Autores Associados/Cortez, 1982; L. B. dos R. Garcia. *Rio Claro e as oficinas da Companhia Paulista de Estradas de Ferro: trabalho e vida operária 1930-1940*. Campinas, tese de doutorado, Unicamp, 1992; Lamounier, *op. cit.*

18 C. P. da Silva. *Política e legislação de estradas de ferro*. 2 vols. São Paulo: Laemmert, 1904; P. Cipollari. *O problema ferroviário no Brasil*. São Paulo: USP, 1968; Pinto, *op. cit.*; C. M. Lewis. "Regulating the private sector: government and railways in Brazil. c. 1900". In: N. Böttcher and B. Hausberger (ed). *Dinero y negocios en la historia da America Latina*. Vervuert/Iberoamericana, 2000, p. 953-86; W. R. Summerhill. *Order against progress: government, foreign investment, and railroads in Brazil, 1854-1913*. Stanford, California: Stanford University Press, 2003.

19 Lewis, *op. cit.*, 2000.

e a terceira e última característica é a intensa regulação dos serviços de transporte através, principalmente, da definição dos valores das tarifas ferroviárias.[20]

Como bem observa Ana Lúcia Lanna, na história da implantação ferroviária no Brasil o aspecto político teve uma importância essencial no que se refere à estipulação das leis, dos traçados, dos incentivos e das incorporações. Assim, o Estado agiu como agente indispensável à consolidação das ferrovias, mesmo quando essas eram fruto do empreendimento de capitais privados, sejam eles nacionais ou estrangeiros. Segundo Lanna:

> A assinatura de contratos, a obtenção de garantias de juros e do pagamento das mesmas, independentemente da realização das obras acordadas, assim como a precariedade dos canais de fiscalização são outras características essenciais desta relação entre estado e economia, consolidando uma imensa superposição entre bem público e interesse privado. A contratação de trabalhadores, a gestão das empresas e a compra das companhias pelo governo, quando estas enfrentavam sérias dificuldades, completam este quadro recorrente e estrutural de práticas políticas ilícitas que contaminam e perpassam o sistema ferroviário do país.[21]

Há também trabalhos sobre as ferrovias que se enquadram na área chamada história de empresas. Além dos trabalhos pioneiros de Célio Debes sobre a Companhia Paulista e de Fernando de Azevedo a respeito da Companhia E. F. Noroeste do Brasil,[22] são cada vez mais recorrentes pesquisas acadêmicas sobre a história específica de determinadas companhias ferroviárias.[23]

---

20 Summerhill, op. cit., p. 35.

21 A. L. D. Lanna. "Ferrovias no Brasil 1870-1920". In: *História Econômica & História de Empresas*. vol. VIII (1), ABPHE, 2005, p. 10.

22 C. Debes. *A caminho do oeste (História da Companhia Paulista de Estradas de Ferro)*. São Paulo: Ed. Comemorativa do Centenário de Fundação da Companhia Paulista, 1968; F. de Azevedo. *Um trem corre para o oeste: estudo sobre Noroeste e seu papel no sistema de viação nacional*. São Paulo: Melhoramentos, 1953.

23 Mattoon Jr., op. cit.; L. B. R. de A. Rosa. *A Companhia de Estrada de Ferro Vitória a Minas, 1890-1940*. São Paulo, dissertação de mestrado, USP, 1976; P. Petratti. *A instituição da São Paulo (Brazilian) Railway Limited*. São Paulo, dissertação de mestrado, USP, 1977; Dias, op. cit.; A. C. El-Kareh. *Filha branca de mãe preta: a companhia de estrada de ferro D. Pedro II, 1855-1865*. Petrópolis: Vozes, 1982; M. G. Martins. *Caminho da agonia: a Estrada de Ferro Central do Brasil, 1908-1940*. Rio de Janeiro, dissertação de mestrado, UFRJ, 1985; D. A. de Paula. *Fim da linha: a extinção de ramais da Estrada de Ferro Leopoldina, 1955-1974*. Niterói, tese de doutorado, UFF, 2000; P. R. C. Queiroz. *Uma ferrovia entre dois mundos: a E. F. Noroeste do Brasil na primeira metade do século 20*. Bauru: Edusc/Campo Grande: Editora UFMS, 2004; D. M. Aldrighi e F. A. M. de Saes. "Financing Pioneering Railways in São

A pesquisa basilar de Robert Mattoon Jr. é uma das principais fontes secundárias deste estudo. O autor examina a Companhia Paulista desde sua formação, em 1868, até o ano de 1900, apresentando também algumas considerações para o período subsequente que se encerra em 1930. Com efeito, tal periodização sugere a necessidade de se estudar, de modo mais sistemático, a história da Paulista após 1930, que é justamente um dos principais objetivos que se pretende aqui levar a bom termo.

No que tange às observações feitas por Mattoon Jr., ressalta-se que a Paulista foi a primeira ferrovia brasileira a ser integralmente financiada por capitais nacionais. Uma elite urbano-agrícola de São Paulo, possuidora de vastos domínios políticos e econômicos, responsabilizou-se pela fundação, pelo financiamento e, durante décadas, pela direção da Companhia. Seu contrato de concessão ficou a cargo do governo da província de São Paulo e não do Império, outra novidade para a época. Segundo Mattoon Jr., ao longo de toda sua história, a Companhia se deparou com dois limites à sua atuação: a dependência do tráfego da São Paulo Railway Company para o acesso ao porto de Santos; e sua natureza de subsidiária da economia cafeeira que, na opinião do autor, limitava suas possibilidades de estimular um movimento de industrialização mais vigoroso e permanente na economia paulista.[24]

Já a respeito da questão da interatividade das ferrovias com outros setores econômicos, Summerhill pondera que os efeitos na produção das atividades que passaram a utilizar o transporte ferroviário foram bastante significativos, especialmente na cafeicultura do Sudeste. Esta afirmação pode ser constatada pelo tamanho da economia gerada com a redução do custo de produção do café como consequência da utilização do transporte ferroviário.[25] Em paralelo, admite-se que no Brasil essa economia foi intensificada, dado o fato das ferrovias não terem encontrado outros meios de transporte concorrentes durante o último quartel do século XIX e a primeira década do XX.[26]

Paulo: The Idiossyncratic Case of the Estrada de Ferro Sorocabana (1872-1919)". In: *Estudos Econômicos*. São Paulo, vol. 35, (1), janeiro-março de 2005, p. 133-68; I. Nunes *Douradense. A agonia de uma ferrovia*. São Paulo: Annablume/Fapesp, 2005; Grandi, *op. cit.*

24   Mattoon Jr., *op. cit.*, p. 100.
25   Summerhill, *op. cit.*, p. 387-388.
26   Cf. Cechin, *op. cit.*, p. 65.

Os pesquisadores acostumados a avaliar os impactos econômicos da introdução do sistema ferroviário nos mais variados países destacam a existência de dois tipos de benefícios: os diretos e os indiretos. Enquanto estes se referem aos já mencionados efeitos de *linkages*, os benefícios diretos têm como característica a mensurabilidade, ou seja, são passíveis de quantificação e podem inclusive ser estimados. A quantificação desses benefícios é frequentemente empregada pelos autores adeptos da abordagem designada *the social saving approach*.[27]

O conceito que deriva dessa abordagem se traduz por "economia social" e está diretamente relacionado à análise econômica elementar do custo-benefício. Para o caso particular das ferrovias, a economia social pode ser definida pela diferença entre o custo corrente do frete ferroviário e o custo do transporte das mesmas quantidades pelas mesmas distâncias sob uma simulação (um modelo) que supõe a ausência do serviço ferroviário.

Albert Fishlow, um dos autores pertencentes a essa linhagem historiográfica, em seu estudo sobre as ferrovias nos Estados Unidos oitocentista, acrescenta que a mensuração dos benefícios diretos compele o pesquisador a aferir qual a magnitude da redução dos custos de transporte para os produtores usuários do serviço ferroviário. Desse modo, a economia social representaria o ganho auferido por esses produtores como consequência da redução real dos insumos requeridos por cada unidade produtiva transportada.[28]

Assim se compreende também que o índice representado pela economia social reflete os ganhos de produtividade na economia, resultantes do aumento de

---

[27] Uma boa compilação dos estudos sobre o setor ferroviário que adotam essa abordagem encontra-se em: P. O'Brien. The New Economic History of the Railways. Londres: Croom Helm, 1977. Já o primeiro esforço nesse sentido, de estimar o impacto econômico das ferrovias sobre o PNB de um país, consiste no trabalho de Robert Fogel de 1964. Nesta época, esse seu trabalho causou um verdadeiro furor no meio acadêmico norte-americano por apresentar conclusões demasiadamente antagônicas à visão longamente estabelecida pela historiografia mais tradicional. No entanto, o aspecto de sua análise que mais gerou estardalhaços não se refere às conclusões alcançadas per se, mas essencialmente aos métodos utilizados, em especial, às concepções relativas ao chamado modelo contrafactual. Cf. R. W. Fogel. *Railroads and American Economic Growth: Essays in Econometric History*. Baltimore, 1964. Para um aprofundamento a respeito do caráter epistemológico desse estudo de Fogel ver: G. Grandi. "História Econômica ou Economia Retrospectiva: Robert Fogel e a polêmica sobre o impacto econômico das ferrovias no século XIX". In: Territórios & Fronteiras. vol. 2 n° 1, ICHS/UFMT, jan.-jun. 2009, p. 171-190.

[28] A. Fishlow. *American Railroads and the Transformation of the Ante-Bellum Economy*. Cambridge, Mass., 1965, p. 23.

capital e da liberalização da mão de obra antes alocada nos serviços de transporte não ferroviários. Decerto, assevera-se que sua estimação consiste numa tentativa de medir o impacto da inovação ferroviária sobre o PNB de um determinado país, deixando-se em aberto, no entanto, o exame sobre o grau de eficiência dos recursos alocados no setor ferroviário. Essa questão, por suposto, só pode ser dimensionada comparando-se os ganhos promovidos em relação aos custos do transporte ferroviário e quando estes (ganhos e custos) são considerados como alternativas contrárias às outras formas de utilização do capital.[29]

Summerhill, que aplicou o cálculo da economia social às ferrovias brasileiras para o ano de 1913, pondera que essa abordagem apresenta limitações em relação ao tratamento dos efeitos de *linkages* causados pela inserção do transporte ferroviário. Para o pesquisador, este conceito traz, por si só, um conteúdo explicativo restrito devido à dificuldade de se determinar tamanha variedade de conexões e interações do setor ferroviário com as outras atividades econômicas. Na prática, o número e os tipos de *linkages* nunca são predeterminados. Aliás, as possibilidades investigativas de detalhá-los dependem somente das questões que interessam ao investigador e das circunstâncias históricas próprias ao objeto de investigação.[30]

Por outro lado, há certo consenso entre os autores que estudam o setor ferroviário brasileiro em relação à ideia de que este não foi capaz de estimular, de modo expressivo, a produção doméstica de bens intermediários (insumos) necessários à construção, manutenção e operação das ferrovias. De acordo com José Cechin, se a construção ferroviária no Brasil tivesse crescido progressivamente a uma taxa elevada, como ocorreu nos Estados Unidos, a parcela de demanda industrial que as ferrovias exigiam se converteria numa quantidade suficiente e, certamente, as indústrias de materiais ferroviários teriam sido mais viáveis do ponto de vista econômico. Todavia, a rede ferroviária no Brasil cresceu pouco e de maneira relativamente lenta.[31]

Além disso, Cechin considera que existem dois padrões de desenvolvimento histórico das ferrovias no país. No primeiro, vinculado às regiões açucareiras do Nordeste, o empreendimento ferroviário não proporcionou rentabilidade aos capitais investidos, não foi financiado localmente, não pôde prescindir da garantia

---

29 Cf. Summerhill, *op. cit.*, p. 206-207.
30 *Ibidem*, p. 201-202.
31 Cechin, *op. cit.*, p. 63.

de juros e não alcançou uma extensão quilométrica significativa. No segundo padrão, ao contrário, algumas ferrovias foram lucrativas e muitas financiadas localmente. Pode-se afirmar que, no Sudeste, particularmente em São Paulo, estabeleceu-se uma malha ferroviária que fora a base para o desenvolvimento posterior. De todo modo, os privilégios concedidos pelo governo atraíram alguns investimentos pouco justificáveis economicamente. Para o autor, as expectativas do Estado e dos investidores privados eram a de que as ferrovias criassem demanda suficiente para manter a rentabilidade no longo prazo; mas, em geral, a experiência brasileira mostrou-se fracassada, já que muitas companhias não suportaram os altos custos de operação e manutenção das linhas.[32]

Levando-se em conta somente o caso de São Paulo, tanto a ferrovia inglesa, a São Paulo Railway, como o objeto privilegiado deste estudo, a Paulista, são exceções dentro desse quadro desastroso apontado pela historiografia no que se refere ao setor ferroviário no Brasil. As informações disponíveis confirmam que a Paulista, além de sempre ter distribuído altos dividendos a seus acionistas, dispensou a garantia de juros oferecida pelo Estado já em 1877, ressarcindo os cofres públicos integralmente e, vale destacar, precocemente em comparação às outras ferrovias.

A política de garantia de juros ao capital ferroviário foi um dos mais importantes mecanismos institucionais que serviu de chamariz ao interesse privado para investir em estradas de ferro. Vinculadas diretamente, em seu nascedouro, ao desenvolvimento das atividades agroexportadoras, a maioria das linhas foi construída com o objetivo de reduzir os custos de transporte dos produtos exportáveis, facilitando o escoamento através do acesso aos principais portos de navegação. Desse modo, ao se discutir o advento desse meio de transporte em nosso país, não se pode deixar de examinar o papel do Estado enquanto fomentador e regulador das vias férreas. É compreensível que seja assim, pois através da atuação específica do Estado verificam-se os principais delineamentos dos processos de modernização da infraestrutura nacional de transporte.

A propósito, a partir de 1930 o Estado brasileiro passou a intervir mais diretamente na economia com o objetivo de promover e acelerar a industrialização do país. Ao término da Segunda Guerra Mundial, o sentido da intervenção estatal foi o de alterar o projeto de desenvolvimento econômico, ao utilizar maciçamente os instrumentos de política cambial, tarifária e creditícia para incentivar

---

32 *Ibidem*, p. 31.

a indústria nascente. Nesse contexto, o Estado passou a conduzir, regulamentar e financiar (principalmente através do Banco do Brasil e do Banco Nacional de Desenvolvimento Econômico – BNDE) os novos setores industriais, além de estatizar muitos dos "antigos" serviços públicos, como ferrovias, abastecimento de água, eletricidade, serviços de comunicação, entre outros. Além disso, o Estado iniciou um processo de formação de empresas do setor de bens intermediários, como mineração, siderurgia, petróleo etc. É esse movimento histórico, quando o Estado se torna a principal força motriz dentro do processo de industrialização da economia, que entendemos por constituição do Estado capitalista no Brasil.

Considerando-se a perspectiva marxista acerca do Estado[33] – que o concebe, grosso modo, enquanto relação de forças orientada pela dinâmica da luta de classes –, analisa-se o papel político da Paulista no contexto da atuação do Estado em relação às políticas de transporte e de desenvolvimento econômico. Desse modo, procuramos iluminar o sentido das disputas de interesses no âmbito do Estado e investigar, através do exame de determinados documentos governamentais e dos relatórios da diretoria da Paulista, como tal Companhia agiu para defender o seu projeto de transporte em massa a longas distâncias.

Um dos teóricos que costuma realçar em seus trabalhos o nível superestrutural da análise marxista é Nicos Poulantzas. Para ele, a luta política consiste no "motor da história", onde o Estado é, num só tempo, fator de coesão de uma dada formação social e "lugar de condensação das contradições entre instâncias defasadas por temporalidades próprias".[34]

Em termos gerais, o Estado não assegura simplesmente, mediante seus aparelhos repressivos, os interesses econômicos e sociais das classes ou frações de

---

[33] Para Karl Marx, o Estado é um órgão de *dominação* de classe e se define, fundamentalmente, pela criação de uma "ordem" legal cujo objetivo é amortecer os choques entre as classes. Cf. V. I. Lênin. *O Estado e a revolução: a doutrina marxista do Estado e as tarefas do proletariado na revolução*. Trad. São Paulo: Global, 1987, p. 55. Já numa das obras mais conhecidas de Friedrich Engels, encontra-se a seguinte definição: "É antes um produto da sociedade, quando esta chega a um determinado grau de desenvolvimento; é a confissão de que essa sociedade se enredou numa irremediável contradição consigo mesma e está dividida por antagonismos irreconciliáveis que não consegue conjurar. Mas para que esses antagonismos, essas classes com interesses econômicos colidentes não se devorem e não consumam a sociedade numa luta estéril, torna-se necessário um poder colocado aparentemente por cima da sociedade, chamado a amortecer o choque e a mantê-lo dentro dos limites da 'ordem'. Este poder, nascido da sociedade, mas posto acima dela e distanciando-se cada vez mais, é o Estado". F. Engels. *A origem da família, da propriedade privada e do Estado*. Trad. Lisboa: Presença, s/d, p. 225.

[34] N. Poulantzas. *Poder político e classes sociais do Estado capitalista*. Porto: Portucalense, 1971, p. 43.

classe dominantes. Em suas relações com as estruturas objetivas do Estado, esses interesses não estão transpostos sob sua forma imediata de interesses privados, mas estão, sim, revestidos de uma forma mediatizada, verdadeiramente política, ao se apresentarem como encarnados no interesse geral da sociedade. Logo, o Estado também não se apresenta como o lugar de constituição da dominação "pública" de um "privado" privilegiado, mas como a expressão do universal e, através do processo de consolidação política das classes dominantes, como a garantia do interesse geral. Na medida em que se firmam as estruturas políticas "universalizantes" do Estado, este se dissocia da sociedade civil que segue sendo o lugar das contradições entre os interesses privados.[35]

O econômico e o político, isto é, a sociedade civil e o Estado, estão estreitamente imbricados na medida em que o Estado impõe os interesses econômico-corporativos "privados" das classes dominantes por meio de uma dominação "direta" da sociedade. Assim, o Estado representa esses interesses das classes hegemônicas que, em sua relação com as instituições estatais "universalizantes", são concebidos e apresentados como a força motriz dos anseios nacionais.[36]

Portanto, deve-se buscar compreender os efetivos contornos históricos que lapidaram o Estado no Brasil, de maneira a alcançarmos um juízo seguro sobre as peculiaridades da relação dos sucessivos governos com os grupos privados que investiram nas ferrovias em São Paulo. A esse respeito, há de se comentar que durante a última década do século XIX e a primeira do XX (período de grande ampliação das linhas ferroviárias no país), a elite cafeeira tornou-se a fração de classe dirigente do país ao se apropriar dos aparelhos estatais, como estratégia de disputa política em meio ao acirrado quadro oligárquico de forças.[37]

---

35 Cf. Poulantzas. *Hegemonia y dominación en el Estado moderno*. Córdoba: Pasado y Presente, 1969, p. 53-54.

36 *Ibidem*, p. 60.

37 Cf. B. Fausto. *A Revolução de 1930: historiografia e história*. São Paulo: Brasiliense, 1970; E. Kugelmas. *Difícil hegemonia: um estudo sobre São Paulo na Primeira República*. São Paulo, tese de doutorado, USP, 1986, p. 8. Apesar de reconhecer o predomínio político dos grandes fazendeiros de café durante a Primeira República, Eduardo Kugelmas questiona a hegemonia dos cafeicultores paulistas ao considerá-la precária, isto é, instável diante dos sucessivos conflitos intra e inter-oligárquicos, além das contendas envolvendo outros e mais novos segmentos sociais: "[…] na década de 20 as múltiplas clivagens do universo paulista vão se tornando tão amplas que por si só já se constituem em um obstáculo à consolidação e consecução de um projeto hegemônico […]".

Em função disso, com os sucessivos mandatos de presidentes paulistas (Prudente de Morais, Campos Salles e Rodrigues Alves), tal elite econômica de São Paulo conseguiu, por algumas décadas, influenciar decisivamente o aparato burocrático do Estado em favor dos seus interesses econômicos. A figura mandatária, por excelência, era a do grande cafeicultor que, em muitos casos, agia ao mesmo tempo como dono de grandes porções de terra, empresário com uma gama considerável de investimentos produtivos e financeiros, além de eventualmente ocupar alguma função pública no poder Legislativo ou Executivo. Parte significativa da historiografia já esclareceu que o incipiente capital industrial paulista originou-se do capital cafeeiro como parte do "complexo exportador de café", o qual incluía, além do transporte ferroviário, a produção e o processamento do café, o comércio de importação e exportação e os serviços bancários.[38]

Não é aleatório, entretanto, o fato de que um pouco antes, em 1868, a convite do presidente da província de São Paulo, Joaquim Saldanha Marinho, os organizadores (principais acionistas) da Companhia Paulista se reuniram em São Paulo e elegeram a primeira diretoria da empresa. Formada por membros citadinos (advogados e homens de negócios) e por grandes cafeicultores, a Paulista constitui um dos primeiros grandes empreendimentos privados da sociedade civil paulista. Em suma, a união de um grupo heterogêneo de proprietários proporcionou a ascensão de uma elite urbano-agrícola que se manteve durante muito tempo como fração de classe hegemônica na condução da Companhia.

Foi dito há pouco que alguns estudiosos já analisaram a história da Paulista desde sua fundação até os anos 1930, cabendo a nós, portanto, indagar sobre as transformações protagonizadas pela Companhia no transcorrer do período subsequente que se encerra no ano de sua estatização, em 1961. Cabe, por exemplo, discutir como se deu a evolução do capital integralizado em ações e quem eram os maiores acionistas da empresa durante o período de 1930 a 1960.

Saes sugere que na década de 1920 o investimento estrangeiro em estradas de ferro no Brasil, particularmente em São Paulo, sofreu uma crise de confiança ao indicar o anseio de certos grupos em retirar os capitais aportados no setor.

---

38 Dentre os autores que compartilham dessa tese destacamos: J. M. C. de Mello. *Capitalismo tardio. Contribuição à revisão crítica da formação e do desenvolvimento da economia cafeeira*. 10ª ed., Campinas: Ed. Unicamp, 1998; S. Silva. *Expansão cafeeira e origens da indústria no Brasil*. São Paulo: Alfa-Omega, 1976; W. Cano. *Raízes da concentração industrial em São Paulo*. 4ª ed. Campinas: Unicamp/IE, 1998; W. Dean. *A industrialização de São Paulo 1880/1945*. São Paulo: Difel, 1971; Saes, op. cit., 1986; W. Suzigan. op. cit., 2000.

Empresas como a Brazil Railway Company, formada por Percival Farquhar, e a Equitable Trust Company de Nova York controlavam aproximadamente 8% do capital acionário da Paulista nos anos vinte. A despeito das dificuldades conjunturais dessa década, segundo o autor, a Paulista continuou apresentando uma boa rentabilidade a ponto de suas ações alcançarem cotações de cerca de 50% superiores às ações da Companhia Mogiana de Estradas de Ferro.[39] Mas, afinal, como ficou o controle acionário da Paulista após a década de 1920, mais especificamente entre 1930 e 1960? Os investidores estrangeiros aumentaram ou diminuíram suas participações no número total de ações da Companhia?

Outro ponto que se sobreleva da história da Paulista diz respeito à eletrificação de alguns trechos ferroviários. De 1922 até 1955, a Paulista implantou a tração elétrica em 494 quilômetros de linhas. Será que a eletrificação desses trechos proporcionou uma economia representativa sobre a receita líquida operacional apurada? Em caso afirmativo, qual teria sido o montante economizado?

Em seção do Congresso Legislativo do dia 14 de julho de 1916, o então governador do estado de São Paulo, Altino Arantes, afirmou ser favorável à encampação das estradas de ferro de São Paulo como forma única de reduzir imediatamente as tarifas ferroviárias. Em seguida, novamente durante os anos 1920, o debate acerca da encampação das ferrovias e da redução dos fretes ferroviários se acirrou entre os diversos oponentes. Discursos inflamados proferidos no Senado Federal e artigos provocativos publicados na imprensa expressavam as divergências de opinião de personalidades como o deputado Amaral Carvalho e o engenheiro da Paulista, Adolpho Pinto.

Após 45 anos da mensagem de Altino Arantes, e considerando as encampações feitas às diversas ferrovias no Brasil no correr da primeira metade do século XX, cabe a dúvida a respeito do processo de desapropriação relativamente tardio da Paulista em 1961. O que teria motivado o capital privado a aceitar a proposta de desapropriação das ações da ferrovia pelo governo do estado de São Paulo antes do término do período de concessão? Teria sido o desempenho operacional deficitário de 1960? Nesse sentido, o que determinou tal resultado? Foi um evento inesperado ou a administração da Paulista já cogitava a possibilidade da ocorrência de resultados desfavoráveis?

---

39 Saes, *op. cit.*, 1986, p. 238-239. A Companhia Mogiana, fundada em 1874 também pelo capital cafeeiro de São Paulo, teve sua administração transferida ao governo do estado de São Paulo em 1952.

Para alguns autores era evidente a intenção da Paulista em participar das negociações sobre os processos de encampação de outras companhias ferroviárias que operavam em São Paulo. Foi assim nos casos das encampações da Companhia União Sorocabana e Ituana e da Companhia Estrada de Ferro Noroeste do Brasil. No entanto, em nenhum dos casos a Paulista tornou-se arrendatária dessas ferrovias.

Com respeito especificamente à experiência da Noroeste, investiga-se, neste trabalho, o que determinou o estabelecimento da "Sociedade Melhoramentos da Estrada de Ferro Noroeste do Brasil", que evidencia o entrelaçamento do Estado com os interesses da Paulista. A esse respeito, talvez não seja ocioso questionar em que medida a Paulista se beneficiou da constituição dessa Sociedade e se o fato em si caracterizaria a captura do Estado pela Companhia. O que teria levado o governo federal a contratar a própria Paulista para a formação da dita Sociedade? Teria o governo algum tipo de dívida ou pendência com a Companhia, ou a escolha teve por base critérios meramente racionais como os de eficiência e *know-how* técnico-econômico?

Outros episódios que chamam a atenção referem-se aos decretos editados pelo governo, com vista a formar fundos adicionais destinados ao aumento, melhoria e renovação do material fixo e rodante das estradas de ferro. Ao que tudo indica, a Paulista foi diretamente beneficiada pelo Decreto nº 4.202, de 10 de março de 1927 (Anexo A), editado pelo governo do estado de São Paulo, e pelo Decreto-lei nº 7.632, de 12 de junho de 1945 (Anexo B), sancionado pela Presidência da República. A questão é, mais uma vez, elucidar se houve ou não a sobreposição dos interesses do capital ferroviário ao projeto de política pública de transportes. Existiu de fato um interesse do Estado em reequipar o transporte ferroviário por meio da edição desses decretos ou eles surgiram devido às pressões políticas exercidas pelas grandes companhias ferroviárias do Brasil? Em que medida o capital ferroviário tinha seus interesses representados nas instâncias governamentais? Nesse sentido, quem eram seus representantes?

O interregno de 1934 a 1956 marca a intensificação da intervenção estatal no setor ferroviário mediante, principalmente, a encampação de importantes estradas de ferro. Todavia, segundo Margareth Martins, o processo de estatização das ferrovias se deu de forma descontínua, limitada e sem planejamento ao mostrar-se incapaz de solucionar os principais problemas estruturais pelos quais passava o setor.[40] Baseado nesta constatação da autora, deve-se indagar como os dirigentes da Paulista se posicionaram em relação a esse processo de estatização da rede ferroviária e aos Planos de Viação formulados pelo governo nos anos 1930 e 1950.

Dilma Andrade de Paula afirma que durante o governo Juscelino Kubitschek (1955-60) foi implementada uma "política de atração das indústrias automobilísticas estrangeiras com a criação do GEIA – Grupo Executivo da Indústria Automobilística, em 1956".[41] Pergunta-se: quais foram os condicionantes que fomentaram esse tipo de política de transporte do governo federal? Quais seriam as características de tais condicionantes? Seriam elas essencialmente econômicas, diplomáticas ou estratégicas? Enfim, o que explica o advento da política rodoviarista/automobilística no país e quais foram os efeitos produzidos no setor ferroviário, particularmente no capital ferroviário de São Paulo representado pela Paulista, decorrentes dessa orientação política?

Diante desse rol de questões e as lacunas da historiografia sobre a interpenetração de forças do capital ferroviário com o Estado, cabe discutir, mesmo que tangencialmente, os resultados das políticas de transporte, tanto em nível estadual como federal, e seus impactos no desenvolvimento ferroviário paulista. Nesse sentido, acreditamos que o estudo sobre a Companhia Paulista de Estradas de Ferro no período de 1930 a 1961 pode fornecer elementos necessários à desmistificação dos eventos relacionados ao tema da atuação do Estado brasileiro e dos interesses do capital ferroviário de São Paulo.

Com efeito, o presente trabalho se propõe a elucidar a trajetória atípica da Paulista frente a algumas evidências de retração da atividade ferroviária no Brasil. Nossa intenção é desnudar os determinantes políticos e econômicos que proporcionaram à Paulista uma trajetória um pouco mais gloriosa em comparação ao desempenho médio de outras ferrovias paulistas entre 1930 e 1961.

Em face de todas essas considerações, o objetivo deste estudo é, num primeiro momento, analisar o desempenho da Paulista por meio do exame dos principais indicadores econômicos e financeiros coligidos basicamente, mas não apenas, a partir dos relatórios da Companhia que eram apresentados aos seus acionistas anualmente nas assembleias gerais ordinárias. Pretende-se também, com base no

---

40   M. G. Martins. *Caminhos tortuosos: um painel entre o Estado e as empresas ferroviárias brasileiras*, 1934-1956. São Paulo, tese de doutorado, USP, 1995, p. 316-317.

41   Paula, *op. cit.*, p. 24.

exame das disputas políticas no âmbito do Estado, avaliar se a diretoria da Paulista influenciava as determinações do governo em relação à política de transporte e às políticas voltadas ao desenvolvimento econômico, especialmente, do estado de São Paulo. Em seguida, investiga-se os contornos mais gerais dos diversos interesses que permearam o processo de estatização da Paulista, ferrovia esta que, ao nosso ver, representa o último baluarte do transporte privado por trilhos no Brasil, no período anterior ao golpe militar de 1964.

Para tanto, subdividiu-se o trabalho em quatro capítulos, além desta introdução e da conclusão. O primeiro capítulo faz uma retrospectiva histórica sobre os meios de transporte terrestre em São Paulo que antecederam a implantação das estradas de ferro. Desse modo, examina-se como as características da economia paulista, particularmente a produção de alimentos e o abastecimento regional, determinaram a estrutura de transporte terrestre pré-ferroviária, além de atividades como o tropeirismo – pioneiro no estabelecimento de um sistema de comunicação e transporte, e uma das primeiras atividades geradora de riqueza capaz de possibilitar a acumulação do excedente econômico a um seleto grupo de indivíduos que participou da fundação do Estado-nacional entre as décadas de 1830 e 1840. Ao final do capítulo, investiga-se a relação de parte desse grupo com a constituição da primeira companhia ferroviária genuinamente paulista: a Companhia Paulista de Estradas de Ferro.

Já o segundo capítulo tem início com uma avaliação resumida sobre os principais eventos protagonizados pela Companhia Paulista durante a vigência da Primeira República e se encerra com a conformação do Plano Nacional de Viação de 1951, em conjunto com a proposta de criação do Conselho Nacional de Transporte (CNT). Discutir esse longo período de 1889 a 1951 é fundamental para compreender dois prismas do mesmo movimento histórico: primeiro, as transmutações verificadas nos aparelhos do Estado, haja vista que, a partir dos anos 1930, acentua-se o caráter intervencionista do poder central após a reconfiguração de forças resultante da Revolução de 1930, que mitigou o poderio das oligarquias regionais; e, segundo, o Estado, por intermédio do Executivo federal, passou a alterar o modelo de desenvolvimento do país através da formulação de um conjunto de políticas industrializantes. É nesse contexto que o governo federal arquiteta os Planos Nacionais de Viação que, em grande medida, retratavam a concepção do Estado brasileiro com respeito ao papel a ser exercido pelas ferrovias dentro do projeto de desenvolvimento nacional.

O terceiro capítulo, por sua vez, analisa o desempenho econômico-financeiro da Companhia Paulista entre 1930 e 1961. Nele examinamos, dentre outros elementos, até que ponto a Companhia realmente dependia da receita advinda do frete cafeeiro. Investiga-se, destarte, qual foi a efetiva contribuição do transporte de café na composição da receita operacional da ferrovia no período, isto é, após a chamada crise do setor cafeeiro e a implementação do processo de substituição de importações.

O quarto e último capítulo sugere a ideia de que a Paulista exerceu até o início da década de 1950 um papel hegemônico no âmbito do Estado em relação às políticas voltadas para a área de transporte. Além disso, procuramos relacionar a conjuntura na qual se deu a desapropriação de suas ações *vis-à-vis* às mudanças verificadas no setor de transporte a partir do governo Kubitschek, principalmente com as medidas do Programa de Metas que, por meio da constituição e atuação do GEIA, privilegiaram o transporte rodoviário.

A organização do trabalho nesses quatro capítulos pretende, acima de tudo, resgatar a história da Companhia Paulista de Estradas de Ferro, desde sua formação até sua estatização ocorrida em junho de 1961, buscando examinar o seu desempenho econômico-financeiro de 1930 até 1960, bem como desvelar seu papel hegemônico exercido no interior dos aparelhos estatais por meio da defesa de seu projeto de transporte em São Paulo. Não pretendemos, contudo, devassar os intrincados problemas relacionados à ineficiência, ou a decadência, do sistema ferroviário do ponto de vista nacional. A respeito dessa problemática, o leitor não encontrará respostas definitivas, talvez apenas algumas indicações que esperamos sugestivas.

CAPÍTULO I

Transporte terrestre, economia cafeeira e ferroviarismo

> A rede de estradas de ferro paulista, bem como a de rodagem, desenha-se na carta de S. Paulo "como uma vasta mão espalmada", para repetir a expressão feliz que Teodoro Sampaio empregou quando se referiu aos predecessores destas vias modernas na antiga capitania.
>
> (Caio Prado Jr. "Contribuição para a geografia urbana da cidade de São Paulo". In: Evolução política do Brasil e outros estudos. 5ª ed. São Paulo: Brasiliense, 1966, p. 113).

A IMAGEM DA "MÃO ESPALMADA", CONCEBIDA pelo engenheiro Teodoro Sampaio (1855-1937) e retomada por Caio Prado Jr. para descrever a rede ferroviária de São Paulo, ainda ecoa como verdadeira. Hoje, quando se observa os caminhos de ferro que se estabeleceram em São Paulo percebemos poucas diferenças em relação à configuração viária original e à finalidade econômica básica dessas estradas no passado. Desde o surgimento até recentemente, as ferrovias paulistas se caracterizavam pelo transporte, em grandes volumes, de produtos considerados de baixo valor agregado em direção ao principal porto de exportação do estado, localizado no município de Santos. Basta conhecer um pouco a história dessas ferrovias para notar que esse predicado se deve à origem desse meio de transporte que, notadamente a partir de 1870, se alastrou por todo território paulista como consequência da diversificação dos capitais investidos na produção e comercialização do café.

Tendo como epicentro de passagem a cidade de São Paulo e centro irradiador, o município de Campinas, a rede ferroviária paulista se consolidou por todo o estado até extrapolar seus limites territoriais, quando as companhias Mogiana e Noroeste penetraram em territórios de Minas Gerais e Mato Grosso, respectivamente. A configuração da rede ferroviária em São Paulo faz-se pela junção da linha de Santos à Jundiaí, da antiga companhia inglesa São Paulo Railway, com a linha principal que pertencera à Companhia Paulista. Esta última tinha inúmeras ligações com as linhas e ramais das outras estradas: Sorocabana, Mogiana, Araraquarense, Noroeste, além das estradas menores vinculadas a esse grande eixo que se estende de Santos até as margens dos rios Grande e Paraná.

Importa assinalar a relevância da Companhia Paulista para o conjunto da malha ferroviária de São Paulo devido, especialmente, a sua primazia enquanto a primeira ferrovia do país a ser organizada sem a intermediação do capital estrangeiro; um marco na história da indústria nacional que, sem dúvida alguma, assume relevância ainda maior quando se considera a posição da linha principal da Paulista: uma verdadeira espinha dorsal que interligava um complexo de ramais férreos orientados para as direções fronteiriças de São Paulo com os estados de Minas Gerais e Mato Grosso.

Como se disse na Introdução, Mattoon Jr. examina a Paulista desde sua formação em 1868 até a virada para o século XX e, por isso, reitera-se que é com base nessa lacuna deixada pelo pesquisador que a presente livro tem por objetivo investigar a trajetória da Companhia durante o período de 1930 a 1961.

Por ser, em sua origem, comumente considerada uma típica ferrovia cafeeira, Mattoon Jr. atribui à Paulista a qualidade de subsidiária desse setor o que, para ele, limitava suas possibilidades de estimular um movimento industrializante na economia paulista.[1] Pois bem, se por um lado há dúvidas sobre essa questão do estímulo à industria de insumos ferroviários, por outro, não se pode negar a contribuição dada pelas ferrovias ao disciplinamento e à organização do trabalho industrial. As atividades de operação e manutenção ferroviárias sempre tiveram um caráter industrial devido à exigência da formação de um contingente de trabalhadores, com as mais variadas capacidades, que realize uma gama de funções segundo os padrões tayloristas de racionalização do processo produtivo.[2]

---

1   R. H. Mattoon Jr. *The Companhia Paulista de Estradas de Ferro, 1868-1900: a local railway enterprise in São Paulo*. Tese de doutorado, Yale University, 1971, p. 100.

2   A esse respeito ver: L. B. R. Garcia. *Rio Claro e as oficinas da Companhia Paulista de Estradas de Ferro: trabalho e vida operária 1930-1940*. Campinas, tese de doutorado, Unicamp, 1992; L. R. P. Segnini. *Ferrovia e ferroviários*. São Paulo: Autores Associados/Cortez, 1982.

Além disso, muitos estudiosos já deram conta de esclarecer a estreita relação entre a economia cafeeira, a expansão da rede ferroviária e o crescimento populacional em São Paulo. Em trabalho seminal, Flávio Saes ressalta que "qualquer tentativa de explicar o desenvolvimento de um deles sem referência aos outros dois mostra-se incompleta".[3] Entretanto, neste capítulo investiga-se alguns aspectos importantes que vinculam a economia agrícola de São Paulo e a estrutura viária anterior às ferrovias à constituição da Companhia Paulista.

No tocante ao crescimento e a mobilidade da população, entendemos que se trata de um tema relevante para qualquer análise geo-histórica, mas que para os propósitos deste estudo assume um caráter secundário, tendo em vista que, como bem ressaltou Clodomiro Pereira da Silva,[4] um dos pré-requisitos para que as companhias ferroviárias possam prosperar é a existência de uma população ativa, de uma população que produza bens e serviços nas regiões cortadas por estradas de ferro, para que as mesmas possam ter demanda suficiente que lhes assegure a viabilidade econômica. Assim, retomar a questão do crescente aumento da população paulista, já exaustivamente abordada pela bibliografia, não se faz necessário, uma vez que na maior parte do território paulista ela foi pré-condição para a introdução ferroviária. Em suma, nas primeiras fases de implantação das ferrovias os trilhos acompanharam o crescimento demográfico e a exploração intensiva da terra com o propósito comercial, principalmente da cafeicultura.

De modo a ilustrar o que acabamos de assinalar, mesmo que brevemente, tomemos o ano de 1920, quando os habitantes do estado de São Paulo, num total de 4.592.188 pessoas, representavam aproximadamente 15% da população brasileira estimada em 30.635.600 habitantes. Esse percentual mostra-se significativo quando comparado ao segundo estado mais populoso durante esse mesmo ano, os estados da Guanabara e do Rio de Janeiro responsáveis por 8,9% do total da população brasileira.[5] A tabela a seguir apresenta a estrutura ocupacional da população economicamente ativa de São Paulo e do Brasil numa perspectiva comparada entre os anos de 1920 e 1940.

---

3 Saes. *op. cit.*, 1981, p. 37.
4 C. P. da Silva. *Política e legislação de estradas de ferro.* 2 vols. São Paulo: Laemmert, 1904.
5 Cano. *op. cit.*, p. 310, Tabela 73.

Tabela I. 1 – PEA em São Paulo e no Brasil, 1920 e 1940 (%)

Setor	São Paulo		Brasil	
	1920*	1940	1920	1940
Agricultura	63,9	56	69,7	66,4
Indústria	16,6	15,7	13,8	10,3
Serviços	19,5	28,3	16,5	23,3
Total	100	100	100	100

Fonte: Villela e Suzigan, *op. cit.*, p. 291; *Cano, *op. cit.*, p. 311

Os dados denotam a expressiva atuação da população brasileira nas atividades do setor primário. Em 1940, mais da metade da população no Brasil ainda atuava na agricultura, apesar do crescimento de 41,2% das ocupações no setor de serviços. Considerando-se o ano de 1920 em São Paulo, dos 19,5% da população ocupada no setor terciário, 10,1% atuava em atividades ligadas ao comércio e aos transportes, 6,1% em outros serviços, inclusive os das esferas governamentais, e 3,3% em serviços domésticos.[6]

De acordo com Caio Prado Jr., a mobilidade da população paulista seguiu da região hoje ocupada pela capital do estado através de linhas que penetraram o interior numa multiplicidade de direções. Como é sabido, o estabelecimento das vias férreas reproduziu essa mesma determinação em seus traçados. Tomando-se a cidade de São Paulo como ponto de referência, Prado Jr. identifica as linhas originárias das seguintes companhias ferroviárias: Central do Brasil no Vale do Paraíba, Bragantina na região de Atibaia e Bragança, Paulista e Mogiana a noroeste da capital na imensa e mais fértil região agrícola do estado, Noroeste do Brasil entre os rios Tietê e Aguapeí, a designação Alta Paulista entre o Aguapeí e o rio do Peixe e, finalmente, entre o Peixe e o rio Paranapanema, a Sorocabana.[7]

Já Pierre Monbeig[8] considera que há critérios bastante distintos e, portanto, rigorosamente definidos, para se subdividir as regiões de um território; são eles: a fisiografia, o período de colonização, as redes de comunicação, os nódulos urbanos, os tipos de organização econômica e os sistemas ferroviários. A esse respeito, Joseph Love observa que para o caso de São Paulo:

---

6   *Ibidem*, p. 331.
7   C. Prado Jr. *Evolução política do Brasil e outros estudos*. 1966, p. 110-113.
8   P. Monbeig. *Pioneiros e fazendeiros de São Paulo*. São Paulo: Hucitec/Polis,1984.

A maior parte dos critérios de regionalização baseados na população refere-se aos padrões históricos de ocupação do território e entre eles ressalta o tema da penetração das estradas de ferro pelo interior. O território paulista, exceto pelas quatro zonas 'antigas' – a área que circunda a capital, o vale do Paraíba, o sul subdesenvolvido (Baixa Sorocabana) e o litoral sul – foi ocupado em função dos cafezais e das ferrovias que avançaram pelo interior adentro.[9]

A partir dessas ponderações de alguns estudiosos do processo de formação histórica de São Paulo, constatamos que, de fato, as estradas de ferro, em especial a partir do último quartel do século XIX, viabilizaram economicamente a produção das regiões cafeicultoras mais distantes do porto, permitiram uma maior mobilidade da população paulista como um todo e influenciaram decisivamente na transformação da cidade de São Paulo no maior centro comercial e financeiro do país.

Mas, e antes do advento das ferrovias, como eram realizados o transporte e a comunicação entre as várias regiões produtoras da capitania e da província de São Paulo? A produção agrícola se destinava basicamente à economia de subsistência doméstica ou São Paulo também exportava seus gêneros agrícolas para outras regiões do país? De onde vinham e onde eram comercializados os animais de carga (cavalos, bois e mulas), os únicos meios de locomoção de bens, homens e recursos durante todo o século XVIII e grande parte do XIX?

É com base nessas questões que a primeira seção deste capítulo examina como as características da economia paulista, particularmente a produção de alimentos e o abastecimento regional, condicionaram atividades como o tropeirismo, pioneiro no estabelecimento de um sistema de comunicação e transporte, e uma das primeiras atividades geradora de riqueza capaz de possibilitar a acumulação do excedente econômico na esfera mercantil durante o período colonial e parte do imperial.

---

9   J. L. Love. *A locomotiva: São Paulo na federação brasileira, 1889-1937*. Rio de Janeiro: Paz e Terra, 1982, p. 41.

1. O transporte terrestre de carga em São Paulo antes das ferrovias

Diversos estudos históricos assinalam que as capitanias de São Vicente e Olinda constituíram os primeiros núcleos humanos de fixação permanente dos portugueses na costa brasileira. São Paulo do Piratininga, vila fundada em 1554 pelo padre José de Anchieta, tornou-se sede da capitania de São Vicente em 1681 e, em 1711, passou a se chamar São Paulo, tendo como sede administrativa sua própria capital. Nota-se, apenas de passagem, que neste mesmo ano de 1711 o rei de Portugal proibira a construção de caminhos como forma de evitar a evasão dos quintos e do ouro, além de dificultar o acesso às minas pelas nações rivais. Honório de Sylos menciona em *São Paulo e seus caminhos* o rol de proibições imposto pelo poder régio durante todo século XVIII.

Segundo o mesmo autor, por volta de 1700 a capitania de São Vicente compreendia uma vasta região de 3.265.562 km² que foi gradativamente reduzida, devido à perda de territórios para outras capitanias e, em seguida, províncias. Em 1853, com a criação da província do Paraná, a dimensão do território paulista ficou restrita aos atuais 247.320 km².[10]

Desde o início do período colonial até meados do século XVIII, a região que compreende hoje o estado de São Paulo atraiu pouca atenção da colonização portuguesa, muito mais preocupada em transformar a região nordestina na principal economia açucareira do mundo. Não é aleatório o fato de a Bahia ter sido a primeira sede do governo real na colônia e, ao lado de Pernambuco, ter se tornado a região mais importante da economia exportadora durante a maior parte do período colonial. Ademais, entre o século XVI e o adentrar no XVIII, o fluxo comercial, principalmente o exportador, realizava-se pelos portos da Bahia, Pernambuco, Rio de Janeiro, Maranhão e Pará, enquanto Santos tinha uma participação ínfima, de acordo com Sylos.[11]

Inicialmente, a capitania de São Paulo se constituía de pequenos núcleos de povoação costeira e alguns vilarejos interioranos que, em geral, realizavam uma pequena produção de víveres em meio a uma extensa mata fechada. Alheia até então a economia exportadora, São Paulo era habitada por exploradores e traficantes de escravos ameríndios. As expedições realizadas pelos paulistas, ou pelos

---

10 H. de Sylos. *São Paulo e seus caminhos*. São Paulo: McGraw-Hill, 1976, p. 4-6.
11 *Ibidem*, p. 9.

portugueses de São Paulo, chamadas *bandeiras* (ou *entradas*) tinham por objetivo capturar e escravizar os índios e, em alguns casos, prospectar riquezas minerais. Durante o século XVII, tais expedições formadas por brancos, índios e mestiços abasteciam a economia local com mão de obra indígena alocada principalmente na faina rural, ao mesmo tempo em que foram responsáveis, posteriormente no século XVIII, pela abertura dos caminhos das minas de ouro e diamantes nas regiões de Goiás e Minas Gerais.

Pode-se definir basicamente duas categorias de expedição bandeirante: a de preação de nativos e a de prospecção de riquezas minerais. Enquanto a primeira categoria consistia numa verdadeira operação de guerra composta por centenas de brancos, índios e mamelucos, as bandeiras de prospecção mineral eram, antes de tudo, empreendimentos comerciais que mobilizavam um contingente bem mais reduzido, de cerca de apenas algumas dezenas de homens. Há fortes indícios de que a orientação dos trajetos se dava pelas trilhas indígenas, cursos d'água, picos montanhosos e gargantas entre as serras, além das referências deixadas pelas expedições precedentes.

Contudo, há evidências de que as bandeiras em São Paulo se caracterizaram essencialmente pela apropriação direta da mão de obra nativa com o propósito de dotar a produção e o comércio agrícola realizados pelos paulistas. Ao revisar a historiografia mais tradicional sobre o bandeirantismo paulista, John Manuel Monteiro esclarece que as primeiras expedições foram decepcionantes do ponto de vista minerador, impelindo-o a também sustentar que:

> [...] o surto bandeirante de 1628-41 relaciona-se muito mais ao desenvolvimento da economia do planalto do que – como a maioria dos historiadores paulistas tem colocado – à demanda por escravos no litoral açucareiro. Sem dúvida, alguns – talvez muitos – cativos tomados pelos paulistas chegaram a ser vendidos em outras capitanias. Mas este comércio restrito não explica nem a lógica nem a escala do empreendimento bandeirante.
>
> [...]
>
> Na verdade, os escravos índios que foram "exportados" de São Paulo representariam apenas o excedente da economia do planalto. Além do modesto tráfico marítimo entre a região dos Patos e as praças do norte,

parece pouco provável a transferência de muitos cativos diretamente do sertão ou das reduções para os engenhos.[12]

Outra abalizada consequência da tarefa expansionista das bandeiras a partir do planalto paulista foi a transformação das Minas Gerais setecentistas na região mais importante do ponto de vista político e econômico da colônia, ao passo que São Paulo teve uma evolução muito mais lenta. A princípio, a ocupação do seu território deu-se de maneira desassociada da exploração mercantil voltada ao comércio internacional. Como já se frisou, índios livres e cativos constituíam a principal força de trabalho que atuava na pecuária e no cultivo de subsistência, atividades amplamente controladas pela diminuta população de colonos brancos e mestiços. Gradativamente, o escravo indígena foi sendo substituído pelo africano à medida que novas e mais lucrativas atividades econômicas possibilitavam a onerosa aquisição dos cativos vindos da África.

Não obstante, e de acordo com Francisco Luna e Herbert Klein, a marca indelével da colonização em São Paulo foi a presença do trabalho e da cultura indígena. O que atualmente conhecemos como a cidade de São Paulo foi a primeira área planáltica colonizada pelos portugueses, em decorrência da escolha do melhor acesso entre o litoral e o planalto, há muito tempo definido pelas tradicionais rotas (trilhas) indígenas.[13]

Denominados *peabirus* (ou "caminhos pisados", em língua guarani), tais rotas conduziam à baixada santista, ao sertão de Paranapanema, à serra da Mantiqueira e aos vales do Tietê e do Paraíba do Sul, numa rede de caminhos que convergia para o centro histórico da cidade de São Paulo. A esse aspecto pode-se atribuir a origem e a atual pujança econômica e política de São Paulo ou, como definiu Jaime Cortesão em 1955, o fato de a cidade ser "a capital geográfica do Brasil"[14] ou, ademais, segundo Sérgio Buarque de Holanda, para quem a vila de São Paulo nos é apresentada em documentos do século XVII, "como centro de amplo sistema de estradas expandindo-se rumo ao sertão e à costa".[15]

---

12 J. M. Monteiro. *Negros da terra: índios e bandeirantes nas origens de São Paulo*. São Paulo: Companhia das Letras, 1994, p. 76-78.

13 F. V. Luna e H. Klein. *Evolução da sociedade e economia escravista de São Paulo, de 1750 a 1850*. São Paulo: Edusp, 2005, p. 29.

14 J. Cortesão. *A fundação de São Paulo; capital geográfica do Brasil*. Rio de Janeiro: Livros de Portugal, 1955.

15 S. B. de Holanda. *Caminhos e fronteiras*. 3ª ed. São Paulo: Companhia das Letras, 1994, p. 19.

É o próprio Holanda que num dos mais atilados trabalhos historiográficos de sua extensa e profícua obra observa a correlação entre os *peabirus* e as ferrovias. Para o autor, "o traçado de muitas estradas de ferro parece concordar, no essencial, com o dos velhos caminhos de índios e bandeirantes,...".[16] Ainda no tocante aos caminhos indígenas, Benedito Prezia comenta que:

> A estrada-tronco foi mais tarde usada não só por castelhanos, como os da expedição de Cabeza de Vaca, em 1541, como também pelos paulistas, no século XVII, nas suas expedições de captura de indígenas e de destruição das missões jesuíticas do Guairá, no oeste do Paraná. O trânsito entre São Paulo e o oeste do Paraná foi tão grande que no início do século XVII essa via de comunicação era chamada pelos castelhanos de *camino de San Pablo*.[17]

Nos dois primeiros séculos de colonização o meio de transporte terrestre mais comumente utilizado em São Paulo, e em praticamente todas as regiões povoadas do Brasil, era o dorso do escravo. A designação *apresamento*, expedição realizada pelos paulistas no intuito de coagir e escravizar mão de obra indígena concentrada nas missões jesuíticas, realizava-se sem veículos nem animais, ou seja, era a própria mercadoria humana que se transportava a pé. De modo geral, o risco pela empreitada ficava a cargo do armador – responsável pela expedição – que fornecia dinheiro, equipamentos e índios aos sertanistas, na esperança de aumentar seu plantel de escravos pelo recebimento de metade dos cativos apreendidos.[18]

Segundo Myriam Austregésilo, as distâncias percorridas eram enormes. De São Vicente ao planalto paulista, por exemplo, nenhum veículo ou animal rivalizava com o pé humano em função do relevo sinuoso da Serra do Mar cheio de barrancos e despenhadeiros.[19]

Durante seu mandato no governo da capitania de São Paulo e Minas Gerais, D. Pedro de Almeida (conde de Assumar) averiguou a existência, em 1717, de três principais caminhos entre as costas da capitania do Rio de Janeiro e o recôncavo de Minas Gerais: o caminho Velho, desde Parati pelas serras Muriquipiocaba e

---

16 *Ibidem*, p. 26.
17 B. Prezia. "Os indígenas do planalto paulista". In: E. Bueno (org.). *Os nascimentos de São Paulo*. Rio de Janeiro: Ediouro, 2004, p. 64.
18 Cf. Monteiro, *op. cit.* p. 86.
19 M. E. "Austregésilo. Estudo sobre alguns tipos de transporte no Brasil Colonial". In: *Revista de História*. vol. I, n 4. São Paulo, out.-dez. 1950, p. 499-500.

Vimitinga até a Borda do Campo, localidade cuja denominação era "Aparição"; outro de Santos para São Paulo, passando pela vila de Taubaté, que se juntava ao primeiro caminho acima referido na vila de Guaratinguetá; e o terceiro que começava em Iguassú no sentido dos rios Paraíba e Paraibuna até a passagem designada "Campos". De acordo com o próprio conde de Assumar, todas as três estradas "eram ásperas e fragosas, apertadíssimos desfiladeiros; pela eminência das montanhas e o espesso dos bosques muito difíceis".[20]

No decorrer desse mesmo período (séculos XVI e XVII), a base agrícola paulista era bastante rudimentar e se estabelecera, particularmente, nos vales dos rios Paraíba e Tietê. Itinerantes, as povoações se espalhavam por pequenas unidades agrícolas produtoras de gêneros alimentícios, sobretudo para o consumo doméstico,[21] e algodão para a confecção de roupas rústicas. Em síntese, a São Paulo dessa época singularizava-se por ser uma cidade pobre formada por casebres de taipa ou adobe, ruas pequenas e estreitas e vida familiar semi-indígena. Uma economia pouco monetizada, praticamente excluída do comércio colonial, cuja base material se constituía em técnicas nativas de subsistência como a caça, a pesca, a coleta de frutos silvestres e a lavoura de coivara.

Se por um lado existia uma abundância na disponibilidade de terras, por outro, com o passar do tempo, a mão de obra indígena foi progressivamente se tornando escassa. De fato, essa "falta de braços" impeliu os colonizadores paulistas a penetrar com maior frequência nas florestas do planalto, a ponto de organizar grandes expedições a outras regiões da colônia e também à longínqua região do rio da Prata, de domínio espanhol. Em muitos casos, ocorria o ataque desses bandeirantes às missões jesuíticas espanholas, incumbidas de catequizar os índios e, algumas delas, pioneiras na América na produção extensiva de bestas para o transporte de carga.

Luna e Klein identificam dezessete vilas em São Paulo ao final do século XVIII.[22] Desse número, apenas nove se localizavam no planalto, numa distância

---

20 Apud T. F. de Carvalho. *Caminhos e roteiros nas capitanias do Rio de Janeiro, São Paulo e Minas*. São Paulo: Typographia Diario Official, 1931, p. 8-9.

21 Milho, feijão e arroz eram as principais culturas, mas havia também alguma produção de mandioca e trigo.

22 Luna e Klein, *op. cit.*, nota de rodapé nº 21, p. 32: "Além dessas vilas existiam dezenas de pequenas povoações e aldeamentos indígenas, concentrados no mesmo espaço delimitado das vilas". Para o período colonial, o termo vila, menor unidade territorial político-administrativa autônoma, equivale ao termo município usado com respeito ao século XIX.

inferior a 200 quilômetros do mar. A capital era a região mais importante e centro comercial da capitania, no entanto, o Vale do Paraíba e o Oeste paulista tiveram, cada um segundo suas especificidades, uma importância expressiva relacionada à ocupação e à exploração da terra. Essa última região, situada a oeste e noroeste da capital, era a que apresentava (e ainda apresenta) os solos de maior produtividade, apesar de ter sido ocupada de forma mais gradual em comparação ao Vale do Paraíba, devido ao difícil acesso imposto pela densidade das matas florestais, atributo dessa enorme região. Jundiaí e Itu eram os únicos centros populacionais até o final do século XVII. Porém, já no início do XIX, a região se tornaria a principal área de agricultura comercial do país.[23]

A historiografia especializada é unânime em afiançar que foi exatamente na virada do século XVIII para o XIX que São Paulo conheceu uma verdadeira transformação em suas condições materiais, como consequência da propagação dos engenhos açucareiros pelo interior do planalto. Alice Canabrava, por exemplo, sustenta que as ações do governador-geral Antonio Manuel de Mello Castro e Mendonça, durante seu mandato de 1797 a 1802, foram fundamentais no estabelecimento das bases legais para a regulamentação e demarcação das sesmarias. Desse modo, foi possível atender os intentos da Coroa portuguesa "de povoar as terras incultas e estimular o povoamento" na capitania, além, é claro, de "garantir mais amplas perspectivas para expansão da grande propriedade rural".[24]

Foi exatamente nesse período que a grande lavoura açucareira se consolidou em São Paulo, dando início a formação de uma elite rural de caráter regional – porém, não monolítica – que, por mais de um século, viria a dominar o cenário econômico e influenciar decisivamente o cenário político provincial e nacional. A região açucareira mais importante formada durante o século XVIII situava-se no planalto entre os rios Tietê e Mogi-Guaçu. As vilas de Itu, Porto Feliz, Campinas e Mogi-Mirim compunham os polos de produção mais desenvolvidos da capitania.

Canabrava salienta a preponderância da produção açucareira para a geração de riqueza na capitania de São Paulo na passagem do setecentos para o oitocentos. Nas três primeiras vilas acima citadas, o açúcar respondia, em 1818, por 99%

---

23 *Ibidem*, p. 32.
24 A. P. Canabrava. "Terras e escravos". In: *História econômica: estudos e pesquisa*. São Paulo: Hucitec; Unesp; Abphe, 2005, p. 205.

do valor de suas exportações e, no cômputo geral, as quatro vilas acima referidas representavam 63% da produção açucareira da capitania.[25] Os 152 quilômetros unindo Itu (vila de maior produção de açúcar neste período) ao porto de Santos, passando pela capital paulista, representavam o trecho viário que deu início à grande transformação socioeconômica de São Paulo. O tráfego cada vez mais regular de animais cargueiros abarrotados de açúcar inseriu a capitania na economia agroexportadora e, assim, criou-se um novo panorama à região planáltica que até então vivia da parca produção de bens de subsistência: gêneros alimentícios, tecidos de algodão feitos de maneira rústica, fumo e criação de porcos.

Não resta dúvida, porém, de que a economia paulista se beneficiou do sistema de transporte terrestre que em sua origem e, apesar de todas suas limitações, atrelava-se a uma atividade econômica anterior à implantação maciça da produção açucareira na capitania. Referimo-nos ao impacto causado pela abertura das jazidas auríferas em Minas Gerais sobre a economia interna de São Paulo na passagem dos séculos XVII e XVIII.[26]

Em paralelo ao afluxo de aventureiros que sonhavam com a possibilidade do enriquecimento instantâneo, a grande maioria dos paulistas que concorreram às minas foi subjugada por outros forasteiros que recebiam autorização e apoio da Coroa para extrair os preciosos minérios. Para muitos historiadores, a derrota dos paulistas na Guerra dos Emboabas (1708-1709) é a evidência cabal dessa sujeição. Em *Cultura e opulência no Brasil*, João Antonil menciona o desejo que animou paulistas e emboabas (forasteiros não paulistas) a entrarem em conflito:

---

25 *Ibidem*, p. 207.

26 A esse respeito, destaca-se também o surgimento como "boca de sertão" de algumas vilas e cidades da grande região denominada Oeste paulista, como consequência da descoberta do ouro e diamante em Mato Grosso e Goiás. A respeito da região araraquarense, composta por cidades que seriam posteriormente atendidas pelos trilhos da Companhia Paulista, Rosane Messias atenta para o fato de que: "O afluxo de população para o interior com a descoberta do ouro em Mato Grosso no século XVIII promoveu relações comerciais com outras regiões, incentivando o surgimento de povoados que se desenvolveram e tornaram-se importantes locais de ligação para a economia do interior. [...] Araraquara e São Carlos, por um período de tempo, foram bocas de sertão e tornaram-se paragens que provinham com produtos de primeira necessidade os viajantes que iam rumo a Cuiabá. [...] Além da criação de gado vacum e cavalar incentivada pelo promissor mercado agropecuário e de produzir gêneros de subsistência, essas regiões também passaram a se dedicar à plantação da cana-de-açúcar, investindo na produção de aguardente". R. C. Messias. *O cultivo do café nas bocas do sertão paulista: mercado interno e mão-de-obra no período de transição – 1830-1888*. São Paulo: Unesp, 2003, p. 20.

a "sede insaciável do ouro", que " estimulou a tantos a deixarem suas terras, e meterem-se por caminhos tão ásperos, como são os da minas".[27]

De fato, esses caminhos tortuosos esquartejaram a topografia de toda a região centro-sul do Brasil, estabelecendo, como já se observou, uma substancial infraestrutura de transporte de carga realizado pelas tropas de mulas.[28]

De acordo com José Goulart, por tropeada entende-se a reunião de um conjunto de animais arriados, que à época poderia chegar até 300 cabeças, capaz de carregar em seus lombos gêneros e mercadorias a serem transportadas. Via de regra, os animais eram divididos em "lotes", cada um sob os cuidados de um "camarada" ou "tocador", conforme a denominação típica regional. O conjunto da empreitada, ou seja, animais, cargas e mão de obra, ficava sob a direção do tropeiro, responsável direto pelo negócio. Numa única acepção, tropear significava realizar o "comércio de transporte", isto é, vender "praça", como se faz hoje com os contêineres e vagões ferroviários.[29]

Mais uma vez, é Holanda quem nos ilumina a compreensão sobre a verdadeira "revolução" causada no transporte terrestre de carga em São Paulo pelo advento das tropeadas:

> É possível dizer-se que aqui, como no resto do Brasil, e em quase todo o continente, a América do Norte inclusive, o primeiro progresso real sobre as velhas trilhas indígenas só foi definitivamente alcançado com a introdução em grande escala dos animais de transporte. Em São Paulo, particularmente com as primeiras tropas de muares. Quebrando e varrendo a galharia por entre brenhas espessas, as bruacas ou surrões que pendiam a cada lado do animal serviam para ampliar as passagens. Novo progresso surgiria mais tarde com a introdução dos veículos de roda para jornadas mais extensas. Pode-se ter ideia de como foi lento esse progresso dizendo que, em São Paulo, ao tempo do capitão-general Melo Castro e Mendonça – o Pilatos –, ou seja entre 1797 e 1802, o caminho de Santos, principal escoadouro da capitania, ainda não era

---

27 Apud J. de Scantimburdo. Os paulistas. São Paulo: Imprensa Oficial do Estado de São Paulo, 2006, p. 199.

28 Para um exame mais detido sobre esse tema, ver o minucioso trabalho de C. E. Suprinyak. Tropas em marcha: o mercado de animais de carga no centro-sul do Brasil imperial. São Paulo: Annablume, 2008.

29 J. A. Goulart. Meios e instrumentos de transporte no interior do Brasil. Ministério da Educação e Cutltura, Serviço de Documentação, s/d., p. 90.

carroçável, mesmo em lugares planos, posto que em muitas partes já fosse pavimentado.[30]

Principal meio de transporte terrestre em São Paulo entre o segundo quartel do século XVIII e o aparecimento das ferrovias em meados do XIX, o tráfego de muares serviu de base não apenas para a viabilização das atividades produtivas do centro-oeste (Mato Grosso e Goiás) e sudeste (Minas, São Paulo e Rio de Janeiro), mas também para a constituição e o desenvolvimento das regiões meridionais do Brasil, particularmente os estados do Paraná e Rio Grande do Sul.

Vindas inicialmente dos criatórios do Império espanhol na América, em função do excedente de animais gerado pela decadência das minas de prata de Potosí,[31] as mulas eram comercializadas com os portugueses em troca de escravos africanos, utilizados para o fornecimento de mão de obra às estâncias jesuíticas instaladas, principalmente, em territórios onde se localizavam as mais importantes províncias da Argentina. A criação de mulas era a atividade mais rentável e, portanto, a mais significativa para essas estâncias jesuíticas espanholas que, além do muar, criavam gado vacum e produziam gêneros agrícolas, tecidos e artigos de couro.

Em contrapartida, até fins do século XVII não havia criação de mulas na América lusitana, fato que determinaria a prática corrente do contrabando entre os portugueses através, principalmente, de uma possessão do seu império localizada em plena região do Prata, a Colônia de Sacramento. Fundada em 1680, Sacramento, cidade situada à margem esquerda do rio da Prata (atualmente em território que pertence ao Uruguai), configurava-se um ponto estratégico para o contrabando de minérios, escravos africanos e muares, como também para a exportação, no sentido das Minas Gerais, de couro de boi e carne.

Ao que tudo indica, a economia do muar na América foi uma invenção castelhana que surgiu como alternativa de transporte mais eficaz, em substituição aos

---

30 Holanda, *op. cit.*, p. 26.
31 Atualmente, a antiga região de Potosí pertence à Bolívia. Numa jornada mínima de um ano inteiro, a "rota da prata" iniciava-se nas regiões produtoras de muares (pradarias litorâneas de Buenos Aires, Santa Fé e Correntes), passava por Córdoba para a cobrança dos tributos pelo Reino de Castela, onde também os animais invernavam para, posteriormente, serem comercializados na famosa feira cordobense. Em seguida, partia-se rumo às imediações de Salta (que também tinha sua feira) para uma segunda invernada não inferior a seis meses e, finalmente, chegava-se em Potosí no Alto Peru. Deste ponto, as tropas eram abastecidas e conduzidas até Porto Belo (hoje território panamenho) para o embarque da prata em navios rumo à Espanha. Entretanto, antes da chegada a esse porto, as tropas passavam ainda por La Paz, Lima, Quito e Bogotá.

guanacos e lhamas que não resistiam por longos períodos à dura tarefa de carregar os metais entre as escarpas e os vales montanhosos do Alto Peru. Essa preferência pelas mulas na realização do transporte de carga também pode ser verificada no caso brasileiro a partir do estudo sobre o período áureo das tropeadas que percorreram o sul e o sudeste do país. A esse respeito, Carlos Suprinyak ressalta que:

> Embora a expansão da rede ferroviária brasileira, ocorrida a partir de meados do século XIX, tenha finalmente cerceado o desenvolvimento do negócio dos muares, impondo-lhe severo declínio com a proximidade do fim do período imperial, durante o seu apogeu atingiu proporções marcantes, a indicar quão notável teria sido sua relevância econômica. Desenvolvendo-se em linha com o crescimento das produções de cana-de-açúcar e, principalmente, café, o comércio de bestas de carga oriundas do extremo sul atingiria o ápice nas décadas de 1850 e 1860, sendo deslocado a partir de 1870 para uma posição secundária, associada ao transporte de carga a pequenas distâncias. Entretanto, enquanto funcionou propriamente, pode-se seguramente atribuir-lhe a responsabilidade pela geração de grandes volumes de rendas e riqueza, apropriadas por significativas parcelas das populações gaúcha, paranaense e paulista.
>
> A preferência pelas mulas em detrimento de outros animais, no escoamento das produções da região central em direção aos portos de exportação, explica-se, em grande medida, pela maior adaptabilidade deste animal às características acidentadas do relevo da região. Tal aspecto, ao impedir a construção de estradas satisfatoriamente trafegáveis, inviabilizava a utilização de carros de bois como meio de transporte de cargas. As mulas, embora mais lentas, mostravam-se mais resistentes do que as raças de cavalos existentes no Brasil, sendo capazes de transpor os obstáculos geográficos dos percursos, mesmo quando carregadas com gêneros.[32]

Sendo um animal híbrido, resultado do cruzamento de espécies asinina e equina e, além disso, estéril, o que o torna um ativo ainda mais valorizado devido à complexidade e aos altos custos de criação, a mula tornou-se o principal meio de transporte de mercadorias no Brasil durante mais de duzentos anos. Segundo a bibliografia especializada,[33] a condução da primeira tropa ficou a cargo do fi-

---

32 Suprinyak. "Tropas conduzidas pela barreira de Itapetininga e o comportamento do mercado de muares, 1854-1869". In: *História Econômica & História de Empresas*. vol. IX (2), ABPHE, 2006, p. 50.
33 Ver particularmente: A. de Almeida. *O tropeirismo e a feira de Sorocaba*. Sorocaba, 1968, Cap. III; J. E. Moreira. *Caminhos das comarcas de Curitiba e Paranaguá*. 3 vols. Curitiba: Imprensa

dalgo português Cristóvão Pereira de Abreu que, em 1731, partiu da Colônia de Sacramento com uma quantidade desconhecida de animais até atingir Sorocaba, na capitania de São Paulo, no decorrer de quase três anos. Ao abrir caminhos e construir uma série de pontes, Cristóvão de Abreu teve que fazer um enorme desvio pelo litoral platense para evitar possíveis combates com os soldados espanhóis e os índios das missões jesuíticas.

Não é ocioso chamar a atenção para a importância histórica de um fenômeno tão plural quanto o tropeirismo. Muito mais que um ciclo econômico, tal fenômeno consiste num dos elementos ontológicos da formação sociocultural de parcela considerável da população do centro-sul do Brasil, apesar do tropeirismo também ter existido, porém com características distintas, no Nordeste,[34] especialmente na Bahia, e até na Amazônia, segundo Aluísio de Almeida.[35] Não obstante, seus aspectos econômicos também saltam aos olhos, visto que o ciclo do muar era a principal atividade complementar aos outros ciclos econômicos: minerador, açucareiro e cafeeiro.

Mais do que isso, a demanda por bestas para o transporte de gêneros alimentícios aumentou substancialmente a partir da transferência da capital colonial da Bahia para o Rio de Janeiro em 1763, promovida pelo então Secretário de Estado do Reino de Portugal, Sebastião José de Carvalho e Melo, o marquês de Pombal.

Outro dado importante sobre a estrutura viária no correr da segunda década do oitocentos diz respeito a abertura de novos e mais curtos trajetos entre as

---

Oficial, 1975, p. 713; M. D. Hameister. *O Continente do Rio Grande de São Pedro: os homens, suas redes de relações e suas mercadorias semoventes* (c. 1727-1763). Dissertação de mestrado, UFRJ, 2002, p. 109-133.

34 Na zona açucareira nordestina utilizava-se, com frequência, o transporte fluvial (jangadas, canoas e barcaças) e o carro de boi. As distâncias percorridas não eram tão longas como em outras zonas produtoras, pois os engenhos se estabeleceram, em sua maioria, próximos aos rios e à costa litorânea. O fato é que no nordeste os animais cargueiros quase sempre eram propriedades dos senhores de engenho, e não de tropeiros (responsáveis pelo comércio de transporte). Nos seringais da Amazônia acontecia o mesmo. Todavia, com o propósito de abastecimento das populações vinculadas a economia açucareira, desenvolveu-se nas planícies do médio e baixo São Francisco o pastoreio bovino ao invés do muar, que estava muito mais desenvolvido nos campos e campinas do sul do Brasil. Portanto, sobre o tropeirismo no Nordeste, houve uma prevalência das boiadas em detrimento das muladas que, por sua vez, tinham seus principais mercados consumidores nas regiões mineradoras, açucareiras e cafeeiras do sudeste e centro-oeste do país. Cf. A. Ellis Jr. *A economia paulista no século XVIII: o ciclo do muar, o ciclo do açúcar.* São Paulo: Academia Paulista de Letras, 1979.

35 Almeida, *op. cit.*, p. 9.

Minas Gerais e a nova capital da colônia. São exemplos os caminhos financiados pelos próprios fazendeiros do sul de Minas como a estrada do Comércio e da Polícia e a estrada do Picu.³⁶

Almeida comenta que nos primeiros recenseamentos oficiais, de 1770 e 1780, já havia referenciais aos lotes de animais arriados que eram transladados em direção a São Paulo e Rio de Janeiro para serem empregados, especialmente, no transporte da produção açucareira.³⁷ Além do mais, o transporte e o comércio de muares e reses eram fontes de renda apreciáveis para o Erário Régio e para os chamados arrematantes de contratos de impostos. Observemos, no entanto, que a partir de 1826 a Junta da Fazenda da Província de São Paulo passou a se responsabilizar diretamente pela cobrança dos impostos sobre o tráfego de animais vindos do sul.

Antes de 1826, os arrematantes (ou contratadores) costumavam acumular o valor excedente dos impostos arrecadados em relação ao preço prefixado a ser pago à Junta da Fazenda Real. Assim, aos contratadores da cobrança desses impostos convinha açambarcar o maior número possível de animais em trânsito, de modo a evitar ao máximo o extravio, pois desse modo aumentavam-se as chances de se consubstanciar bons lucros. Já ao cobrador, geralmente um empregado de extrema confiança do contratador, também interessava arrecadar em excesso, haja vista que seu pagamento era feito sob a forma de comissão, isto é, um percentual sobre o valor total arrecadado.³⁸

Um dos maiores arrematantes de impostos sobre o fluxo de animais foi justamente o tio-avô homônimo de Antônio da Silva Prado, o barão de Iguape. Ínclito empresário do período da independência no Brasil, o coronel Antônio da Silva Prado (1788-1875) tornou-se, além de fazendeiro, um grande comerciante de animais de corte e de carga.

A melhor referência para se compreender a trajetória de vida e a natureza dos negócios do barão de Iguape é o célebre trabalho de Maria Thereza Petrone. Com base numa massa documental particular do barão, que abrange contas correntes, diários e correspondências desde 1810 até 1875, Petrone faz um balanço

---

36 Cf. A. M. Cunha. "Tropa em marcha, mesa farta". In: *Revista de História da Biblioteca Nacional*. Ano 3, n° 28, Rio de Janeiro, janeiro de 2008.
37 Almeida, *op. cit.*, p. 10.
38 Cf. M. T. S. Petrone. *Barão de Iguape: um empresário da época da independência*. São Paulo: Companhia Editora Nacional, 1976, p. 4 e p. 20-21.

minucioso do comércio de bovinos e muares e da arrecadação de impostos sobre o gado que entrava em Sorocaba.

Grosso modo, Antônio Prado enviava tropas de bestas ou boiadas aos centros consumidores, às chamadas "vilas do norte", no Vale do Paraíba, ou ao Rio de Janeiro, e atuava também como intermediário na compra de animais. De São Paulo, Prado comandava tudo por meio de cartas destinadas aos vários integrantes de sua organização comercial. Enviava emissários aos Campos Gerais[39] (ou "Continente de Curitiba", designação encontrada nos documentos) para comprar os animais diretamente nas fazendas, contratava condutores para acompanhar os animais que podiam ficar invernados na área de Itapeva (antiga Faxina) e Itapetininga ou nos arredores de Taubaté. Nesta última cidade, Prado tinha um correspondente que se encarregava da invernada do gado ou de sua remessa para os mercados consumidores. Logo depois, outro agente cuidava da venda. Antônio Prado, nobilitado barão de Iguape em 1848, organizou primeiro o comércio com gado vacum e, depois, se envolveu no de muares.[40]

Com respeito especificamente ao comércio de muares, Prado comprava-os nos campos do Paraná, ou mesmo em Sorocaba, e tinha como seu principal sócio João da Silva Machado, o barão de Antonina. Enquanto Machado adquiria ou mesmo criava os animais no Sul, encarregando-se em seguida de organizar a marcha das bestas para Sorocaba, Prado se responsabilizava pela segunda etapa do comércio: recebia os animais em Sorocaba, angariava compradores, definia preço e as condições de venda. Uma vez ou outra enviava diretamente as bestas aos mercados consumidores para serem vendidas aos senhores de engenho e cafeicultores fluminenses e paulistas, mas a maior parte dos negócios era realizada na famosa feira de Sorocaba.[41]

O surgimento e a consolidação da dita feira de animais explica-se em função de Sorocaba ter se transformado num ponto de parada obrigatório para as tropas, dada sua localização privilegiada na fronteira setentrional das áreas de campos apropriadas à pastagem do gado. Destarte, é possível compreender também outros dois aspectos dessa cidade: sua utilização como "estação-invernada" para o

---

39 É a maior área campestre do Paraná. Fica a nordeste do estado e se estende desde o rio Itararé, limite com o estado de São Paulo, até o oeste da cidade de Curitiba.
40 Petrone, *op. cit.*, p. 8-9.
41 *Ibidem*, p. 10-11.

descanso e engorda dos animais e a instalação do Registro⁴² de cobrança de impostos sobre os animais em trânsito pela cidade.

Para Hernani Costa, é importante atentar para a diferenciação entre os registros e as chamadas *barreiras de registros*. Estas últimas, não eram registradoras e nem cobradoras de impostos, direitos ou dízimos, como se fazia nos registros. A cobrança a qual as barreiras recorriam não incidia sobre as mercadorias, ou seja, não havia o arrolamento da produção, apenas a aplicação simples de taxas sobre "carros, animais ou pessoas, sem levar em consideração a mercadoria que eventualmente transportasse". Em suma, arrecadavam-se taxas com o propósito de construir ou conservar estradas onde, em muitos casos, não havia correlação direta com a própria localização da barreira.⁴³

Observa-se também que foi a partir do quarto decênio do século XVIII que os campos do atual estado do Paraná, na época ainda pertencentes à capitania de São Paulo, foram gradativamente ocupados por fazendeiros criadores de gado vacum e cavalar. A vila de Castro, fundada em 1788 por Bernardo José de Lorena (conde de Sarzedas), era como Curitiba, um dos centros mais importantes de criação de reses.⁴⁴ Por outro lado, a produção de muares ficava concentrada especialmente nos campos e campinas do Rio Grande de São Pedro do Sul. Sobre essa importante temática da conexão entre os polos produtores e os centros consumidores de animais de corte e de carga, Petrone pontua que:

> A organização do sistema viário que ligava as áreas de criação às consumidoras criou, portanto, uma infraestrutura necessária para o comércio e foi facilitada – é óbvio – por essas áreas de campos que se sucedem

---

42 "O Brasil, como todo o mundo colonial americano, um desdobramento do Estado Metropolitano, conheceu em sua organização administrativa o estabelecimento de pedágios, registros e outras categorias itinerárias. Essas taxas e impostos fazem sua aparição nos primeiros forais que regulamentavam o sistema de donatários, passando a ocupar um importante papel no conjunto das rendas arrecadadas para o Erário Régio, principalmente a partir da época da mineração". H. M. Costa. *As barreiras de São Paulo (estudo histórico das barreiras paulistas no século XIX)*. São Paulo, dissertação de mestrado, USP, 1984, p. 12-13. Ressaltamos que Sorocaba venceu Itu, que no início também atraia um número grande de tropas, no que respeita ao estabelecimento do referido Registro, criado no dia 3 de setembro de 1750. Salienta-se que inicialmente o Registro de Sorocaba tinha a finalidade de apenas rubricar as guias emitidas em Curitiba, "e confiscar os animais que vinham a mais dos notificados". Cf. Petrone, *op. cit.*, p. 20.

43 Costa, *op. cit.*, p. 15-16. Para um aprofundamento sobre o tema, ver também: A. M. Lavalle. *Análise quantitativa das tropas passadas no registro do Rio Negro (1830-1854)*. Curitiba: Tese de Livre Docência, UFPR, 1974, p. 20-22.

44 Petrone, *op. cit.*, p. 42.

no Brasil Meridional com algumas interrupções e que, de certa forma, são uma continuação das campinas do Rio Grande do Sul e da região Platina. O estudo da organização dessa rede viária e da circulação dos animais criados no Sul do Brasil é imprescindível para a compreensão da comercialização do gado e de seus problemas.

[...]

São Paulo conquistou dentro do quadro brasileiro posição de destaque com relação à "indústria do transporte", a partir da abertura do caminho do Sul, na quarta década do século XVIII, porquanto constituía passagem obrigatória das bestas criadas no Rio Grande do Sul e das reses dos Campos Gerais que demandavam os centros consumidores do Rio de Janeiro, de Minas Gerais e, inclusive, de São Paulo.[45]

Os dados da Tabela 2, compilados a partir das *Memórias* do governador-geral Melo Castro e Mendonça (dados do triênio 1796-98) e dos Registros de Curitiba (dados de 1769-71) e de Sorocaba (1820-22), ilustram bem a magnitude do volume de animais que trafegavam do extremo sul do país até a capitania de São Paulo para, em seguida, algumas manadas serem redistribuídas às capitanias do Rio de Janeiro e de Minas Gerais. Notemos o excepcional aumento do fluxo de bestas de carga durante a passagem do setecentos para o oitocentos que, como já se pontuou, era a principal modalidade de transporte cargueiro do período anterior ao surgimento das ferrovias.

Tabela I. 2 – Quantidade de animais em trânsito (capitania de São Paulo)

triênio	bestas	cavalos e éguas	reses
1769-1771*	7.126	16.262	6.921
1796-1798	19.573	8.614	12.801
1820-1822	50.793	7.124	22.171

Fonte: Petrone, 1976, p. 21-22; *ACU. *Ofícios dos Gov...*, 1772, p. 109.

Considerando-se o contrabando e a parcela de muares, reses e equinos que eram desviados dos registros, no intuito de se evitar o pagamento dos impostos, podemos supor que o volume de animais que transitavam pela capitania, durante o período em foco até meados da década de 1870, era bem maior do que o apontado pelos dados acima.

---

45   *Ibidem*, p. 14-15.

Não obstante, a principal rota de abastecimento de animais do extremo sul do Brasil para São Paulo – e muito provavelmente a mais antiga –, aberta durante o início da década de 1730, denominava-se "Caminho de Viamão". Desta cidade, em território gaúcho, os condutores das tropas deixavam os Campos de Viamão para subirem a Serra Geral a partir da atual cidade gaúcha de Santo Antônio da Patrulha. O trajeto até São Paulo apresentava trechos acidentados e de difícil penetração representados, por exemplo, pelas matas fechadas e serranias de Santa Catarina, além de trechos de mais fácil acesso como os campos paranaenses, num percurso que abrangia importantes cidades: Vacaria, Lajes, Rio Negro, Lapa, Ponta Grossa, Itapetininga e Sorocaba.

Suprinyak destaca que o aumento no volume das tropas, no entanto, só ocorreu em termos absolutos após iniciativa do sócio de Antônio Prado, o barão de Antonina, na abertura da Estrada da Mata ligando Lajes a Rio Negro.[46] Sobre esta importante via de comunicação, o Ministro dos Negócios do Reino português no Brasil, Thomaz Antonio de Villanova Portugal, assinalou, em 1820, que:

> Era de um grande interesse, o empreender-se a obra da Estrada da Mata, que por distância de 40 léguas embaraça a comunicação entre S. Paulo e a capitania de S. Pedro do Rio Grande. Não há outro caminho de comunicação entre estas duas províncias, e este entre a Vila das Lages, e a de Castro está tão invadiável, que as manadas que precisam atravessá-la, perdem ordinariamente metade de seu número nesse caminho, e precisam passar um inverno na Curitiba. Recomendou-se por isto ao governador Oyenhausen, o principiar esta obra, fazendo-se metade da despesa pelos oferecimentos de contribuição que há muito ofereciam os tropeiros; e a outra metade pela Fazenda Real, para se poder conseguir o fazer-se efetivamente.
>
> E foi-lhe tão bem incumbido o fazer abrir a estrada dos campos da Curitiba para a Vila de Antonina; para o que se mandou mudar o Registro de Morretes para Antonina,... Estas obras porém precisarão dois anos para se concluírem; e serão sem dúvida de uma grande vantagem para aquela Província, e para a Capital.[47]

Em nossa pesquisa empírica encontramos um levantamento elaborado a quarenta e sete anos antes por ordem do governador-geral da capitania de São Paulo à

---

46 Suprinyak, *op. cit.*, 2006, 51-52.
47 *Documentos para a História da Independência.* vol. 1, Rio de janeiro: Officinas Graphicas da Biblioteca Nacional, 1923, p. 161-162.

época, D. Luís Antonio de Sousa Botelho Mourão (o Morgado de Mateus), intitulado: "Itinerário da Cidade de São Paulo para o Continente de Viamão feito por um prático". Segundo este documento, os pontos balizadores do trajeto entre São Paulo e o Continente do Sul eram Sorocaba, Itapetininga, Santana do Iapó dos Campos (depois Castro), travessia do rio Iguaçu, campos de Curitibanos, campos de Lajes e, depois da travessia do rio Pelotas, chegava-se aos campos de Viamão pela travessia dos rios das Antas e das Camisas, num percurso total de aproximadamente 300 léguas.[48]

Mais uma vez, Petrone esclarece que de acordo com um mapa feito por volta de 1793, o percurso até Lajes é muito semelhante ao descrito pelo documento supradito de 1773. Entretanto, a partir desse mesmo ponto, o referido mapa apresenta uma segunda via alternativa em direção aos campos de Vacaria. Além disso, pode-se acrescentar que nas primeiras décadas do século XIX, muitas tropas preferiam atingir os campos de Viamão pelo chamado "Caminho Novo da Vacaria" devido "à campanha aberta e continuada planície", que facilitava a condução das boiadas, muladas e cavalgadas.[49]

Uma terceira rota alternativa, porém, só surgiria durante a década de 1840. Tratava-se da Estrada das Missões ou de Palmas, na verdade, um ramal do tradicional caminho do Viamão que dava acesso direto à região das antigas missões jesuíticas, principal polo de criação de muares no Rio Grande do Sul. Reduzindo consideravelmente o percurso das tropas e constituído apenas por campos, diminuindo assim os riscos de extravio de animais que se engolfavam nas matas ou nos despenhadeiros do sertão de Lajes, esse ramal partia de Ponta Grossa, no antigo caminho, e percorria cidades formadas ao longo do trajeto, como Palmeira, Belém de Guarapuava e Palmas, até chegar a Santo Ângelo das Missões no centro da região missioneira.[50]

Com a melhoria do acesso a essa região, o pastoreio, a indústria do couro e as primeiras charqueadas se difundiram por todo o território rio-grandense. É nesse momento que as antigas estâncias missionárias, de caráter coletivo e indígena,

---

48 *Ofícios dos Governadores e Capitães Gerais da Capitania de São Paulo.* Arquivo do Conselho Ultramarino, 1773, vol. 32, p. 133-147.

49 *Documentos Interessantes para a História e Costumes de São Paulo*, 35, p. 65-68, *apud* Petrone, *op. cit.*, p. 19.

50 Cf. J. B. Trindade. *Tropeiros.* São Paulo: Editoração, Publicações e Comunicações Ltda, 1992, p. 35-37.

passaram a dar lugar aos primeiros latifúndios agropecuários. Este processo só tomou vulto em função, principalmente, da ampliação das concessões reais de sesmarias a um grupo seleto de comerciantes e fazendeiros. Muitos deles, por sinal, acabariam sendo condecorados pelos feitos e serviços prestados ao poder régio durante o período de conquistas territoriais que definiram as fronteiras meridionais do Brasil. Além disso, a atividade de domar animais xucros e confiná-los para a reprodução, antes praticada pelos índios das comunidades missioneiras através da pilhagem e do contrabando, ficara a cargo desses latifundiários pioneiros.

Como consequência dos lucros gerados com o comércio e a condução de gado, as primeiras fortunas que se tem conhecimento formaram-se em torno, particularmente, da antiga comarca de Curitiba. Os já citados barões de Iguape e Antonina, ao lado do barão de Campos Gerais (Davi dos Santos Pacheco), do barão de Guaraúna (Domingos Ferreira Pinto), do barão de Tibagi (José Caetano de Oliveira) e do visconde de Guarapuava (Antônio de Sá Camargo), são alguns exemplos de grandes latifundiários que enriqueceram com o abastecimento de gado de corte e de carga aos principais centros consumidores.

Para se entender a relação histórica entre o desenvolvimento ferroviário de São Paulo e o papel exercido por essa elite agrária e agropecuária ascendente, que com o passar do tempo foi se enobrecendo através do recebimento de títulos e honrarias reinóis, torna-se necessário investigar, mesmo que em termos breves, a natureza de seus laços comerciais, as características básicas das instituições políticas desde o início do século XIX e os condicionantes do processo de Independência do Brasil, aspectos que, indubitavelmente, agiram como verdadeiros vetores na formação do estado brasileiro.

2. Elite latifundiária e formação do Estado no Brasil

Ampla parcela da historiografia destaca como uma das peculiaridades peremptórias da formação histórica do Brasil a existência de uma imbricada relação entre o poder público e os interesses privados dos grandes produtores rurais. Como ocupantes dos estratos mais altos da hierarquia social, a "elite latifundiária"[51] exer-

---

51 O sentido dado ao termo "elite latifundiária" está de acordo com a denominação *nobreza da terra*, presente no livro: J. L. R. Fragoso, C. M. C. de Almeida e A. C. J. de Sampaio (orgs.). *Conquistadores e negociantes: histórias de elites no Antigo Regime nos trópicos. América lusa, séculos XVI a XVIII*. Rio de Janeiro: Civilização Brasileira, 2007, p. 19. Entende-se que tal fração de classe descende diretamente da nobreza da terra (por meio de laços consanguíneos) ou

cia o mando e o controle social e econômico no interior das diversas vilas e capitanias da Colônia, incumbindo-se das providências político-administrativa que a vida local demandava.

Em torno desses potentados ligados a terra havia uma vasta clientela formada por colonos menos abastados incapazes de se aparelhar com seus próprios bens agrários, além de uma legião de agregados, pequenos agricultores e comerciantes, uns mais desvalidos do que outros. O tamanho das propriedades rurais e do plantel de escravos, atrelado a quantidade de colonos dependentes, simbolizava o poder e o prestígio dos senhores no interior das vilas/municípios. De fato, muitos colonos necessitavam, por exemplo, moer a cana nos engenhos desses grandes proprietários em troca de uma parte da safra. Criava-se, assim, uma espécie de dívida de gratidão para com os senhores endinheirados, da qual um dos resultados prováveis era o compadrio: o fazendeiro que detinha *status* era convidado para padrinho dos filhos de colonos e agregados, reforçando-se a relação de amizade baseada no apoio, auxílio, defesa e lealdade entre as partes.[52]

O fato é que a esses senhores cabiam a busca pelo enobrecimento numa tentativa de construção e, ao passo das mudanças políticas e econômicas, de permanente reconstrução de sua própria condição de fidalguia, já que a monarquia portuguesa não convalidava seu estatuto aristocrático. Na sociedade colonial, a reputação junto ao rei se fazia não apenas através da representação do poder régio quando da ocupação em cargos e ofícios públicos, mas, sobretudo, pela participação na conquista e preservação de novos territórios.[53]

É sabido que a efetiva conquista e ocupação do território estimulada pela monarquia portuguesa ocorreram somente a partir da estruturação da economia colonial baseada na tríade: latifúndio, monocultura e escravismo. Dentre os diversos estudiosos que examinaram o sistema colonial no Brasil, Nelson Werneck Sodré pondera que a instalação dos primeiros engenhos de cana-de-açúcar no Brasil deu-se de modo eminentemente discriminador. O investimento inicial para

---

compõe sua parentela. De todo modo, os autores designam a referida nobreza como: "... o punhado de famílias que comandaram a conquista da América para a monarquia portuguesa e, entre outros agentes, foram os responsáveis pela organização da sua base produtiva (cana-de-açúcar, pecuária, lavras de ouro etc.) e do governo econômico da *res publica*".

52 Cf. M. I. P. de Queiroz. *O mandonismo local na vida política brasileira.* São Paulo: IEB/USP, 1969.

53 Cf. Fragoso, Almeida e Sampaio, *op. cit.*, p. 22.

a montagem da empresa agrícola nos trópicos exigia montantes expressivos que, neste caso, selecionava e privilegiava àqueles que tinham cabedais suficientes e estavam dispostos a correr o risco da empreitada.[54]

Por outro lado, outros autores observam que quase sempre os adventícios optavam primeiramente pelo comércio, por se tratar de uma atividade mais rentável numa economia mercantil-escravista, inclusive em zonas de fronteira agrícola, para só num segundo momento, após se garantir certo acúmulo dos lucros, investirem na aquisição de cativos e na produção de gêneros da terra altamente valorizados no mercado europeu.[55]

Diante desse contexto e como já sugerimos, o açúcar foi o primeiro gênero agrícola de vulto produzido no Brasil destinado à exportação. Diferentemente do que ocorrera na produção dos centros açucareiros do nordeste, em São Paulo os engenhos de açúcar só se difundiram e passaram a assumir importância no comércio exportador após a economia paulista ter sofrido os efeitos dinamizadores causados pela atividade mineradora de Minas Gerais, Goiás e Mato Grosso.

Se, por um lado, a economia açucareira matizou decisivamente o modo de produção colonial, isto é, seu caráter explorador de acúmulo do capital mercantil, por outro, a economia mineradora gerou consequências mais expressivas ao mercado interno da Colônia, apesar de também ter-se perpetrado sob os moldes da exploração colonial.

Durante o século XVIII, a acumulação de capital em torno das minas de ouro e diamante deu-se de várias formas e não apenas associada à extração de metais preciosos e a apropriação externa da renda por parte do Reino. Assim, a reprodução do capital deixava de se processar de modo exclusivamente exógeno, ao permitir maior grau de endogenia junto às atividades de abastecimento do mercado interno.

Mesmo ao nível das exportações é possível perceber uma maior diversificação da produção colonial, especialmente durante a fase de declínio da atividade mineradora nas últimas décadas dos setecentos. Este é um dos principais argumentos ventilados por Jobson Arruda num adensado trabalho sobre o comércio colonial brasileiro. Ao fazer a crítica, em relação à economia colonial, à noção de

---

54 N. W. Sodré. *Brasil: radiografia de um modelo*. 7ª ed. Rio de Janeiro: Bertrand Brasil, 1987, p. 33. A esse respeito, ver também: F. A. Novais. *Portugal e Brasil na crise do antigo sistema colonial (1777-1808)*. São Paulo: Hucitec, 1979 e S. B. de Holanda (dir.). *História geral da civilização brasileira*. Tomo I, vol. 2. 10ª ed. Rio de Janeiro: Bertrand Brasil, 2003.

55 Cf. S. de C. Faria. *A Colônia em movimento*. Rio de Janeiro: Nova Fronteira, 1998.

"ciclos" econômicos, o autor defende a tese de diversificação da pauta de exportações sem, no entanto, deixar de frisar a importância do ouro para a economia colonial, já que: "... representa poder aquisitivo líquido e imediato, que tem o condão de inverter o mecanismo de oferta e procura, na medida em que estimula a oferta de bens importados".[56]

Arruda atribui essa diversificação da produção à ocorrência, na virada do século XVIII para o XIX, de um verdadeiro "renascimento agrícola" no Brasil Colônia.[57] Neste período, devido a sua localização, a capitania de São Paulo se transformara num expressivo entreposto comercial. Cidades como Jundiaí, Itu, Sorocaba, Guaratinguetá, Constituição (Piracicaba) etc., experimentaram um significativo crescimento econômico e demográfico ao se tornarem importantes fornecedores de produtos, como açúcar, víveres e muares, à economia mineradora.[58]

Autores clássicos e contemporâneos ressaltam que o desenvolvimento de muitas cidades paulistas só ocorreu devido ao estabelecimento e ao frequente melhoramento das vias de comunicação.[59] Sobre este setor, já se assinalou que o transporte por tração animal detém posição privilegiada dentro do conjunto de fenômenos históricos do Brasil, em função deste ter sido o principal fator de articulação que uniu comercialmente cidades do extremo sul com os centros auríferos e açucareiros e, estes, com os portos de exportação.

A essa nova faceta da economia colonial, decorrente do incremento do mercado interno que emergira no correr dos setecentos e se consolidara nos oitocentos, pode-se associar que parcelas cada vez mais expressivas do capital gerado nos ciclos endógenos passaram a ser invertidas na própria Colônia. Este aspecto, sem dúvida alguma, contribuiu para o surgimento de divergências entre a classe dominante reinol (agentes do capital mercantil luso-brasileiro e representantes do Império português na Colônia) e a "nova" classe de comerciantes e latifundiários de origem nacional que, diga-se de passagem, vinculava-se, seja por laços consanguíneos, matrimoniais ou comerciais, com a categoria anterior.

---

56   J. J. de A. Arruda. *O Brasil no comércio colonial*. São Paulo: Ática, 1980, p. 612.
57   *Ibidem*.
58   Cf. Z. C. de Mello. *As metamorfoses da riqueza. São Paulo, 1845-1895*. São Paulo: Hucitec, 1985, p. 42-44.
59   Cf. A. de E. Taunay. *História do café no Brasil*. Tomo II, vol. 10. Rio de Janeiro: Departamento Nacional do café, 1941; R. M. Perissinotto. *Estado e capital cafeeiro em São Paulo, 1889-1930*. 2 vol. São Paulo: Annablume, 1999, p. 68-69.

É importante ressaltar que foi devido à acumulação gerada no comércio e na condução de gado, além da contratação de direitos sobre os impostos, que alguns mercadores se tornaram grandes latifundiários produtores de gêneros agroexportáveis. Além disso, a maioria deles acabaria sendo nobilitada com mercês reais como prova do reconhecimento do imperador pelos auxílios militares, político-administrativos e econômicos prestados à Coroa. Ressalva-se, no entanto, que na grande maioria dos casos, a autoridade real utilizava-se de critérios demasiados subjetivos na concessão desses títulos de nobreza, marca indelével de nossa herança político-cultural.[60]

A cultura política que se enraizara no Brasil no período colonial pautada no patriarcalismo e no clientelismo decorreu, especialmente, da relação de dependência mútua constituída entre os objetivos do Reino e a atuação desse senhoril. A longevidade da ascendência familiar associada à sustentabilidade de seus representantes nos cargos dirigentes, dentro e fora da administração pública, corrobora a perenidade do poder dessa elite, responsável, em grande medida, pela constituição do projeto político que dera origem ao estado brasileiro.

A esse respeito, Maria Fernanda Martins, endossando as ideias de Nicholas Henshall, nos indica a existência dessa dependência entre tal elite e o Reino português. Para a autora:

> Em diversos sentidos, mesmo na Europa o sucesso da política real para a formação dos estados dependera grandemente da capacidade da monarquia em lidar e negociar com as elites tanto quanto, em um processo de dupla direção, dos interesses e estratégias desses grupos para se manterem próximos ao Estado em formação. Essa relação se dava de diversas maneiras, incluindo a distribuição de títulos e honrarias, a concessão de privilégios, a representação nos conselhos e órgãos da administração central e, principalmente no início, a transferência dos mecanismos fiscais-burocráticos para particulares, ou seja, uma certa privatização de serviços na ausência de um aparelho burocrático capaz de dar conta das atividades inerentes ao novo Estado centralizado, de forma que "longe de ser imposto de fora, o poder estatal era inseparável da ordem social em qualquer nível e estava imbricado em uma

---

60   Observações nesse sentido encontram-se também nas obras: A. M. Hespanha (org.). *Poder e instituições na Europa do Antigo Regime*. Lisboa: Fundação Calouste Gulbenkian, 1984; Novais, *op. cit.*

complexa rede de valores e relações sociais. Era o produto de um processo em duas direções".[61]

Este processo dicotômico identificado por Henshall nos revela a complexidade das relações de poder tanto no que concerne às estratégias e ações engendradas pelas elites na busca de seus interesses materiais, como quanto ao próprio dinamismo do jogo político junto aos órgãos da administração central. A luz dessa complexidade inerente ao fenômeno que pretendemos analisar neste momento – o papel histórico da elite latifundiária paulista no processo de formação do estado-nacional – surge um problema de cunho hermenêutico de difícil solução. Referimo-nos a limitação conceitual persistente ainda hoje no campo da pesquisa social sobre a caracterização desses grupos não monolíticos, dessas chamadas elites que almejavam ascender socialmente na passagem do século XVIII para o XIX.

Quem, de fato, pertencia à classe dos grandes latifundiários paulistas? Quais as origens desses agentes históricos? Até que ponto e de que forma eles participavam das questões e decisões governamentais? Quem os representava nas instâncias administrativas do governo imperial e na Primeira República? E qual era exatamente a natureza dos negócios desses fazendeiros, comerciantes, tropeiros, empresários, que, independentemente da designação, buscavam das mais variadas formas adquirir notoriedade política e social?

Mais uma vez, é Arruda quem nos indica um dos aspectos *sui generis* do capital mercantil: sua incessante volubilidade. No intuito de aproveitar sempre as oportunidades de concretização de bons lucros, o capital mercantil oscilava entre as várias opções de negócios de modo que seus detentores, de acordo com as circunstâncias, podiam ser armadores, financistas, seguradores, prestamistas, transportadores e até empresários industriais ou agrícolas.[62]

Disto decorre a dificuldade de se caracterizar com precisão, e a partir do perfil econômico, o papel histórico dessa parcela da elite político-econômica

---

[61] N. Henshall. "El absolutismo de la edad moderna, 1500-1700. Realidad politica o propaganda?". In: H. Duchhardt e R. G. Asch (eds.). *El Absolutismo, un mito? Revision de un concepto historiográfico clave*. Barcelona: Idea Books, 2000, p. 66. *Apud* M. F. Martins. "Os tempos de mudança: elites, poder e redes familiares no Brasil, séculos XVIII e XIX". In: Fragoso, Almeida e Sampaio, *op. cit.*, p. 422.

[62] J. J. de A. Arruda. "Exploração colonial e capital mercantil". In: T. Szmrecsányi (org.) *História econômica do período colonial*. 2 ed. São Paulo: Hucitec/Edusp/Imprensa Oficial, 2002, p. 220.

brasileira que nos interessa mais precisamente: a classe dos grandes produtores rurais de São Paulo ou, simplesmente, a elite latifundiária paulista.

Ana Paula Medicci, Erik Hörner e Vera Lúcia Bittencourt se utilizam da imagem de "tramas sobrepostas" para caracterizar o rol de negócios de dois portugueses que adquiriram prestígio político-social e constituíram verdadeiras fortunas em São Paulo: o brigadeiro Luís Antônio de Sousa e o advogado Nicolau Pereira de Campos Vergueiro. A propósito, cabe destacar que seus descendentes diretos, principalmente seus filhos, ou participaram da fundação da Companhia Paulista de Estradas de Ferro – como é o caso do barão de Sousa Queirós, filho do brigadeiro Luís Antônio – ou acabaram se tornando grandes acionistas da Paulista, como se verá mais adiante neste capítulo. Para os pesquisadores supramencionados:

> Talvez a maior dificuldade em se traçar e perseguir as trajetórias de homens como Vergueiro, Sousa Queirós e tantos outros, seja o fantasma da verticalidade sempre acompanhado do hábito tentador de segmentar e rotular os indivíduos e suas práticas. Em poucas palavras, foi dito até o momento que a província de São Paulo não era uma área estagnada e apartada dos negócios mais lucrativos da América portuguesa e que, neste mesmo espaço geográfico, homens de significativa fortuna buscavam consolidar seu poder econômico e político.
>
> Estaria, assim, em jogo na província uma série de tramas sobrepostas, capazes de unir diferentes ramos ou setores econômicos – produção agropecuária, comércio de abastecimento, de exportação e de mão-de-obra, transportes, financeiro – às mais diferentes esferas políticas. Não por acaso tem-se um processo de independência em curso, ou antes, a mudança do regime político *pari passu* a uma intensa dinamização das relações econômicas.[63]

Uma das formas de sanar a dificuldade apontada acima pelos autores e escapar de generalizações que enrijeçam a compreensão sobre a história é circunscrever, com base no material empírico selecionado e nas fontes secundárias pertinentes, as principais estratégias de ação políticas e econômicas desses latifundiários através de uma abordagem estritamente regional. Pelo fato de sua vinculação com a Companhia Paulista, a fração da elite agrária que nos interessa articula-se, seja

---

63 A. P. Medicci, E. Hörner e V. L. N. Bittencourt. "Do ponto à trama: rede de negócios e espaços políticos em São Paulo, 1765-1842" In: C. H. de S. Oliveira, V. L. N. Bittencourt e W. P. Costa (orgs.). *Soberania e conflito: configurações do Estado Nacional no Brasil do século XIX*. São Paulo: Hucitec, 2010, p. 434.

por parentesco, por laços comerciais ou mesmo por parentela, aos Silva Prado: um dos clãs familiais mais tradicionais e afortunados de São Paulo, corresponsável pela fundação da Companhia Paulista de Estradas de Ferro em 1868.

Longe de elaborarmos uma *généalogie sociale* da família de Antônio Prado, tarefa já muito bem realizada por Darrell Levi,[64] intenta-se apenas mapear as estratégias mais importantes levadas adiante por Antonio Prado e seus correligionários, até a consolidação dessa verdadeira "dinastia" paulista no cenário político e econômico do Império e, em seguida, da Primeira República.

Voltemos, então, ao tema da arrematação dos contratos de impostos na capitania de São Paulo. Ao que tudo indica, o primeiro membro da família Prado que conseguiu constituir uma relativa fortuna no Brasil, possibilitando a ele e a seus descendentes e sócios certa ascensão social, foi o terceiro Antônio da Silva Prado, a quem já nos referimos anteriormente, também conhecido como barão de Iguape.

Antônio Prado arrematou o contrato do "novo imposto"[65] do Registro de Sorocaba em três anos consecutivos, de 1820 a 1822, pelo valor de 34:420$000, mais 8% de propina. Assim, Prado tinha que empatar o equivalente a 37:173$000 para atender às exigências legais do contrato. De acordo com Petrone, o rendimento líquido do "novo imposto" sobre o fluxo de animais que transitaram por Sorocaba durante o referido triênio, descontado todas as despesas, tais como as comissões dos cobradores, alçou-se a 49,3% do montante total arrecadado, o que denota uma margem de lucro considerável dado o padrão existente na antiga economia colonial, principalmente no que respeita a capitania de São Paulo.[66]

Do exposto acima, infere-se que o contratador, a exemplo de Antônio Prado, não era senão um arrendatário geral de impostos indiretos que detinha o monopólio da cobrança de direitos sobre os bens, sejam eles de produção (no caso das bestas) ou de consumo (no caso do charque, por exemplo).

Frédéric Mauro, num texto intitulado *O papel econômico do fiscalismo no Brasil Colonial*, afirma que o aparelho fiscal do Império português objetivava controlar e regularizar o comércio entre as capitanias, franqueando aos contratadores,

---

64   D. E. Levi. *A família Prado*. São Paulo: Cultura 70, 1977.

65   Em 1756, foi instituída pela Junta da Real Fazenda a cobrança do "novo imposto" no Registro de Sorocaba, cujo produto destinava-se à reconstrução da alfândega de Lisboa que havia sido destruída por um terremoto no ano anterior. Além dos animais vindos do sul, o imposto incidia sobre a carne bovina, a aguardente do reino e da terra, o fumo, entre outros gêneros.

66   Petrone, *op. cit.*, p. 137-138.

verdadeiros agentes privados da burocracia real, a possibilidade de se investir parte do excedente fruto dos rendimentos fiscais em atividades com grandes possibilidades de rentabilidade: empreendimentos agrícolas (como os engenhos açucareiros), tráfico de escravos e empresas de transporte.[67]

Com base na tabela a seguir, que representa a estrutura dos direitos a serem pagos pelos condutores de gado que partiam da região sul em direção a Minas Gerais ou ao Rio de Janeiro, passando por São Paulo (mais especificamente por Sorocaba), pode-se entrever com mais acuidade a dimensão de tamanha fonte de riqueza pecuniária representada por esses registros de passagens de animais, símbolos altivos da administração pública do período colonial.

Tabela I. 3 – Tributos recolhidos em cada registro por tipo de animal, 1772
(réis/por cabeça)

Registro	besta	cavalo	rês
Viamão	1$000	1$000	–
Vacaria	1$000	1$000	–
Curitiba	2$500	2$000	$480
Sorocaba	$320	$200	$100
Capivari de Minas Gerais*	5$400	4$200	–
Passagem dos rios Paraíba e Paraíbuna	$480	–	–
Total	10$700	8$400	$580

* Dos valores totais pagos neste registro, 2$400 correspondem ao valor do subsídio sobre cada cabeça de besta, enquanto que sobre os cavalos o valor do subsídio era de 1$200.
Fonte: ACU. vol. 32, 1772. Ofícios dos Governadores e Capitães Gerais da Capitania de São Paulo, p. 106.

Saltam aos olhos o fardo representado pelos impostos sobre os animais, especialmente as bestas, para aqueles que se empenhavam em buscar as manadas em Viamão para, depois de certo tempo, tentar comercializá-las em Sorocaba. Observemos também que o ônus tributário distorcia irremediavelmente os preços do gado, bem como os preços de outras mercadorias que dependiam de transporte para serem vendidas nos principais centros consumidores. Com extrema riqueza de detalhes, Holanda lança mão de certas representações sociológicas acerca da atuação desses mercadores de grosso trato no interior da incipiente economia interna:

---

67 F. Mauro. *Nova história e nôvo mundo*. São Paulo: Perspectiva, 1969, p. 196.

> Com as feiras de animais de Sorocaba, assinala-se, distintamente, uma significativa etapa na evolução da economia e também da sociedade paulista. Os grossos cabedais que nelas se apuram, tendem a suscitar uma nova mentalidade da população. O tropeiro é o sucessor direto do sertanista e o precursor, em muitos pontos, do grande fazendeiro. A transição faz-se assim sem violência. O espírito de aventura, que admite e quase exige a agressividade ou mesmo a fraude, encaminha-se, aos poucos, para uma ação mais disciplinadora. À fascinação dos riscos e da ousadia turbulenta substitui-se o amor às iniciativas corajosas, mas que nem sempre dão imediato proveito. O amor da pecúnia sucede ao gosto da rapina. Aqui, como nas monções do Cuiabá, uma ambição menos impaciente do que a do bandeirante ensina a medir, a calcular oportunidades, a contar com danos e perdas. Em um empreendimento muitas vezes aleatório, faz-se necessária certa dose de previdência, virtude eminentemente burguesa e popular. Tudo isso vai afetar diretamente uma sociedade ainda sujeita a hábitos de vida patriarcais e avessa no íntimo à mercancia, tanto quanto às artes mecânicas. Não haverá aqui, entre parênteses, uma das explicações possíveis para o fato de justamente São Paulo se ter adaptado, antes de outras regiões brasileiras, a certos padrões do moderno capitalismo?[68]

É de se notar que diferentemente de seus ancestrais, irmãos e muito de seus descendentes, o barão de Iguape buscou evitar a vida rural, muito provavelmente devido à instabilidade do comércio de açúcar e as consequentes incertezas em relação a se garantir um preço vantajoso na venda do produto. Em contrapartida, percebe-se que sua estratégia consistiu em aproximar seu clã familial, primeiro, da política local para, em seguida, buscar se envolver na política do Império.[69]

Acostumado a hospedar o futuro príncipe regente do Brasil, quando de suas visitas a São Paulo, e amigo íntimo da família – natural da cidade de Santos – de José Bonifácio de Andrada e Silva (principal ministro de D. Pedro I), Antonio Prado foi um dos próceres do movimento de Independência do Brasil e, logo depois, também um dos principais conselheiros do primeiro imperador brasileiro. Sua amizade

---

68 Holanda, *op. cit.*, p. 132-133.

69 Levi pontua que como coletor de impostos, era inevitável que o futuro barão se envolvesse mais diretamente com a política. Os primeiros cargos públicos ocupados por Antonio Prado foram o de capitão da milícia da cidade de São Paulo, em 1819, e o de vereador pela mesma cidade, cargo que ocupou até 1822. Acrescenta-se também que, de fato, o barão foi o primeiro integrante da família a unir os elementos que garantiriam a ascensão social dos Prado: o comércio, a agricultura e a política. Levi, *op. cit.*, p. 60.

com os Andrada, seu envolvimento com a Independência – ao lado dos seus tios Eleutério Prado e Manuel Rodrigues Jordão (o brigadeiro Jordão)[70] – além de sua fidelidade ao novo imperador, tornaram Antonio Prado uma pessoa bem quista na Corte, a ponto de conseguir estabelecer vínculos importantes com o governo imperial que, diga-se de passagem, duraram até a queda da monarquia em 1889.[71]

Vários foram os fatos de relevância histórica que tiveram grande impacto na definição do modelo de Estado que se fundou no Brasil no correr das décadas de 1830 e 1840. Destacam-se as sublevações populares que antecederam a emancipação do país em relação a Portugal, as revoltas pós-independência – como a Confederação do Equador ocorrida em 1824 –, os movimentos oposicionistas de políticos liberais que culminaram na abdicação de D. Pedro I, o tumultuado período da Regência que redundou no Golpe da Maioridade em 1840 e, finalmente, as subsequentes revoltas regionais separatistas.

Diante dessa sucessão de pandemônios, alguns autores apregoam que a escolha por uma monarquia constitucionalista foi o resultado da decisão de parte das elites brasileiras que aspiravam formar um Estado centralizado e temiam que a via republicana impedisse a unidade política.[72] Nesse sentido, a independência acarretou, pelo menos durante a vigência do Primeiro Reinado, apenas uma relativa autonomia ao Brasil, pois não foi produto de uma nação – mesmo porque a própria ainda não existia[73] – senão dos conflitos internos travados no âmbito da Corte portuguesa.

---

70 O brigadeiro Jordão (falecido em 1878) constituiu sua fortuna através da mineração no Mato Grosso e do comércio com tecidos. Irmão dos coronéis Silvério Rodrigues Jordão e Amador Rodrigues de Lacerda Jordão (barão de São João do Rio Claro), mantinha estreitos vínculos comerciais com a proeminente família Camargo.

71 Cf. Levi, *op. cit.*, p. 62.

72 Cf. J. M. de Carvalho. *A construção da ordem. A elite política imperial*. Brasília: UnB, 1981.

73 Em termos de análise histórica, não faz sentido falar de *nação* nesse período no Brasil. Durante o reinado de D. Pedro I não havia aqui um Estado soberano, isto é, o país não possuía plena autonomia de governo em relação a Portugal. Outro ponto ainda mais importante é que pelo menos até as duas primeiras décadas do século XIX, a mentalidade das elites ibero-americanas ignorava a questão da nacionalidade (da identidade cultural de um povo) – o que no nosso entender dá fundamento ao conceito de nação – e, mais ainda, utilizavam sinonimamente os vocábulos nação e Estado, seguindo uma tradição europeia jusnaturalista/contratualista que remonta ao século XVIII. Sobre essa dualidade, um historiador argentino esclarece que: "..., a literatura política dos povos ibero-americanos não testemunha outra coisa que o já observado com respeito à europeia e à norte-americana: sem prejuízo da existência em todos os períodos de grupos humanos culturalmente homogêneos, e com consciência dessa qualidade, a irrupção

Por outro lado, o governo regencial promulgou a lei n° 16 de 12 de agosto de 1834, o chamado Ato Adicional, um conjunto de reformas que conduziu a importantes alterações de caráter descentralizador na Constituição brasileira de 1824 como, por exemplo, a substituição dos chamados Conselhos Gerais de Estado pelas Assembleias Provinciais. Este fato conferiu, a partir de então, uma maior autonomia aos líderes políticos de cada província.

De acordo com Boris Fausto, competia às Assembleias Provinciais nomear e demitir os funcionários públicos, definir as despesas dos municípios e das províncias e sancionar os impostos necessários ao atendimento desses gastos, sem que isso comprometesse as rendas a serem arrecadadas pelo governo central.[74] Ademais, cabiam as Assembleias de cada província legislar também sobre as obras públicas, inclusive as estradas, que não pertencessem à administração geral do Estado.[75]

Para Miriam Dolhnikoff, as reformas institucionais defendidas pelos senadores do Império, tais como o padre Diogo Antonio Feijó e Nicolau Vergueiro, expressavam mais do que simples "anseios localistas desvinculados da construção nacional".[76] Como defensores da autonomia provincial, esses grupos não foram responsáveis apenas pela representatividade nas Câmaras Gerais dos interesses dos grandes fazendeiros locais, mas, sobretudo, estiveram indissociavelmente envolvidos com a construção do Estado nacional ao formarem parte expressiva da elite política nacional. Em seguida a abdicação de D. Pedro, o modelo de Estado federativo, portanto, foi a fórmula encontrada "para uma organização nacional que preservasse, simultaneamente, a unidade e os interesses dos grupos dominantes nas províncias".[77]

---

na Historia do fenômeno político das nações contemporâneas associou o vocábulo nação à circunstancia de compartilhar um mesmo conjunto de leis, um mesmo território e um mesmo governo. Portanto, conferia ao vocábulo um valor de sinônimo de Estado, tal como se comprova nos tratados de direitos humanos". J. C. Chiaramonte. *Nación y Estado en Iberoamérica.* Buenos Aires: Sudamericana, 2004, p. 61. Numa passagem anterior, Chiaramonte se posiciona ao dizer que o historiador não deve se ocupar na busca de uma exata definição conceitual de nação, mas questionar os seres humanos de cada momento e lugar que se utilizam do conceito e se indagar por que e como o faziam e a qual realidade o aplicavam. Deste modo, ao historiador não cabe explicar a "nação", e sim o organismo político que pode ser denominado, segundo lugar e tempo, como nação, mas também república, estado, província, cidade, soberania etc. Ibidem, p. 47.

74 B. Fausto. *História do Brasil.* 8ª ed. São Paulo: Edusp, 2000, p. 163.
75 Pinto. *op. cit.*, p. 25.
76 M. Dolhnikoff. *O pacto imperial: origens do federalismo no Brasil.* São Paulo: Globo, 2005, p. 78.
77 *Ibidem*, p. 79.

3. Legislação ferroviária e capital cafeeiro

Após os prolegômenos que configuram os itens 1 e 2 deste capítulo, passaremos a examinar os aspectos mais relevantes da relação entre o capital cafeeiro e a implantação do sistema ferroviário em São Paulo.

Diferentemente do que se pode supor, os primeiros ensaios ferroviários não estão relacionados de maneira intrínseca à economia cafeeira, haja vista que, de início, a pretensão do Estado em induzir a instalação das vias férreas era a de integrar melhor o território nacional diminuindo as distâncias entre algumas das mais importantes províncias do Império.

O início do estímulo estatal às ferrovias no Brasil ocorreu em 31 de outubro de 1835, quando a Assembleia Geral Legislativa apresentou uma proposta que tão logo foi promulgada pelo regente do Império à época, Diogo Antonio Feijó. Tal lei, que passaria a ser conhecida como "Lei Feijó", autorizava o governo a conceder o direito a uma ou mais empresas para a construção de estradas de ferro que ligassem a capital imperial, o Rio de Janeiro, às capitais das províncias de Minas Gerais, Rio Grande do Sul e Bahia.[78]

Segundo Adolpho Pinto, o visconde de Barbacena foi encarregado pelo governo imperial para sondar as oportunidades oferecidas no mercado inglês na intenção de se buscar alternativas que pudessem despertar o interesse do capital estrangeiro pela realização da empreitada.[79] De fato, sem o auxílio externo tornar-se-ia impossível, naquela conjuntura da primeira metade do século XIX, o mercado brasileiro prover as necessidades tecnológicas e de mobilização de capital de um empreendimento tão vultoso como é a organização da companhia e a construção da estrada de ferro.

Saes afirma que já no ano seguinte, em 1836, a Assembleia Legislativa Provincial de São Paulo também faria sua primeira concessão de estrada de ferro. A lei nº 51 de 18 de março de 1836, que logo fora substituída pela de nº 115 de 30 de março de 1838, estabelecia o privilégio de construção de uma ferrovia para unir a vila de Santos às vilas de São Carlos (atual município de Campinas) e Constituição (Piracicaba) até Itu ou Porto Feliz, como fosse mais conveniente. Observa-se que, no caso dessa concessão, o caráter econômico já se fazia latente, dado que se tratava de amalgamar as áreas dessas vilas onde se encontrava

---

78 Pinto, *op. cit.*, p. 22.
79 *Ibidem*, p. 23.

a produção açucareira de exportação para outras províncias e para os países estrangeiros. Entretanto, essas primeiras tentativas, tanto em nível nacional como provincial, não surtiram efeitos práticos no que respeita a construção e exploração das referidas linhas férreas.[80]

O marco legal que deu início efetivo à viação férrea no Brasil foi a segunda lei geral sancionada em 26 de junho de 1852. Além dos privilégios contidos nas concessões anteriores, como o direito à desapropriação de terras e a isenção de impostos sobre os materiais importados necessários à construção da ferrovia, o aspecto novo da lei nº 641 referia-se ao privilégio de zona (isto é, nenhuma outra empresa poderia fixar suas estações num raio inferior a 30 quilômetros de cada lado da linha) e a garantia de juros de 5% ao ano sobre o capital investido na execução das obras. A propósito dessa lei que inaugura a era ferroviária no país, Adolpho Pinto pontua que:

> A lei de 26 de junho de 1852, vazada em moldes mais práticos, isto é, cercando as concessões de favores mais sólidos e positivos, como eram o privilégio de zona e a garantia de juros, fecha a fase inicial, o período dos ensaios precursores do caminho de ferro, e abre-lhe a segunda fase, o período em que começa efetivamente a construção de linhas ferroviárias no país.[81]

Desconsiderando-se o malogro dos primeiros intentos, a fase inicial do desenvolvimento ferroviário no Brasil, que Adolpho Pinto chama de segunda fase do desenvolvimento ferroviário, caracteriza-se pela forte presença dos capitais britânicos, pela construção de duas linhas extremamente ineficientes na região nordeste e pela transferência da Companhia E. F. Dom Pedro II à administração do governo imperial.

A origem desta última ferrovia data exatamente do ano de 1852, quando foi autorizada a construção de uma linha ligando a Corte imperial às províncias de São Paulo e Minas Gerais. Financiada com capitais privados e estatais, a E. F. Dom Pedro II foi formada no Rio de Janeiro em 1855 e teve seus trabalhos de construção iniciados em junho do mesmo ano.[82] Inaugurada em março de 1858 e após as dificuldades enfrentadas com a transposição da Serra do Mar, a constante

---

80 Saes. *op. cit.*, 1986, p. 32.
81 Pinto, *op. cit.*, p. 28.
82 Cf. Lamounier, *op. cit.*, p. 8-9.

escassez de recursos acabou levando à encampação da Companhia pelo governo imperial em 1865. Contudo, somente em 1875 a ferrovia teve seu percurso concluído ao alcançar o município de Cachoeira, já na província de São Paulo.[83]

De modo ainda mais dramático, as experiências das duas companhias britânicas instaladas nos centros açucareiros do nordeste denotam a incapacidade do país em promover com eficácia sistêmica o transporte ferroviário. Exceção feita a algumas companhias de São Paulo, o fato é que o suporte governamental da garantia de juros foi, num certo sentido, um fracasso. Após treze anos da abertura da primeira linha no Brasil (a E. F. de Petrópolis, também conhecida como E. F. Mauá, inaugurada em 1854), faltava ao país um plano ferroviário nacional, cujo resultado era um conjunto de redes regionalmente isoladas, separadas pela distância e pela incompatibilidade de bitolas.

São inegáveis os prejuízos que o sistema de garantia de juros acarretou ao Tesouro Nacional. Dados compilados por Colin Lewis mostram que, ao final do Império, o Estado havia subscrito o equivalente a 167.021:299$678 em juros por ano às ferrovias subsidiadas. Grande parte deste valor tinha sido absorvido pelas duas companhias britânicas instaladas no nordeste brasileiro. De um montante de 103,8 milhões de libras esterlinas correspondente à dívida pública externa do Brasil em 1913, cerca de 16,6 milhões tinham sido contraídos no início do século XX para o pagamento de garantias ferroviárias, ou seja, 16% do total da dívida.[84]

Ainda no tocante às referidas linhas deficitárias, a primeira companhia inglesa a se instalar no Brasil foi a "Recife and San Francisco Railway". As obras de construção da primeira seção da ferrovia tiveram início em 1855 com aproximadamente 124 quilômetros entre Recife e a confluência dos rios Una e Pirangí. No entanto, a abertura ao tráfego de toda sua extensão ocorreu apenas em 1862. Paralelamente, outra companhia foi organizada em Londres com o objetivo de conectar a capital da província da Bahia ao vale do rio São Francisco no município de Juazeiro, trata-se da linha da Bahia and San Francisco Railway que, em 1863, alcançou Alagoinhas a cerca de 123 quilômetros de Salvador.[85]

Já assinalamos que em São Paulo a configuração do sistema ferroviário se deu pela junção da primeira linha inteiramente paulista em seu percurso, a E. F.

---

83 Cf. Matos, *op. cit.*, p. 53.
84 Cf. Lewis, *op. cit.*, 2000.
85 Lamounier, *op. cit.*, p. 7-8.

Santos-Jundiaí (pertencente até sua encampação, em 1946, à companhia inglesa São Paulo Railway), com a linha principal que era da Companhia Paulista. A respeito da intenção de se construir a ferrovia que deu acesso ao porto de Santos, o presidente da província de São Paulo, José Antônio Saraiva, iniciou os trabalhos da Assembleia Legislativa Provincial em 1855, destacando o viés agroexportador e a garantida viabilidade econômico-financeira desse projeto ferroviário:

> Estou persuadido de que essa empresa pode vingar e que a nossa situação econômica a reclama com urgência. Para prova do que afirmo, consentireis que ofereça à vossa consideração o cálculo dos lucros com que podem contar os capitais que procurarem a referida empresa.
>
> O quadro estatístico dos estabelecimentos rurais da província estima a produção atual de Jundiaí, Campinas, Limeira, Constituição, Rio Claro, Mogi-Mirim, Araraquara, Casa Branca, Batatais, isto é, dos municípios que têm de aproveitar a via férrea projetada, em perto de um milhão de arrobas de café e açúcar, sendo fato geralmente reconhecido que os novos cafezais existentes nos mencionados municípios excedem muito os que dão colheita, devendo-se, pois, contar que a produção nos referidos lugares subirá em quatro ou cinco anos a dois milhões de arrobas.
>
> Calculo em 500.000 arrobas a quantidade de gêneros atualmente não levados ao litoral em consequência do excessivo preço dos transportes e que têm de ser conduzidos pela via férrea.
>
> Temos pois 2.500.000 arrobas de gêneros para exportação. Avaliando em 1.000.000 de arrobas os gêneros importados, temos 3.500.000 arrobas transportáveis pela estrada de ferro.
>
> Não menciono os gêneros que devem ser recebidos ou deixados nas estações intermediárias, nem conto com o transporte de pessoas que terão de aproveitar-se da estrada de ferro e cujo número deve ser avultadíssimo, visto que passam anualmente pela barreira do Cubatão, cerca de 40.000 cavalheiros.[86]

Chama a atenção o fato de que, além de Antônio Saraiva, no correr da década de 1860 era comum que outros presidentes da província de São Paulo[87] incitassem à associação dos capitais agrários com a promoção das ferrovias. O

---

86 Apud Pinto, op. cit., p. 31-32.
87 Referimo-nos, em particular, às presidências de Francisco Inácio Marcondes Homem de Melo (1864), João da Silva Carrão (1865-1866), José Tavares Bastos (1866-1867) e Joaquim Saldanha Marinho (1867-1868).

serviço ferroviário demandava uma nova tecnologia – até o momento praticamente desconhecida pelos brasileiros – e uma oferta de mão de obra livre e urbana minimamente qualificada para as funções exigidas pela construção, operação e manutenção ferroviárias. Na qualidade de maiores beneficiários dessa inovação dos meios de transporte, compreende-se por que a oligarquia cafeeira paulista passou a se interessar pela construção e disseminação dos trilhos de ferro. A isso, acrescenta-se que essa elite latifundiária compunha o único estrato social em São Paulo capaz de inverter quantias expressivas de capitais em investimentos de tão grande monta como é o caso das vias férreas.

Apesar disso, e seguindo os antecedentes institucionais relativos à implantação da Companhia E. F. D. Pedro II (formada por integrantes da elite agrária fluminense da região do Vale do Paraíba),[88] o governo da província de São Paulo promulgou a lei nº 495, de 17 de março de 1855, que facultava uma garantia de juros adicional de 2% sobre os 5% já afiançados pelo governo do Império.

Mas, os esforços estatais de estímulo às ferrovias no Brasil não cessariam por aí. Logo em seguida, no dia 12 de setembro de 1855, era a vez de o governo imperial sancionar mais um decreto (o de nº 838) que autorizava a contratação de empréstimos no exterior e a abertura de companhias nos países de origem destes fundos. Esta medida facilitaria a comercialização de títulos e ações das empresas que se empenhassem na construção de ferrovias capazes de transpor a serra de Cubatão e unir a cidade de Santos à vila de Rio Claro.

Finalmente, o Decreto Imperial nº 1759 de 26 de abril de 1856 proveu um alento substantivo à questão da ligação ferroviária do litoral paulista com o planalto. José da Costa Carvalho (marquês de Monte Alegre), o conselheiro José Antonio Pimenta Bueno (marquês de São Vicente) e o anglófilo Irineu João Evangelista de Sousa (barão e visconde de Mauá) receberam autorização governamental para incorporar, por prazo de 90 anos, uma companhia no exterior que construísse uma ferrovia entre Santos e Jundiaí. Esta concessão daria origem a São Paulo (Brazilian) Railway Company, cujos estatutos formatados em Londres receberam, depois de uma série de reformulações do contrato original, a aprovação do governo brasileiro através do Decreto Imperial nº 2601 de 6 de junho de 1860.[89]

---

88 A respeito da Cia. E. F. D. Pedro II, ver o estudo de A. C. El-Kareh. *Filha branca de mãe preta: A Companhia da Estrada de Ferro D. Pedro II (1855-1865)*. Petrópolis: Vozes, 1980.

89 Sobre a origem, a implantação e alguns aspectos operacionais da SPR, ver: R. Grahan. *Grã-Bretanha e o início da modernização no Brasil (1850-1914)*. São Paulo: Brasiliense, 1973, p.

Esta data marca, portanto, o surgimento da empresa responsável pela construção da primeira estrada de ferro em São Paulo. As obras do mega empreendimento começaram em novembro desse mesmo ano de 1860 e a inauguração definitiva dos 139 quilômetros da baixada santista, cortando os bairros do Brás, da Luz e da Barra Funda em São Paulo, até o município de Jundiaí, ocorreu em 16 de fevereiro de 1867.

Sabe-se que a São Paulo Railway fora a ferrovia com melhor desempenho econômico e financeiro que os ingleses organizaram, administraram e operaram em terras estrangeiras.[90] Isto se deve, em grande parte, ao fato dessa companhia ter monopolizado por cerca de setenta anos o acesso ao porto de Santos e, consequentemente, o transporte no sentido das exportações de toda a produção agrícola de São Paulo. Ademais, a historiografia é unânime ao afirmar que foi exatamente durante a década de 1870, período de implantação da Companhia Paulista – como se verá a seguir –, que a cafeicultura obteve um grande impulso em função, especialmente, do barateamento dos custos de transporte acarretado pelas vias férreas.

Estimativas indicam que no período anterior ao advento da E. F. Santos-Jundiaí, mais precisamente na década de 1860, 20% da força de trabalho escravo masculina era desviada da lavoura para a atividade de transporte dos gêneros agrícolas realizada em lombo de mula.[91] Nesse mesmo período, cultivar café no entorno do município de Rio Claro era inviável economicamente, pois o valor do frete dos animais cargueiros até o porto de Santos consumia todo o investimento, por melhor que fosse a produtividade da terra e dos outros fatores de produção.[92]

Paralelamente, observa-se que não apenas as ferrovias, mas outras inovações tecnológicas como a maquinaria de beneficiamento agrícola, introduziram segmentos capitalistas numa economia eminentemente mercantil-escravista. Cheyva Spindel, por exemplo, ressalta que tais setores transformaram as relações

---

67-73; Pinto, op. cit., p. 31-35; Matos, op. cit., 1974, p. 57-58; M. Lavander Jr. e P. A. Mendes. SPR, memórias de uma inglesa. São Paulo: 2005.

90   Esta ideia é sustentada por autores como: R. Lloyd et. all. (coords.). *Twentieth century impressions of Brazil: its history, people, commerce, industries, and resources*. Londres: Lloyd`s Greater Britain Publishing Co., 1913, p. 239; J. F. Rippy. *British investments in Latin America, 1822-1949. A case study in the operations of private enterprise in retarded regions*. Mineápolis: Ed. Universidade de Minnesota, 1959, p. 73 e 154; Grahan, op. cit., p. 73.

91   Cf. E. V. da Costa. *Da senzala à colônia*. São Paulo: Difusão Europeia do Livro, 1966, p. 171.

92   Cf. A. de E. Taunay. *História do café no Brasil*. Tomo II, vol. 10. Rio de Janeiro: Departamento Nacional do café, 1941.

de produção da economia paulista, devido a uma maior utilização da mão de obra livre assalariada, o que possibilitou a realocação dos escravos no trato exclusivo da lavoura, aumentando, assim, a produção cafeeira.[93] Na medida em que as estradas de ferro liberaram parte do contingente de escravos destinados à atividade de transporte, as tropas de muares continuavam paulatinamente se deslocando em direção ao oeste da província, para transportar a produção das localidades onde a ferrovia ainda não havia chegado.

No início da década de 1870 a produção paulista de café representava 16% do total brasileiro. Em 1875, esse número saltou para 25% e, em 1885, chegou a 40%. Tanto Wilson Cano[94] quanto Roberto Simonsen[95] salientam que de 1887 a 1889 a produção dos cafezais em São Paulo alcançou um alto nível, dado o grau de maturidade das mudas que, em geral, demoram de quatro e meio a cinco anos para amadurecerem.

Já Monbeig afirma que, em 1880, a província respondia por dois terços da produção nacional e que a superprodução de 1900-05 decorreu da expressiva produtividade dos centros cafeicultores formados pelos principais municípios da região do Oeste paulista: Campinas, Limeira, Rio Claro, São Carlos, Araraquara, Jaú, Jaboticabal etc.[96] Região esta que, diga-se de passagem, foi integralmente abarcada pela rede ferroviária da Paulista que, por sua vez, foi consideravelmente ampliada a partir do início da década de 1890, quando da aquisição da E. F. Rio Claro e, em seguida, de outras ferrovias de médio e pequeno porte.[97]

---

93 C. R. Spindel. *Homens e máquinas na transição de uma economia cafeeira*. Rio de Janeiro: Paz e Terra, 1980, p. 37.
94 Cano, *op. cit.*, p. 48.
95 R. C. Simonsen. *A evolução industrial do Brasil e outros estudos*. São Paulo: Companhia Ed. Nacional /Edusp, 1973, p. 207-208.
96 Monbeig, *op. cit.*, p. 170-171.
97 A respeito de duas, das diversas ferrovias que a Paulista adquiriu entre o último decênio do século XIX e a primeira metade do século XX, ver: Nunes. *op. cit.*; Grandi. *op. cit.*, 2007.

Tabela I. 4 – São Paulo: população, rede ferroviária e n° de cafeeiros

Ano	Habitantes	Quilômetros	Cafeeiros
1860	695.000	–	26.800.000
1870	830.000	139	60.462.000
1880	1.107.000	1.212	69.540.000
1890	1.385.000	2.425	106.300.000
1900	2.279.000	3.373	220.000.000
1910	2.800.400	4.825	696.701.545
1920	4.592.188	6.616	826.644.755
1930	7.160.705	7.100	1.188.058.354

Fonte: Matos, *op. cit.*, 1974, p. 105.

Saes indica a participação das linhas de São Paulo em relação ao total representado pelo sistema ferroviário do Brasil. Baseado em dados quinquenais, o autor ressalta o lustro de 1875 a 1880. Nestes dois anos, as linhas paulistas representavam 36,4% e 35,7% do sistema nacional, respectivamente. Isto se justifica pelo fato desse ter sido o período de maior expansão relativa da malha férrea paulista que, a propósito, compreende à primeira fase da Companhia Paulista – fundação e início dos prolongamentos – e de outras importantes ferrovias também originárias do grande capital cafeeiro, como a Mogiana e a Ituana. Não obstante, a participação média da malha paulista entre 1870 e 1940 – período abarcado pelo autor – ficou em 24,4%.[98]

É preciso também frisar que, como bem observa Zélia Cardoso de Mello, o último quartel do século XIX assistiu à crise da economia mercantil-escravista vinculada à cafeicultura da região do Vale do Paraíba. Segundo a autora, dois fatores explicam essa decadência: a elevação dos custos de transporte à medida que a fronteira agrícola avançava através da plantação de novos cafeeiros em locais cada vez mais distantes das saídas portuárias (Rio de Janeiro e Santos); e o encarecimento da mão de obra cativa, como consequência da aprovação de duas importantes leis que conduziram ao fim gradual da escravidão – a proibição do tráfico internacional (1850) e a lei do Ventre Livre (1871).[99]

---

98 Saes, *op. cit.*, 1981, p. 24.
99 Mello, *op. cit.*, 1985, p. 25.

Sabe-se que a cafeicultura do Oeste paulista, considerada mais dinâmica devido à introdução das já mencionadas inovações tecnológicas – ferrovias e máquinas de beneficiamento – e da mão de obra imigrante assalariada, foi a mola propulsora do desenvolvimento econômico paulista e, por conseguinte, da evolução de sua malha ferroviária. De fato, esse desenvolvimento das forças produtivas no interior do chamado complexo exportador cafeeiro engendrou notórias transformações no processo de acumulação de capital que, paulatinamente, foi se diversificando de modo a encontrar novas alternativas de investimento, rentabilidade e financiamento. A esse respeito, Mello, que analisou as metamorfoses das formas de riqueza, em especial dos maiores patrimônios inventariados de São Paulo entre 1845 e 1895, pondera que:

> Passa-se portanto da riqueza antiga, baseada em escravos, à nova, baseada primordialmente em ações. Criam-se outras fontes de rentabilidade e os circuitos de valorização apresentam-se cada vez mais amplos. Não é mais possível, ao reverso do que ocorria antes, caracterizar proprietários tipicamente urbanos ou rurais, com funções especializadas; agora temos proprietários rurais com diversas atividades urbanas e vice-versa. Em vez de especialização, diversificação, em vez de escravos, imóveis e ações.[100]

Neste passo, convêm observar que com respeito ao investimento acionário, ganham destaque as ações das companhias ferroviárias, dado o grande volume de capital necessário a ser integralizado, além da primazia dessas empresas em relação à organização sob a forma de sociedade anônima. O absenteísmo da elite latifundiária, antes raro, tornara-se, a partir da década de 1880, um hábito recorrente entre os cafeicultores, tendo em vista que era nos centros urbanos que as sociedades por ações constituíam-se como grandes empresas. Além das ferrovias, surgiram, pouco tempo depois ao longo dos anos 1890, diversas outras empresas de serviços públicos (transporte urbano, iluminação, água e energia) como alternativas de investimento que aumentariam ainda mais as possibilidades de acumulação ao grande capital cafeeiro.

Parece desnecessário, todavia, traçarmos um panorama mais amplo das mudanças ocorridas na estrutura produtiva da economia paulista, em decorrência da diversificação do grande capital cafeeiro na passagem do século XIX para o XX. Por outro lado, examina-se a seguir os principais episódios que marcaram o advento

---

100 *Ibidem*, p. 139.

da primeira estrada de ferro organizada e fundada pelos paulistas no seio desse pujante complexo exportador cafeeiro. Origem esta que, sem dúvida alguma, descende do espírito empreendedor da já referida elite latifundiária paulista.

4. A constituição da primeira ferrovia paulista

A Companhia Paulista de Estradas de Ferro, constituída em 30 de janeiro de 1868, figura como um marco na história da industrialização do Brasil ao representar a primeira grande empresa organizada sem o auxílio financeiro de capitais estrangeiros. Há uma quantidade razoável de trabalhos, produzidos dentro e fora do meio acadêmico, que abordam a trajetória bem sucedida dessa empresa; provavelmente, a única ferrovia brasileira que, do ponto de vista histórico, pode ser considerada exemplo de qualidade e eficiência sem paralelos na prestação do serviço de transporte.

A história da Companhia Paulista associa-se indiscutivelmente ao prolongamento da Estrada de Ferro Santos-Jundiaí. No início da década de 1860, alguns grandes fazendeiros mostravam-se entusiasmados com a construção da ferrovia perpetrada pelos ingleses e com a possibilidade dos seus trilhos alcançarem o município de Campinas, considerado naquela época "a capital dos distritos do café". Esse grupo que tinha a sua frente o senador Francisco Antonio de Sousa Queiroz, Joaquim Bonifácio do Amaral e João Ribeiro dos Santos se mobilizou na intenção de levantar 20:000$000 para a elaboração de estudos, visando o prolongamento da linha inglesa além do município de Jundiaí.

O jornal *Correio Paulistano* acompanhou de perto toda negociação entre os referidos fazendeiros, o superintendente da São Paulo Railway, o engenheiro Daniel Makinson Fox, e o engenheiro-chefe da mesma companhia, James Brunlees, encarregado pelo levantamento das plantas e seus respectivos orçamentos. O custo da obra estimado pelos ingleses foi de 5.234:210$000.[101]

Em meio ao anseio nacional de melhoramento das vias de comunicação terrestres, o senador José Pereira de Campos Vergueiro apresentou à Assembleia Legislativa Provincial uma proposta, antagônica à do senador Sousa Queiroz, de construção de uma estrada de rodagem, ao invés de uma ferrovia, entre Jundiaí e o município de Rio Claro. A planta do projeto ficou a cargo do engenheiro

---

101 *Correio Paulistano*, 30/3/1864.

Camilo Gofredo e o custo estimado de construção foi de 1.300:000$000.[102] A partir daí, a disputa pela concessão da estrada tornou-se mais acirrada e os discursos dos senadores mais acalorados a cada sessão do legislativo.

Ao longo do debate acerca das duas propostas surgiria uma terceira. No dia 31 de março de 1864, mais uma vez o anglófilo barão de Mauá ofereceu-se para construir a ferrovia além do município de Jundiaí. Nesse momento, os senadores Queiroz e Vergueiro, que até então se opunham em relação à definição do plano de construção da estrada, se uniram contra a intenção de Mauá.

Mattoon Jr. afirma que a adoção da ideia ferroviária por Vergueiro foi uma tática defensiva designada para manter o transporte provincial nas mãos dos grandes produtores rurais de São Paulo. Ao final de 1864 havia um consenso entre os paulistas de que a província de São Paulo tinha que trazer pra si a responsabilidade de construir uma ferrovia de Jundiaí a Campinas, e os grandes cafeicultores procuraram controlar esta incumbência. Contudo, foram necessários mais quatro anos para formar a Companhia Paulista, devido, em parte, à eclosão da Guerra do Paraguai (1865-1870) que causou um influxo significativo de recursos e força humana tanto da província quanto do Império.[103]

É importante destacar que a imprensa da época, a exemplo do jornal *Correio Paulistano*, tomava explicitamente partido em favor dos senadores paulistas contra a disposição de Mauá. Isto ocorria não por acaso, já que muitos jornais locais foram fundados ou eram controlados pela elite latifundiária ligada ao café.[104] Dado também a atuação pregressa de Mauá, com respeito à transferência de sua parte na concessão da E. F. Santos-Jundiaí ao capital inglês, o jornal supramencionado fazia alegações como a que se segue:

---

102 *Ibidem*, 1/4/1864. Designado pelo presidente da província, Francisco Inácio Marcondes Homem de Melo, o engenheiro Newton Bennaton afirmou em seu laudo que o custo de construção da estrada orçado por Gofredo "se apresentava desvestido de qualquer nexo, bastando lembrar que o traçado de Vergueiro requeria, entre aterros e cortes, um movimento de terra da ordem de 4.000.000 de jardas cúbicas, à razão de 500 réis a jarda, o que acarretava uma despesa, só com este detalhe, equivalente a quase o dobro da estimativa global do custo da obra". Apud C. Debes. A *caminho do oeste – História da Companhia Paulista de Estradas de Ferro*. São Paulo: Ed. Comemorativa do Centenário de Fundação da Companhia Paulista, 1968, p. 61.

103 Mattoon Jr., *op. cit.*, p. 53-57.

104 Neste caso, o jornal *Correio Paulistano* pertencia ao conselheiro Antonio da Silva Prado, neto do barão de Iguape e um dos futuros principais dirigentes da Companhia Paulista. Saes, *op. cit.*, 1986, p. 41, nota de rodapé nº 25.

> O sr. barão não é lavrador desta província e nem possui aqui propriedades, cujos produtos contribuam para a prosperidade desta linha e não consta que tivesse ele assinado um seitil dos vinte contos de réis levantados pelos lavradores de Campinas, para pagamento das explorações, e dos planos levantados pelo sr. Fox. [...] óbvio que, não possuindo o sr. Mauá propriedades rurais nesta província; não tendo aqui nascido; não estando aqui residindo, e nem tão pouco ligado pelos laços de parentesco aos paulistas não pode nutrir por eles, aquele afeto extremo de vistas interesseiras, que tais alianças costumam gerar.[105]

Evidentemente, é possível compreender o teor das críticas que os latifundiários paulistas fomentavam com respeito a Mauá. No entanto, não se pode negar que o barão foi uma das personalidades mais relevantes para o desenvolvimento econômico nacional por atrelar-se não apenas à inauguração da era ferroviária no Brasil – ao construir os primeiros 14 quilômetros de linhas e se envolver na implantação de outras importantes ferrovias –, mas também por uma série de outros empreendimentos, todos de interesse público, tais como: a Fundição e Estaleiro Ponta de Areia, a Companhia Fluminense de Transportes, a Companhia de Rebocadores a Vapor da Barra do Rio Grande, a Companhia de Navegação a Vapor do Rio Amazonas, a Companhia de Iluminação a Gás do Rio de Janeiro, a Companhia Diques Flutuantes, a Companhia de Curtumes, a Montes Áureos Brazilian Gold Mining Company, o Banco Mauá, Mac Gregor & Cia. (com filiais no Uruguai e na Argentina), o Banco do Brasil (em sua segunda fase quando se fundem o Banco Mauá e o Banco Comercial do Rio de Janeiro, em 1854) etc.

Foi logo em 1862, após a contratação dos trabalhos de construção da E. F. Santos-Jundiaí, que uma lei provincial de 19 de maio autorizou a concessão, sob os mesmos moldes dados a São Paulo Railway, de uma estrada de ferro entre Jundiaí e Campinas. No ano seguinte, no dia 16 de abril, os parlamentares incluíram uma cláusula na lei de 19 de maio que estipulava a garantia de 7% sobre o valor máximo de 5.000:000$000 a ser investido nas obras.[106]

Tendo em vista que a companhia inglesa desistira de prolongar sua linha além de Jundiaí (pelo contrato firmado em 6 de junho de 1860 ela tinha o direito

---

105 Sobre o debate em torno da concessão do prolongamento da estrada além de Jundiaí, o *Correio Paulistano* publicou um especial de cinco artigos com o título genérico de "Província de S. Paulo". No segundo número, edição do dia 20 de julho de 1864, encontram-se as proposições de Mauá que antes já haviam sido reproduzidas na íntegra em outro número.

106 Pinto, *op. cit.*, p. 37-38.

de se estender até Rio Claro),[107] no dia 30 de janeiro de 1868, a convite do presidente da província de São Paulo, Joaquim Saldanha Marinho, os organizadores da futura Companhia Paulista se reuniram em São Paulo e elegeram a primeira diretoria da empresa que, de início, levava o nome de Companhia Paulista de Estrada de Ferro de Jundiaí a Campinas.

Formada por membros citadinos (advogados e homens de negócios) e por grandes cafeicultores da região oeste da província, a Paulista constitui a primeira grande empresa privada fundada pela sociedade paulista. A união de um grupo heterogêneo de grandes proprietários rurais, profissionais liberais e comerciantes denota a transformação de uma elite latifundiária numa elite com características urbano-agrícolas que se manteve, durante muito tempo, como fração de classe hegemônica na condução da Companhia.

Contudo, o passo decisivo para a formação da ferrovia ocorreu ao final de 1868, no dia 28 de novembro, quando o governo imperial sancionou o Decreto nº 4.283 que concedia a aprovação dos estatutos da Companhia. De acordo com seus artigos 37 e 49, o capital social da E. F. Jundiaí a Campinas deveria ser de 5.000:000$000 distribuídos em 25.000 ações no valor unitário de 200$000, além de cada ação ser indivisível em relação à Companhia, devendo também ser representada por somente uma pessoa.[108]

Outro ponto interessante dos estatutos é o que se refere ao fundo de reserva da empresa. Os artigos 57 e 58 prescrevem que a diretoria deveria subtrair o equivalente a 0,6% dos lucros líquidos para a formação do fundo, que poderia ser aplicado em apólices da dívida pública, ações da Companhia ou em outras opções que a diretoria considerasse conveniente, desde que previamente autorizadas por votação junto às assembleias de acionistas. Ressalta-se que o fundo de reserva tinha por objetivo, ao final do prazo de duração da Companhia, atender a despesas extraordinárias, não podendo ser aplicado ao pagamento de multas que por ventura a mesma viesse a incorrer.[109]

---

107   Uma das hipóteses sobre o motivo dessa desistência relaciona-se ao já referido monopólio exercido pela SPR no acesso ao escoamento pelo porto de Santos, o que, sem dúvida, lhe era suficiente para proporcionar uma margem de lucro altamente satisfatória.

108   Relatório da diretoria da Companhia Paulista lido na sessão de Assembleia Geral em 26 de setembro de 1869. Typographia do Correio Paulistano: São Paulo, 1869. *Estatutos da Companhia Paulista da Estrada de Ferro Jundiaí a Campinas*, p. 11-12 (os relatórios da Companhia Paulista serão referenciados a partir de agora pela sigla RCP, seguida do ano e da paginação).

109   *Ibidem*, p. 14.

O contrato definitivo de construção da ferrovia foi aprovado pelo presidente da província de São Paulo, Vicente Pires da Motta, no dia 29 de maio de 1869. Dentre as quarenta e três cláusulas do contrato enfatizam-se as seguintes:

> 5. A estrada de ferro, que se projeta de Jundiaí a Campinas, será construída de conformidade com a planta e perfil apresentado pelo engenheiro Fox, conhecida sob a denominação de – plano de Brunlees – já examinado por engenheiros comissionados pelo Ministério da Agricultura, e por eles preferidos a outros.
>
> [...]
>
> 8. Se o Governo julgar conveniente prolongar a linha da estrada de ferro além de Campinas, será a Companhia Paulista a preferida para essa empresa, em igualdade de condições, a qualquer outra Companhia, ou pessoa que se proponha tomá-la, salvo o direito, que por ventura possa ter a Companhia Inglesa.
>
> [...]
>
> 14. O Governo Provincial garantirá a Companhia Paulista na forma do artigo 18 da Lei Provincial n° 8 de 19 de Maio de 1862, logo que seja contratada a construção da estrada, o juro de sete por cento ao ano, pagável de seis em seis meses, sobre o capital gasto *bona fide* até o máximo declarado no artigo 25 da Lei Provincial n° 16 de 21 de abril de 1863 (5.000:000$000).
>
> Este juro será pago pela Tesouraria desta Província, sob sua responsabilidade.[110]

A diretoria provisória da Companhia foi composta por: Joaquim José dos Santos Silva (barão de Itapetininga), Francisco Antônio de Sousa Queiroz (futuro barão de Sousa Queiroz), Martinho da Silva Prado, Bernardo Avelino Gavião Peixoto e Clemente Falcão de Sousa Filho.[111] Um breve comentário a respeito de três desses cinco proeminentes empreendedores fornece um arrazoado perfil

---

110 Ibidem. *Contrato celebrado entre o Governo da Província e a Companhia Paulista*, p. 22-25.

111 Clemente Falcão de Sousa Filho foi nomeado para a presidência da Companhia pelo governo da província de São Paulo no dia 11 de março de 1869, cargo que exerceu até o ano de 1880. Logo depois, tornou-se superintendente e representante em São Paulo da Companhia E. F. São Paulo-Rio de Janeiro, inaugurada em 8 de julho de 1877. A dita ferrovia conectava-se com a E. F. D. Pedro II no município paulista de Cachoeira. Em 1890 as duas estradas foram encampadas pelo governo da União, formando, assim, a E. F. Central do Brasil.

dessa elite urbano-agrícola, fundadora da primeira ferrovia originária do grande capital cafeeiro paulista.

O primeiro, o barão de Itapetininga foi vice-presidente da província de São Paulo em 1834/1837, vereador da Câmara Municipal de São Paulo em 1867, e presidente desta mesma casa em data que não conseguimos precisar, talvez 1849/1850. Segundo Mello, além de ter sido um dos maiores acionistas da Paulista, detentor de 1.000 ações no momento de sua constituição – ao lado do comendador Vicente de Sousa Queiroz (barão de Limeira) – Joaquim dos Santos Silva aparece em processos de inventários como diretor da Caixa Filial do Banco do Brasil (1857), proprietário de 32 imóveis na cidade de São Paulo, entre terrenos e chácaras, e três fazendas produtoras de café no Oeste paulista.[112] Sua filha, Dona Maria Hipólita dos Santos Silva, foi casada com o coronel Amador Rodrigues de Lacerda Jordão (barão de São João do Rio Claro) e, após se tornar viúva, contraiu novo matrimônio com um dos homens mais ricos da província, grande fazendeiro e proprietário de terras na região de Campinas, o comendador Joaquim Egídio de Sousa Aranha (barão, visconde, conde e marquês de Três Rios).

O segundo integrante dessa primeira diretoria da Paulista que merece destaque é Francisco Antônio de Sousa Queiroz (barão de Sousa Queiroz), membro de uma das famílias mais tradicionais de São Paulo, filho do português brigadeiro Luís Antônio de Sousa (grande fazendeiro e empresário) e irmão dos também afortunados Luís Antônio de Sousa Barros e Vicente de Sousa Queiroz (barão de Limeira). Seu parentesco impressiona pela envergadura patrimonial das famílias com as quais o barão de Sousa Queiroz vinculava-se. Casado com Maria Angélica de Sousa Queiroz Barros, ele tinha como primos os irmãos Francisco e Rafael Paes de Barros e, como genro, o comendador Nicolau Vergueiro. Os dados dos relatórios da Paulista denotam que já em 1869, no momento de formação da Companhia, o barão havia subscrito 500 ações que logo se alçariam a marca de 2.191 em 13 de abril de 1890, um aumento impressionante de 338,2%.[113]

Já a terceira personalidade em foco pertencia ao ramo familial, a nosso modo de ver, mais importante no tocante a história da Companhia Paulista. Martinho da Silva Prado era filho do segundo casamento de Ana Vicência Rodrigues Almeida com Eleutério Prado. Do matrimônio com sua sobrinha, Veridiana Prado (filha

---

112   Mello, *op. cit.*, 1985, p. 135.
113   Cf. RCP, 1869 (Anexo 1) e RCP, 1890 (Anexo 8).

do barão de Iguape e que, portanto, era seu meio-irmão pelo lado paterno), Martinho teve seis filhos; quatro homens (Antônio, Martinico, Caio e Eduardo) e duas mulheres (Ana Blandina e Anésia) que, sem sombra de dúvidas, constituíram a geração mais bem-sucedida dos Prado nos negócios agrários e urbanos.

Segundo os apontamentos de Saes, inicialmente, Martinho administrava a fazenda Campo Alto, de propriedade do seu pai, no município de Araras; nos anos 1860, ele inaugurou a fazenda Santa Veridiana em Santa Cruz das Palmeiras e, mais tarde, abriu duas outras fazendas na região de Ribeirão Preto, que se tornariam modelos de alta produtividade cafeeira, as fazendas Guatapará e São Martinho.[114]

Ao que tudo indica, seu filho primogênito, o conselheiro Antônio da Silva Prado, foi o principal responsável pela proliferação dos negócios da família. Primeiro ele exerceu o cargo de diretor da Companhia Paulista durante apenas um ano (1880/1881) para, depois, no longo período de maio de 1892 a janeiro de 1928, atuar como diretor-presidente da Companhia. Saes comenta que é possível encontrá-lo ligado a diversas sociedades mercantis que atuavam no setor de transporte urbano, como a Companhia Viação Paulista, no setor bancário, a exemplo da Casa Bancária da Província de São Paulo (depois, em 1889, transformada em Banco do Comércio e Indústria de São Paulo) e no setor comercial, caso da Companhia Prado-Chaves, casa comissária e exportadora mantida em sociedade com seu cunhado Elias Antonio Pacheco e Chaves.[115]

Tornar-se-ia extremamente exaustivo radiografar todos os laços comerciais e de parentesco da família Prado. No entanto, importa mencionar que a Paulista representa um marco na história empresarial de São Paulo, dado que ela não somente foi uma das primeiras companhias que consubstanciou o movimento de diversificação do capital cafeeiro, como já se salientou, mas também congregou e intensificou as alianças comerciais de grandes nomes do cenário político e econômico da província de São Paulo e, em alguns casos, do Império. Seja como for, o associativismo de um grande número de fazendeiros e comerciantes através de sociedades anônimas se alastrou para outros setores, apesar de quase sempre manter-se nas mãos das mesmas famílias, que iam, de tempos em tempos, garantindo a reprodução do seu capital e ampliando o tamanho de sua riqueza patrimonial.

---

114 Saes, *op. cit.*, 1986, p. 56.
115 *Ibidem.*

Das ferrovias, esses recursos passariam também a ser investidos em bancos e casas de exportação-importação, para, num segundo momento, se materializarem em outros tipos de serviços públicos e no setor manufatureiro de bens de consumo leves. Observa-se que os nomes relacionados nas listas de acionistas de muitas dessas empresas se repetem com bastante frequência. Dentre eles, alguns tinham participação significativa no capital social da Paulista, desde sua fundação até a última década do século XIX. A tabela a seguir, deixa clara essa impressão.

Tabela I. 5 – Número de ações subscritas pelos maiores acionistas da Paulista

Principais acionistas	Anos		
	1869	1880	1890
Antonia de Queiroz Aranha	–	–	1063
Antônio Joaquim de Araujo Azevedo	–	500	767
Antônio José Duarte Moreira	–	310	579
Antônio da Silva Prado	50	476	466
Associação Protetora da Infância	–	709	1032
Augusto Cincinato de Almeida Lima	100	630	970
Barão de Antonina (João da Silva Machado)	300	–	–
Barão de Arary	–	–	2284
Barão do Cascalho (José Ferraz Campos)	600	–	–
Barão de Itapetininga (Joaquim José dos Santos Silva)	1000	1100	–
Barão de Limeira (Vicente de Sousa Queiroz)	1000	586	–
Barão de Piracicaba (Antônio Paes de Barros)	600	55	373
Barão do São João do Rio Claro (Amador Rodrigues de Lacerda Jordão)	500	–	–
Baronesa de Limeira	–	586	10
Bento de Lacerda Guimarães	50	1342	184
Bernardo Avelino Gavião Peixoto	200	329	–
Carlos Paes de Barros	–	433	700
Cecilia de Moraes Monteiro de Barros	–	306	743
Companhia Paulista – fundo de reserva	–	1284	2942
Eduardo Prates	–	–	3372
Eleutério da Silva Prado	25	550	1203
Elias Antônio Pacheco e Chaves	–	455	107
Fernão Sousa Queiroz	–	–	563
Fidélis Nepomuceno Prates	250	219	1010
Francisco Antônio de Sousa Queiroz (barão de Sousa Queiroz)	500	639	2191

(continua)

Principais acionistas	Anos		
	1869	1880	1890
Francisco Antônio de Sousa Queiroz (barão de Sousa Queiroz)	500	639	2191
Francisco de Assis Negreiros	5	918	770
Francisco Eugênio Pacheco e Silva	–	375	180
João Antônio Vieira Barbosa	–	67	917
José Egídio de Sousa Aranha	50	1480	–
José de Lacerda Guimarães	50	1390	–
José de Paula Leite Barros	–	–	897
José Vergueiro	50	355	–
Luiz Antônio de Sousa Barros	500	586	–
Maria Eugênia Monteiro de Barros	–	807	1059
Marquês de Itú (Antônio Aguiar de Barros)	100	801	–
Marquês de Três Rios (Joaquim Egídio de Sousa Aranha)	50	1962	3079
Marquesa de Itú	–	–	1231
Martinho da Silva Prado	500	2200	5787
Nicolau Vergueiro (visconde de Vergueiro)	500	1951	3380
Paulina de Sousa Queiroz	–	435	534
Pedro Egídio de Sousa Aranha	25	368	516
Rodrigo Antônio Monteiro de Barros	25	425	–
Severino Rodrigues Martins	–	330	312
Theobaldo de Sousa Queiroz	–	257	840
Thereza Miquelina do Amaral Pompeu	50	765	–
Thomaz da Cunha Bueno	50	400	–
Victorino Pinto Nunes	300	562	–
Verissimo Antônio da Silva Prado	–	816	816
Visconde de Rio Claro (José Estanislau de Mello Oliveira)	–	1312	–
Viscondessa de Rio Claro	–	–	893

Fonte: Relatórios da Paulista de 26 de setembro de 1869 (Anexo 1), 29 de agosto de 1880 (p. 101-128) e 13 de abril de 1890 (Anexo 8)

Um olhar atento aos dados nos permite afirmar que os principais acionistas da Paulista eram membros das seguintes famílias: os Prado, os Sousa Queiroz, os Sousa Aranha, os Prates, os Barros, os Paes de Barros, os Monteiro de Barros e os Vergueiro.

Ademais, deve-se assinalar quais foram os critérios adotados para a construção da amostra apresentada na Tabela I. 5. Para o ano de 1869, primeiro, selecionamos os indivíduos detentores de mais de 200 ações, enquanto que para os anos 1880 e 1890, o critério consistiu em mais de 300 e mais de 500 ações, respectivamente. Bastava aos referidos nomes atender apenas um desses critérios para integrar a amostra e, assim, ter a quantidade de suas ações arroladas para os três anos selecionados. Tomando-se um caso isolado qualquer, por exemplo, o de José de Lacerda Guimarães, percebe-se que em 1869 ele não possuía mais de 200 ações (o que não justifica sua inserção na amostra), todavia, em 1880 ele aparece relacionado com a expressiva marca 1.390 ações, quantidade suficiente, segundo nossos critérios de amostragem, para que seu nome seja incluído entre os maiores acionistas da Paulista, mesmo tendo desaparecido da relação de acionistas no último ano de 1890.

Saes é quem melhor discorreu sobre a origem do capital ferroviário de São Paulo. Não resta dúvida de que outras ferrovias, além da Paulista, também derivaram do grande capital cafeeiro. Antônio Queiroz Teles (conde de Parnaíba), importante cafeicultor cuja procedência remonta à atividade açucareira de São Paulo, aparecia como a pessoa mais proeminente a frente da Companhia Mogiana, organizada em 1872. Já na Companhia Ituana, constituída um pouco antes, em 1870, a direção ficava a cargo dos integrantes de famílias já conhecidas entre os acionistas da Paulista, os Paes de Barros e os Pacheco Jordão.[116]

Ainda a partir da Tabela I. 5, o acompanhamento longitudinal das trajetórias familiares nas listas de acionistas da Paulista sugere como era o dinamismo desse mercado e, consequentemente, as variações da presença desses proprietários no capital social da empresa. Nesse passo, é interessante notar que alguns nomes surgem logo no início e depois fenecem. Os casos mais emblemáticos são os dos barões do Cascalho, de Antonina, de Itapetininga, de São João do Rio Claro e de Limeira. Em contrapartida, há também aqueles que aparecem somente mais tarde, na última década do século XIX, e ainda com uma grande quantia de ações como, por exemplo, Antonia Queiroz Aranha, Eduardo Prates, o barão de Arary e a marquesa de Itú. Ainda, como não poderia deixar de ser, ressaltam-se aqueles que estiveram presentes desde a fundação da Companhia e que ao final do período assinalado aumentaram expressivamente seu portfólio acionário. Martinho da Silva Prado, visconde de Vergueiro, barão de Sousa Queiroz e marquês de Três Rios lideram a lista nesse quesito.

---

116   *Ibidem*, p. 45-46.

Com efeito, a 7 de março de 1869, definiu-se por meio da eleição dos acionistas a primeira diretoria efetiva da Paulista. O presidente da Companhia, Clemente Falcão de Souza Filho, foi o mais votado (1.802 votos), seguido por Martinho da Silva Prado (1.729 votos), Ignacio Wallace da Gama Cochrane (1.121 votos) e por Francisco Antônio de Sousa Queiroz (1.053 votos).[117]

O engenheiro-chefe João Ernesto Viriato de Medeiros, sob o auxílio do engenheiro Ernesto Diniz Street, ficou encarregado de conduzir as obras de construção da linha férrea de bitola de 1,60 m entre Jundiaí e Campinas.[118] A 15 de março de 1870, os empreiteiros Ângelo Thomaz do Amaral, João Pereira Darrigue Faro e Heitor Rademaker Gunewal venceram a licitação pública que tornou a Companhia Paulista de Estradas de Ferro uma realidade concreta. A inauguração dos seus primeiros 44 quilômetros ocorreu no dia 11 de agosto de 1872 em meio a aclamação do povo paulista, principalmente dos residentes de Campinas.[119]

A 12 de maio de 1873, a Paulista assinava com o governo da província um novo contrato para a construção, custeio e uso do prolongamento até o município de Rio Claro, nas mesmas condições do contrato primitivo anterior. Os trabalhos de construção tiveram início a 19 de janeiro de 1874, inaugurando-se o trecho até Santa Bárbara (atual Americana) em 27 de agosto de 1875, Limeira em 30 de junho de 1876 e Rio Claro em 11 de agosto do mesmo ano. Antes mesmo de concluir essa linha, a Paulista já se empenhava em outra importante empresa: a construção da linha da estação de Cordeiro (hoje, Cordeirópolis) até a margem do rio Mogi-Guaçu, com os mesmos favores das concessões anteriores. Pelo decreto nº 35, de 29 de março de 1876, a Paulista pôde prosseguir na construção que havia iniciado em 18 de fevereiro de 1876. Essa linha foi inaugurada até Araras em 10 de abril de 1877, Leme em 30 de setembro do mesmo ano, Pirassununga em 24 de outubro de 1878 e até Porto Ferreira em janeiro de 1880. No ano seguinte, era inaugurada a linha até Descalvado.[120]

---

117 RCP, 1869, p. 4.

118 Em seu plano de construção, a linha de Jundiaí a Campinas foi subdividida em três seções. Os trabalhos na primeira seção foram confiados aos engenheiros Jeronymo Luiz Ribeiro e Victor Barreto Nabuco de Araujo, na segunda seção a dupla responsável era os engenheiros Reinaldo Von Kruger e Nicolau Vergueiro Le Cocque e, por fim, a terceira seção ficou a cargo dos engenheiros Carlos Krauss e Luiz Berrini. Cf. RCP, 1869, p. 16 e Anexo nº 3.

119 Pinto, *op. cit.*, p. 40.

120 Cf. Matos, *op. cit.*, p. 84.

Nessa primeira década de operação ferroviária, uma das estratégias empresariais mais acertada da Paulista foi a junção de suas três linhas num único regime contratual, visto que, de início, ela compreendia três empresas distintas representadas pelas linhas Jundiaí-Campinas, Campinas-Rio Claro e a linha do ramal de Mogi-Guaçu. À medida que a construção dos novos prolongamentos avançava, a assembleia de acionistas decidia pela aglutinação do regime administrativo das três linhas, ao formar uma única empresa pelo contrato firmado com o governo provincial a 12 de junho de 1877.[121]

Não obstante aos fatos e especificidades apontados acima, os capítulos a seguir versarão sobre a trajetória política e econômica da Companhia Paulista no interregno de 1930 a 1961. No entanto, em primeiro lugar, examinam-se os fatos históricos mais marcantes que tiveram algum impacto na trajetória da Companhia no período anterior a 1930, para em seguida se investigar as interfaces existentes entre o Estado e a Paulista no que respeita as suas estratégias empresariais e a política pública de transporte nacional e regional.

---

121   *Ibidem*, p. 84-85.

CAPÍTULO II

Estado, capital ferroviário e a concepção do projeto viário nacional

Nenhuma sociedade civil é imediatamente política. Sendo o mundo das organizações, dos particularismos, da defesa muitas vezes egoísta e encarniçada de interesses parciais, sua dimensão política precisa ser construída. O choque, a concorrência e as lutas entre os diferentes grupos, projetos e interesses funcionam como os móveis decisivos da sua politização. É dessa forma – ou seja, como espaço político – que a sociedade civil vincula-se ao espaço público democrático e pode funcionar como base de uma disputa hegemônica e de uma oposição efetivamente emancipadora, popular e democrática às estratégias de dominação referenciadas pelo grande capital

(Marco Aurélio Nogueira. Um Estado para a sociedade civil: temas éticos e políticos da gestão democrática. 2ª ed. São Paulo: Cortez, 2005, p. 103).

Somente São Paulo podia intervir na economia por iniciativa própria e, durante períodos limitados, apontar o caminho para novas responsabilidades governamentais.

(Joseph Love. "Autonomia e Interdependência: São Paulo e a Federação Brasileira, 1889-1937". In B. Fausto (dir.). História geral da civilização brasileira. O Brasil republicano. Tomo III, vol. 1. São Paulo: Difel, 1977, p. 74).

O PONTO DE PARTIDA DESTE CAPÍTULO corresponde ao período da história política do Brasil denominado Primeira República, República Velha ou, de maneira mais precisa, República Oligárquica,[1] e se justifica em função das mudanças que se

---

1 José Murilo de Carvalho comenta também que a Primeira República ficou conhecida como "república dos coronéis", dando significado conceitual ao termo coronelismo. Este, segundo o autor, consiste na aliança dos "chefes locais" com os presidentes dos estados e desses com o presidente da República. Desde o Império, o coronel ocupava o posto hierárquico mais alto da

verificaram com respeito à configuração de forças no interior do Estado brasileiro e seus múltiplos desdobramentos na condução do projeto político voltado, dentre outras áreas sociais, à questão do transporte.

Já o marco que encerra a análise neste capítulo é a conformação do Plano Nacional de Viação de 1951, aliada a proposta de criação do Conselho Nacional de Transporte (CNT). O Plano de 1951 foi o segundo plano viário nacional elaborado por um grupo de técnicos, nomeado pelo governo federal, 17 anos após a formulação do primeiro plano viário que foi concebido com o propósito de nortear a política pública de transporte no país. Enquanto objeto do Projeto de Lei nº 327 encaminhado a Câmara dos Deputados em 1949, a proposta de criação do CNT visava instituir um órgão superior da administração pública – vinculado ao Ministério da Viação e Obras Públicas (MVOP) – que ficaria responsável por estudar e propor medidas para unificar a política de transporte no Brasil, elaborar medidas para articular e coordenar os diversos modais de transportes e zelar pela observância do Plano Nacional de Viação em vigor, sugerindo modificações tendentes ao seu aperfeiçoamento, propondo revisões periódicas, opinando sobre a ordem de prioridades a ser observado na sua execução e empenhando-se junto aos governos dos estados e do Distrito Federal no intuito de dar aos respectivos planos de viação os desdobramentos e complementos necessários ao Plano Nacional.[2]

A reflexão sobre esse longo período que vai de 1889 a 1951 faz-se fundamental para se compreender fenômenos de grande relevância histórica como a Revolução de 1930 e o processo de industrialização da economia brasileira. Sabe-se que após um período de transição política, o do chamado Governo Provisório, o Estado assumiu características essencialmente centralizadoras, passando a intervir mais frequentemente na economia nacional de modo a alterar o padrão de desenvolvimento do país. É nesse contexto que o governo federal elaborou os Planos Nacionais de Viação que, em grande medida, retratavam a concepção do Estado brasileiro em relação à função do sistema ferroviário dentro do projeto de desenvolvimento nacional.

Guarda Nacional e, após a desmilitarização dessa instituição, restaram aos coronéis o prestígio e a grande influência política no âmbito estadual cf. J. M. de Carvalho. *Cidadania no Brasil: o longo caminho.* 6º ed. Rio de Janeiro: Civilização Brasileira, 2004, p. 41.

2 Cf. Brasil. Comissão de Transportes, Comunicações e Obras Públicas. Câmara dos Deputados. *Plano Nacional de Viação e Conselho Nacional de Transporte (projetos nº 364-A e 327 de 1949).* Rio de Janeiro: Departamento de Imprensa Nacional, 1952, p. 239.

A partir desses apontamentos preliminares e por meio do exame das características do próprio sistema ferroviário nacional, Matos procura sustentar a ideia de que após 1930, mais especificamente a partir de 1940, as ferrovias não foram reaparelhadas e, por conseguinte, o setor entrou definitivamente em declínio frente ao avanço dos transportes rodoviários. Sobre as ferrovias paulistas, o autor assinala que:

> Construídas, pois, atendendo aos interesses e às conveniências dos fazendeiros, a rede ferroviária paulista, no seu aspecto arboricular, dá-nos hoje a impressão de total ausência de plano, o que explica que, superado o fundamento econômico que a motivou, pela natural itinerância do café, ou por decorrência de fatores externos que condicionaram o apelo às rodovias, elas tenham se tornado antieconômicas, praticamente sem função em muitos dos seus trechos, que acabaram sendo suprimidos.[3]

Por meio da análise dos dados empíricos da Companhia Paulista, buscaremos refutar tal linha argumentativa ao apontar que mesmo após 1930, e considerando a inequívoca representatividade do frete cafeeiro para a composição da receita ferroviária, a Paulista (à época configurando-se em uma grande rede ferroviária do estado de São Paulo) conseguiu investir maciçamente no aumento e na melhoria do seu material fixo e rodante, permitindo-lhe aumentar o volume transportado de uma grande variedade de mercadorias e, assim, gerar resultados operacionais superavitários até pelo menos o final da década de 1950.

Parte desses investimentos serviu para a remodelação do traçado e modernização da sinalização das linhas e das oficinas de reparos, como também para a incorporação de pequenas e médias ferrovias e para a adoção do sistema de tração elétrica e diesel-elétrica.[4] Ou seja, entre as décadas de 1940 e 1960 assevera-se que a Paulista se inseriu num contexto de evidente expansão e readequação dos seus serviços ferroviários, visando atender as necessidades de seus usuários e garantir uma margem razoável de lucro num contexto de evidente reestruturação da economia paulista.

No correr do período correspondente a este estudo, isto é, de 1930 a 1961, a Paulista ampliou em 675 quilômetros sua malha ferroviária, que passou de um total de 1.519 para 2.194 quilômetros de vias férreas.[5] Indubitavelmente, a trajetória empresarial da Paulista não deve ser vista como referência básica do

---

3   Matos, *op. cit.*, 1974, p. 167.
4   RCP, 1955, p. 7.
5   *Ibidem*, p. 35.

desenvolvimento ferroviário no Brasil, pois ao comparar o desempenho econômico-financeiro das diversas linhas do país percebemos que a Paulista constitui uma das raríssimas exceções dentre o agregado das ferrovias nacionais.

No entanto, se, por um lado, o exemplo da Paulista não configura um padrão dos mais representativos à realidade histórica das ferrovias no Brasil, tampouco podemos aceitar a generalização de que a partir de 1940 "assiste-se, praticamente, ao fim da era ferroviária. Não tendo sido reaparelhadas, nem corrigidos os seus erros básicos, não tiveram as ferrovias brasileiras condições para resistir à concorrência das rodovias".[6]

Apesar da forte concorrência rodoviária, observada desde os anos 1920 e que se intensificou a partir dos anos 1940, torna-se necessário explicitar os contornos mais amplos que permitiram à Paulista se expandir e, assim, atrair um volume de tráfego suficientemente capaz de garantir resultados operacionais superavitários, como já se disse, até o fim da década de 1950.

Ivanil Nunes salienta que as distintas conjunturas apontadas pela historiografia para explicar a decadência das ferrovias brasileiras como, por exemplo, a queda do preço internacional do café, o caráter itinerante da cafeicultura, a concorrência com os transportes rodoviários, dentre outras, apenas tangenciam as causas fundamentais de falência das inúmeras ferrovias. Segundo o autor, essas análises buscam, para ratificar suas explicações, datas, locais e fenômenos, na maioria das vezes, externos ao objeto.[7]

A julgar pelo período de 1945 a 1960, não se verificou diminuição nas ampliações das linhas férreas no Brasil. Pelo contrário, houve um aumento de 6.148 quilômetros de extensão dos trilhos, isto é, 17,4% do total existente no Brasil nesse período. Nunes observa que o maior aumento ocorreu durante o governo de Juscelino Kubitschek, entre 1955 e 1960, equivalente a 11,9% do total das linhas existentes. A Paulista, objeto privilegiado neste estudo, entre 1924 e 1962, ampliou sua linha em mais 370 quilômetros de Bauru a Panorama, no limite do estado de São Paulo com o do Mato Grosso, bem como sua ponta de linha de Barretos a Porto do Cemitério, no município de Colômbia (à margem do rio Grande), num acréscimo de 54 quilômetros no mesmo período.[8]

6   Cf. Matos, *op. cit.*, 1974, p. 141.
7   Nunes, *op. cit.*, p. 33.
8   *Ibidem*, p. 40-42.

De qualquer maneira, a experiência da Paulista ao longo do século XX assinala que a derrocada das ferrovias não pode ser postulada para todas as companhias e regiões do Brasil. A retração da atividade ferroviária no país pode ser explicada por diversos aspectos, sejam eles históricos, econômicos, geográficos, culturais ou políticos. Assim, é importante compreender como, onde e quando o modelo de transporte baseado nas ferrovias deixou de ser uma prioridade à política de transporte do Estado brasileiro. E mais, identificar qual foi o papel da Paulista nesse processo.

Em comparação às outras ferrovias, a Paulista sofreu tardiamente os efeitos da política de desestímulo ao setor ferroviário. Isto decorreu, talvez, do fato de seus representantes exercerem uma relativa influência no interior dos quadros do governo, principalmente em nível estadual. Agora, o que justificaria essa influência sobre as políticas públicas de transporte e os processos decisórios?

Sugere-se a hipótese de que alguns membros da diretoria da Paulista chegaram a exercer mandatos parlamentares na Assembleia Legislativa de São Paulo e no Congresso Nacional, fato observado historicamente e que será investigado para o período correspondente a esta pesquisa. Ademais, cabe notar o caráter pioneiro da Paulista com respeito ao desenvolvimento ferroviário de São Paulo e sua contribuição à agricultura paulista e para o crescimento econômico do estado. Estas duas últimas características pressupõem a importância estratégica da Companhia para as políticas de desenvolvimento, especialmente em São Paulo.

Algumas pesquisas já esclareceram que a tese de inviabilidade econômica não é suficiente para explicar a decadência parcial das ferrovias brasileiras, em particular, a partir da segunda metade da década de 1950. Dilma de Paula, por exemplo, atribui importância especial às disputas de interesses no interior do aparelho estatal no que diz respeito às políticas para o setor de transportes, ao afirmar que: "A forma com que o Estado organiza o setor é um sintoma do projeto social, decidido no enfrentamento político entre as classes e suas frações".[9]

Neste passo, o principal objetivo deste capítulo é discutir as interfaces da relação dos agentes públicos que representavam os interesses da Paulista com a administração pública federal e estadual. Tomando-se o Estado enquanto relação de forças, analisar-se-á o papel político da Paulista no contexto da atuação do governo referente às políticas de transporte e de desenvolvimento econômico. Desse modo, ao examinarmos os documentos governamentais e os relatórios da Paulista

---

9   Paula. *op. cit.*, p. 46.

procuramos esclarecer o sentido das disputas de interesses no âmbito do Estado e em que medida a Paulista exercia influência junto aos órgãos oficiais responsáveis pela condução da política pública de transporte no Brasil.

5. A Companhia Paulista e a República Oligárquica

É possível subdividir a República Oligárquica em três períodos distintos a partir da análise das disputas que se efetuaram no âmbito do Estado envolvendo o Partido Republicano Paulista (PRP) – tradicional canal de expressão da oligarquia paulista e responsável pela eleição dos principais presidentes do estado de São Paulo durante, especialmente, a vigência da chamada "política dos governadores" ou "política dos estados".[10]

O primeiro período tem início com o golpe militar, que deu origem ao regime republicano, e se encerra com o governo de Manuel Ferraz de Campos Sales, após uma fase conturbada de agitações e revoltas políticas que mobilizou as Forças Armadas, os monarquistas restauradores, os adesistas, os republicanos e os "jacobinos".[11] O segundo período, por outro lado, é marcado por uma relativa estabilidade política em função das prerrogativas institucionais introduzidas pelo pacto da política dos governadores. Já o terceiro e último período compreende a chamada crise dos anos 20 e tem como limite a eclosão da Revolução de 1930.

No que tange à política estadual, o PRP, reconhecidamente o partido da "situação" durante toda a Primeira República, sofreu importantes dissensões nos anos 1891, 1898, 1901/02, 1907, 1915 e 1926. Mesmo assim, fez de São Paulo um estado monopartidário desde 1873 (ano de sua fundação) até 1926, quando dissidentes resolveram fundar o Partido Democrático (PD).

De acordo com os apontamentos de José Ênio Casalecchi, apenas duas das diversas dissensões sofridas pelo PRP tiveram razões econômicas: a de 1898, cujo

---

10 "A política dos governadores teve como objetivos: confinar as disputas políticas no âmbito de cada estado, impedindo que conflitos intraoligáquicos transcendessem as fronteiras regionais provocando instabilidade política no plano nacional; chegar a um acordo básico entre a união e os estados; e pôr fim às hostilidades existentes entre Executivo e Legislativo, controlando a escolha dos deputados". Cf. M. de M. Ferreira e S. C. S. Pinto. *A crise dos anos 20 e a Revolução de trinta*. Rio de Janeiro: CPDOC, 2006, p. 2-3.

11 Sobre as disputas pelo poder e os conflitos entre as diversas classes sociais que marcaram os primeiros anos da República no Brasil, ver os trabalhos de: M. L. M. Janotti. *Os subversivos da República*. São Paulo: Brasiliense, 1986 e S. R. R. Queiroz. *Os radicais da República. Jacobinismo: ideologia e ação, 1893-1897*. São Paulo: Brasiliense, 1986.

resultado foi a criação do Partido da Lavoura – de existência efêmera e de apoio aos pequenos e médios agricultores, portanto, sem nenhuma relação com a direção da Companhia Paulista – e a de 1902, quando a queda de preços do café, associada à política anticíclica e "saneadora" do governo Campos Sales, provocou uma contração na rentabilidade dos cafeicultores.[12]

Renato Perissinotto pontua que o PRP, em sua primeira fase de formação até a proclamação da República, era um típico "partido de classe"; uma organização coesa criada para representar, na luta política, os interesses de uma determinada classe social que, pelo menos até 1889, defendeu dois ideais-chaves: o "federalismo" e o "imigrantismo".[13]

O primeiro desses ideais vincula-se a questão da autonomia política, fiscal e financeira dos estados federativos. Ao final do século XIX, São Paulo desponta como centro econômico e financeiro do país, porém, politicamente os paulistas não se sentiam, em muitos casos, adulados por determinadas políticas do governo, embora a maior parte da renda nacional proviesse das receitas com as exportações de café desse estado. A política fiscal, e em alguns casos a cambial, por vezes, desagradava os interesses paulistas. Com frequência, o aumento da tributação sobre as exportações motivava intensas insatisfações por parte dos integrantes do PRP. A crítica à maneira centralizadora de governar do Estado monárquico se acentuou no último quartel do século XIX, a ponto de antigos adeptos do regime imperial, a exemplo do próprio conselheiro Antonio da Silva Prado, terem se transformado, pelo menos aparentemente, em grandes entusiastas do republicanismo.

Já a segunda questão de relevo para os interesses da oligarquia era o que Perissinotto define como a "reorganização do mercado de mão de obra".[14] Esta demanda por "braços para a lavoura" recebeu grande impulso, primeiro, com a criação da Associação Auxiliadora da Colonização e Imigração, entabulada pelos próprios fazendeiros paulistas em 1871; depois, o programa colonizador seria aperfeiçoado no decênio seguinte através da constituição da Sociedade Promotora

---

12 J. Ê. Casalecchi. *O partido republicano paulista. Política e poder (1889-1926)*. São Paulo: Editora Brasiliense, 1987, particularmente Caps. 3 e 4.

13 Perissinotto, *op. cit.* Tomo II, p. 180-181. Nestas páginas e nas seguintes, o autor faz um excelente balanço historiográfico sobre as características constitutivas e as mudanças do PRP tanto em relação à ideologia partidária quanto à ação política dos seus membros.

14 *Ibidem*, p. 181.

da Imigração e a implementação, em 1886, da subvenção estatal de estímulo à imigração estrangeira.

Não resta dúvida, e a historiografia já se asseverou disso inúmeras vezes, que o grupo dos imigrantistas no Brasil era formado exatamente pelos correligionários de parte expressiva dos republicanos e neorrepublicanos (monarquistas adesistas) ligados à Antonio Prado e, por conseguinte, ao capital ferroviário da Paulista e de outras companhias originárias do grande capital cafeeiro de São Paulo. A propósito, a Paulista foi a primeira ferrovia brasileira a introduzir, já em 1882, a isenção tarifária aos passageiros imigrantes que eram transportados como mão de obra assalariada para trabalharem nas fazendas do interior do estado.

Joseph Love esclarece que as medidas provinciais e estaduais de São Paulo sobre os assuntos econômicos e sociais corriam em paralelo à atividade federal e, muitas vezes, precediam-na. As próprias políticas de imigração compunham-se de planos estaduais que objetivavam, em última instância, beneficiar somente os fazendeiros, como foi a criação, mais tarde, do Departamento Estadual de Trabalho em 1912, dezoito anos antes da organização do Ministério do Trabalho federal.[15]

Essa autonomia do governo paulista e a ingerência nas principais questões nacionais foram conquistadas no início da década de 1890,[16] fortalecidas em 1898 por meio do pacto entre as oligarquias regionais no governo Campos Sales e ganharam novo impulso com os sucessivos Planos de Valorização do Café de 1906, 1917 e 1921. No entanto, o poder político conquistado pelas elites latifundiárias, em especial a paulista, receberia um duro golpe a partir da década de 1920 com a ascensão do movimento tenentista, a intensificação das cisões ideológicas no seio da classe cafeicultora e a fragmentação dos quadros do PRP a partir, principalmente, da já mencionada fundação do PD.

A título de passagem, observa-se que a realidade política do Brasil e, consequentemente, a mentalidade dos atores que disputavam o poder político nos primeiros anos do regime republicano, contrariava persistentemente a Carta Constitucional de 1891. Os Executivos federal e estaduais costumavam se sobrepor

---

15   J. E. Love. "Autonomia e Interdependência: São Paulo e a Federação Brasileira, 1889-1937". In: B. Fausto (dir.). *História geral da civilização brasileira. O Brasil republicano*. Tomo III, vol. 1. São Paulo: Difel, 1977, p. 72-73.

16   A Constituição de 1891 é emblemática neste sentido, pois consignava como forma de governo nacional a República Liberal Federativa, que, indiscutivelmente, ia ao encontro dos interesses políticos e econômicos das oligarquias regionais.

ao Legislativo e ao Judiciário, desrespeitando assim o princípio da divisão dos poderes de inspiração constitucional francesa. A peleja pelo domínio do poder central travada entre militares e as diversas lideranças dos Partidos Republicanos esgarçava as possibilidades de coalizão em torno de um nome presidenciável capaz de acomodar razoavelmente os interesses das principais facções políticas.

A crise política que marcou o governo do marechal Manuel Deodoro da Fonseca ilustra bem essa dinâmica conflituosa, que culminou com sua renúncia no dia 23 de novembro de 1891. Argumenta-se que a pressão do Congresso, particularmente dos membros do PRP que defendiam a escolha de um nome paulista à Presidência da República, aliada a oposição de setores civis e da Marinha, foram decisivos para a queda de Deodoro e a subida do vice-presidente, o marechal Floriano Vieira Peixoto.

A isso, acrescenta-se que a última década do século XIX no Brasil foi marcada por uma conjuntura econômica de alta inflação atrelada à crise de especulação financeira (o "encilhamento") e à corrosão das contas públicas. Para Annibal Villela e Wilson Suzigan, a maior dificuldade do governo referia-se à tentativa de diminuição do déficit público, fortemente afetado pelo pagamento do serviço da dívida externa, em que as garantias de juros ao capital ferroviário tinham lugar de destaque. Além da questão das despesas públicas, a constante tendência de desvalorização do mil-réis, marca indelével do período, acarretava perdas cambiais expressivas ao governo – até então o maior comprador de moeda estrangeira – em sua tentativa malograda de equilibrar o orçamento.[17]

Antes de avaliar os principais efeitos econômicos do encilhamento sobre o capital ferroviário da Paulista, é válido recordar que foi num momento um pouco anterior ao contexto que acabamos de descrever, no entanto, que a Paulista deixou de usufruir da política de juros garantidos por meio do contrato firmado com o governo provincial em 12 de junho de 1877.[18] No relatório apresentado pelo inspetor do tesouro provincial de São Paulo, José Joaquim Cardoso de Mello, consta que a Paulista somente não alcançou os 7% de lucro sobre seu capital nos dois primeiros anos de operação (1872/1873), o que é considerado um resultado absolutamente normal em se tratando de um investimento tão vultoso como o ferroviário. Isto indica, pelo menos em princípio, que a Paulista demonstrava,

---

17　Villela e Suzigan, *op. cit.*, p. 32-33.
18　RCP, 1877, p. 27.

desde o início das operações, um potencial inconteste de viabilidade econômica às opções de investimento do capital cafeeiro. Outra evidência nesse sentido é a observação encontrada no mesmo relatório confirmando que a Paulista havia quitado todos seus débitos relacionados ao pagamento de juros já no ano de 1881.[19]

Summerhill mensurou o retorno do investimento representado por três das ferrovias com melhor desempenho econômico-financeiro da província/estado de São Paulo. Dentre elas, é possível notar que a Paulista se sobressai frente aos seus principais concorrentes. A tabela abaixo apresenta as estimativas da taxa interna de retorno do investimento ferroviário na presença e na ausência do subsídio dado pelo governo.

Tabela II. 1 – Taxas internas de retorno das ferrovias de São Paulo (%)*

Companhia ferroviária	Período	Taxa de retorno sem subsídio	Taxa de retorno com subsídio
Paulista	1872-1913	12,7	12,9
Mogiana	1875-1913	9,0	10,2
São Paulo Railway	1867-1913	7,9	8,4

*As taxas de retorno sem subsídio consistem nos valores médios dos lucros ferroviários na ausência dos dividendos garantidos pelo governo, enquanto as taxas com subsídio incorporam em seus cálculos tais dividendos.
Fonte: W. R. Summerhill. *Order against progress*. Stanford, California: Stanford University Press, 2003, p. 172.

A avaliação feita por Summerhill denota que além da Paulista ter sido a alternativa de investimento ferroviário mais auspicioso até a eclosão da Primeira Grande Guerra, ela não precisaria usufruir da garantia de juros, uma vez que seu retorno estimado é praticamente o mesmo com e sem o subsídio governamental.

Ademais, e seguindo as asserções de Matos, Flávio Saes observa que os próprios dirigentes ferroviários foram os primeiros a sugerirem a supressão da garantia de juros, pois tais contratos estabeleciam também que se a receita líquida das companhias superasse 9% do capital autorizado pelo governo, metade seria reembolsada aos cofres públicos como forma de ressarcimento dos subsídios. Como não havia um limite máximo a ser repassado ao governo, Saes pondera que nas fases mais críticas, de baixa densidade de tráfego, as ferrovias sofriam prejuízos

---
19 São Paulo. *Relatório apresentado ao Ilm. e Exm. Snr. Barão de Guajara, Presidente da Província de São Paulo, pelo Inspector do Thesouro Provincial, Bacharel José Joaquim Cardoso de Mello*. São Paulo: Typographia de Jorge Seckler & Cia., 1884, p. 35-38.

consideráveis que lhes comprometiam a rentabilidade e, por conseguinte, a expectativa de novas chamadas de capitais para a concretização dos projetos de expansão das linhas.[20]

A tabela a seguir fornece um panorama do desenvolvimento do capital e da receita líquida da Paulista, em comparação ao custo de suas linhas, dos juros e amortizações dos empréstimos contraídos no mercado externo, além da distribuição relativa dos dividendos pagos aos acionistas em alguns anos selecionados entre 1872 e 1930.

Tabela II. 2 – Companhia Paulista: capital, empréstimos e dividendos (mil-réis)

Anos	Custo das linhas	Capital realizado	Pagamento de juros	Amortizações	Receita líquida operacional	Dividendos (%)
1872	4.161.159	4.000.000	–	–	125.141	7,0
1875	8.310.396	8.343.130	–	–	524.054	10,1
1880	15.159.043	12.214.800	918,204	–	1.313.378	8,0
1885	16.660.905	16.572.061	1.234.110	–	1.657.151	11,3
1890	19.487.116	18.168.180	623,313	–	3.484.385	18,5
1895	66.774.775	44.043.040	11.997.297	–	10.561.761	15,0
1900	90.287.413	60.000.000	23.734.098	7.991.256	12.939.589	10,0
1905	107.420.831	74.996.920	13.507.643	3.769.828	9.722.849	8,0
1910	114.505.794	80.000.000	9.347.512	3.724.696	12.567.685	10,0
1915	141.593.347	92.000.000	8.549.354	4.837.313	16.360.953	9,0
1920	189.206.423	98.875.004	8.173.938	7.082.351	14.826.522	10,0
1925	288.903.613	163.926.750	20.723.392	22.504.155	25.622.128	10,0
1930	482.865.223	293.433.100	16.874.522	31.474.964	28.278.732	8,0

Fonte: RCP, 10/6/1931, Quadro sinótico; Saes, *op. cit.*, 1981, p. 155.

Os dados acima vão ao encontro da natureza contraditória das consequências que pesaram sobre a Paulista durante a crise do encilhamento. Como resultado das políticas de expansão do crédito e do meio circulante promovidos pelo primeiro Ministro da Fazenda republicano (Rui Barbosa), o câmbio, como já se disse, sofreu uma vertiginosa desvalorização, o que implicou na imediata elevação dos

---

20   Saes, *op. cit.*, 1981, p. 152.

custos das ferrovias que tinham dívidas de empréstimos em moeda estrangeira e dependiam fortemente da compra de insumos e equipamentos importados.

Ao longo do século XIX, a Paulista contraiu dois importantes empréstimos: um, em 1878, junto ao English Bank of Rio de Janeiro, no valor de 150.000 libras e outro, em 1892, com o mesmo banco, no valor de 2.750.000 libras, que, no entanto, havia mudado sua razão social para British Bank of South America. O primeiro empréstimo foi utilizado para os novos prolongamentos no ramal férreo de Mogi-Guaçu e para o pagamento a Antonio Prado, que havia adiantado parte da verba para o mesmo fim.[21] Já o segundo empréstimo destinou-se à aquisição da E. F. Rio Claro, ao perfazer quase a totalidade do valor investido, ou seja, 99,1% do preço de venda dessa ferrovia.[22]

As liquidações desses empréstimos externos pela Paulista ocorreram nos anos 1898 e 1934, respectivamente. Ademais, um terceiro empréstimo no valor de US$ 4.000.000, contraído junto à praça de Nova York em 1922, foi quitado no dia 11 de fevereiro de 1942, como consta no documento enviado pela Ladenburg Thalmann & Co. (Anexo C). Esse empréstimo em dólar foi empregado no projeto pioneiro, aqui no Brasil, de eletrificação de vias férreas. Tratava-se da linha principal da Paulista, no trecho de Jundiaí a Campinas, cujo responsável pela eletrificação foi o engenheiro, e à época inspetor-geral da Companhia, Francisco Paes Leme de Monlevade. Para se ter uma ideia dos benefícios gerados pela adoção, mesmo que parcial, da tração elétrica, a tabela a seguir contém cifras esclarecedoras.

---

21 Cf. Mattoon Jr., *op. cit.*, p. 143.

22 O sistema de financiamento para as aquisições de outras linhas e para as novas construções ferroviárias operava, de modo geral, da seguinte forma: as companhias apresentavam seus projetos de extensão de linhas ao governo federal e, se aprovado, às companhias lhes era autorizado solicitar a concessão de um aval para empréstimos que fossem obtidos no exterior. Tal aval era tido nos mercados como uma garantia de pagamento dos juros e do principal, o que facilitava o lançamento desses títulos para serem negociados nas bolsas de valores. Assim, um banco se incumbia de promover o lançamento dos títulos – principalmente debêntures – no mercado e os mesmos eram comprados pelo público em geral, ficando o banco apenas como o agente financeiro do empréstimo. Cf. M. B. Levy e F. A. M. Saes. *Dívida externa brasileira, 1850-1913: empréstimos públicos e privados*. História Econômica & História de Empresas. vol. IV. 1. São Paulo: ABPHE/Hucitec, 2001, p. 74.

Tabela II. 3 – Companhia Paulista: economia gerada pela eletrificação das linhas

Ano	Extensão eletrificada (km)	a) Capital empregado na eletrificação (mil-réis)	b) Economia realizada (mil-réis)	b/a (%)
1922	44	10.330.513	3.317.423	32,1
1923	44	10.330.513	2.950.705	28,6
1924	44	10.330.513	2.148.078	20,8
1925	44	11.911.566	2.952.801	24,8
1926	94	19.788.768	3.601.593	18,2
1927	134	29.163.491	5.172.788	17,7
1928	286	32.170.341	6.753.363	21,0
1929	286	64.886.702	12.291.408	18,9

Fonte: RCP, 12/6/1930, p. 14.

Considerando-se apenas a eletrificação do trecho da linha tronco de Rio Claro a Rincão, inaugurada em dezembro de 1928, a economia gerada foi da ordem de 5.915:319$884. Logo, os altos investimentos com a eletrificação de alguns trechos se justificavam aos diretores da Paulista, que puderam constatar as vantagens da tração elétrica em comparação a tração a vapor no que diz respeito à economia com combustíveis, pessoal empregado na condução dos trens, reparação de locomotivas, utilização de materiais etc.[23] Um exemplo disso é que nesse trecho eletrificado, antes, eram empregadas 12 locomotivas a vapor para o transporte de passageiros e 28 para o de cargas. Com a eletrificação, o mesmo serviço passou a ser realizado com o emprego de 5 locomotivas de passageiros e 7 de cargas.[24]

Voltando ao contexto de crise do período do encilhamento, outra explicação plausível para a depreciação cambial característica do início dos anos 1890 no Brasil refere-se à reversão que se operou no balanço de pagamentos devido à saída em massa dos investimentos estrangeiros do país. Para John Schulz, essa fuga de capitais foi uma resposta à instabilidade monetária que se acentuou as vésperas da eleição para a Assembleia Constituinte em 15 de setembro de 1891. Seja como for, não se pode negar que nesse período houve um aumento da retração no mercado financeiro internacional, particularmente, após a quebra do banco inglês

---
23   RCP, 1930, p. 14.
24   RCP, 1929, p. 16.

Barings e a decretação de moratória pelo governo da Argentina. Ao mesmo tempo, é lícito sublinharmos que tal crise não se restringiu aos países latino-americanos. Schulz menciona, por exemplo, os efeitos dessa queda na oferta das finanças internacionais em países como os Estados Unidos e a Austrália, o que endossa a ideia de que o receio dos investidores ligava-se mais aos excessos praticados pelos países importadores do que a uma possível escassez dos fundos no Reino Unido e em outras áreas exportadoras de capital.[25]

Diante dessa circunstância adversa, o governo criou em 1893, no auge da crise do encilhamento, a tarifa cambial "ouro" (também conhecido por "tarifa móvel"), cujo objetivo era reajustar os valores dos fretes em proporção à desvalorização da moeda nacional frente à libra esterlina, reduzindo, assim, o prejuízo pelo qual as companhias ferroviárias vinham passando. Por outro lado, observamos que o aumento do volume transportado de café, decorrente da forte expansão da produção cafeeira na década anterior, contrabalanceava as perdas relacionadas ao ambiente inflacionário típico do início da década.

A esse respeito, Adolpho Pinto sintetiza quais foram as principais dificuldades enfrentadas pela Paulista e pelo conjunto de empresas ferroviárias existentes até aquele momento no Brasil:

> É de notar que a crise, que assim se manifestava, feria em cheio as empresas de transporte, não só desvalorizando-lhes a receita, como desvalorizando-lhes o capital.
>
> Realmente, enquanto os produtos da lavoura e da indústria em geral, os salários, a propriedade territorial, os móveis e imóveis de toda a sorte tinham, na extraordinária alta do valor que logo adquiriram, a justa compensação da desvalorização da moeda corrente, certo é que as ações de estradas de ferro, apesar de representarem dinheiro empregado a câmbio médio não inferior à taxa de 20 d. por mil-réis, não só não podiam ter sua cotação acompanhando a mesma alta geral do preço das coisas, como se achavam ameaçadas de não perceber renda alguma, mesmo para o capital nominal que então representavam, reduzido a um terço do valor que pouco antes tiveram.
>
> [...]

---

25 J. Schulz. *A crise financeira da abolição (1875-1901)*. São Paulo: Edusp/Instituto Fernand Braudel, 1996, p. 90-91.

Mas, além do prejuízo consequente à diminuição real do valor de sua fortuna, estavam os possuidores de ações de estradas de ferro ameaçados de prejuízo ainda maior, qual o resultante de ficar o seu capital, depois mesmo de reduzido a um terço do que valia a poucos anos antes, sem nenhuma renda, em consequência de ser a receita das linhas férreas absorvidas quase por completo pelo custeio enormemente agravado por efeito da baixa cambial.[26]

Estabelecida mediante contrato com o governo do estado de São Paulo no dia 10 de outubro de 1893, a tarifa móvel consistia, em linhas gerais, em uma taxa adicional de 5% sobre os valores das tarifas em vigor aplicadas somente quando a taxa de câmbio estivesse abaixo de 20 d. por mil-réis. Neste caso, o governo permitia que a adoção de tal tarifa implicasse num aumento de, no máximo, 40% do valor das tarifas regularmente pré-tabeladas.[27] Assim, o governo buscava evitar as críticas e reclamações por parte dos cafeicultores, principais usuários do transporte ferroviário interessados em pagar o menor frete possível.

Há evidências de que, no início, os cafeicultores puderam suportar a tarifa cambial mesmo com o preço externo do café em queda, já que havia uma compensação pelo lado da desvalorização do câmbio. Porém, a partir de 1895, o preço do café em moeda nacional também passou a declinar causando um aumento de custo aos cafeicultores, representado pelo pagamento de salários aos colonos e, principalmente, pelas tarifas ferroviárias. Logo, é manifesto que durante a crise cafeeira que se estendeu de 1896 a 1906 surgiria o conflito de interesses – apontado por Saes em um dos seus trabalhos[28] – entre produtores de café (especialmente pequenos e médios agricultores) e dirigentes ferroviários.

Em paralelo, ao se referir às ferrovias e às outras empresas de grande porte que atuavam nos setores de infraestrutura urbana a partir do último quartel do século XIX, Mattoon Jr. sugere que o grande capital, tanto o cafeeiro como aquele articulado a ele, exercia pleno domínio sobre o sistema econômico em São Paulo. O montante de capital aportado nessas empresas, seja ele nacional ou estrangeiro, era frequentemente amparado pelas concessões estatais, o que, por vezes, impermeabilizava-o contra eventuais crises e conjunturas econômicas desfavoráveis. Além da garantia de juros, o governo da província de São Paulo baixou uma medida, que

---

26 Pinto, *op. cit.*, p. 160.
27 Cf. RCP, 1894, p. 10-11.
28 Saes, *op. cit.*, 1986, Cap. 2.

vigorou até 1882, pelo qual se permitia à Paulista a aplicação de uma sobretaxa de 3$000 por TKU em praticamente todos os fretes. Ao que tudo indica, foi por meio da economia gerada devido a essa medida que a Paulista conseguiu honrar com o repasse dos valores pagos pelo governo provincial na forma de garantia de juros, como também pôde melhorar sua imagem diante às avaliações de risco feitas pelos mercados estrangeiros para fins de concessão de empréstimos e financiamentos.[29]

A referida crise cafeeira se delineou de maneira mais clara no primeiro quinquênio do século XX e seu impacto foi mais intenso no setor produtor de café, onde havia o predomínio dos proprietários nacionais. Em contrapartida, parte da historiografia alega que o capital estrangeiro obteve, no período assinalado, lucros expressivos em função de ter assumido o controle das operações de financiamento e comercialização do produto no porto de Santos. Um observador[30] contemporâneo aos fatos ressalta que dentre as dez maiores casas exportadoras existentes em 1907 que atuavam em Santos, apenas uma era brasileira – e, por sinal, paulista –, a Companhia Prado-Chaves, a qual já fizemos menção no Capítulo 1, de propriedade da família Prado em associação com os Pacheco e Chaves.

À luz dos elementos abordados, nota-se que a mudança para o regime republicano no Brasil não deixaria de repercutir sobre a estrutura socioeconômica ao gerar consequências marcantes nas condições de vida da população como um todo. A forma pacífica pela qual foi abolido o sistema escravista, associada aos altos preços do café, criou uma atmosfera de entusiasmo no seio da elite cafeicultora, cuja expressão foi a duplicação do número de cafezais e o aumento, em três vezes mais, da produção durante os anos de 1890. Esta arrebatadora expansão decorreu de um conjunto de circunstâncias que unia a ampliação do mercado consumidor internacional de café, a grande oferta no país do fator terra em conjunto com o aumento das concessões de terras devolutas, o êxito das políticas de estímulo à imigração estrangeira e o incremento do mercado de bens de consumo leves capaz de atender às necessidades dessa nova massa de trabalhadores assalariados.

Para cooptar o apoio do setor econômico dominante no país em meio a esse desvario típico da irrupção de um novo tempo, os três primeiros e sucessivos governos republicanos outorgaram privilégios demasiadamente vantajosos

---

29 Mattoon Jr., *op. cit.*, p. 143-144.
30 A. Lalière. *Le Café dans l'État de Saint-Paul*. Paris, 1909, p. 346-347.

à cafeicultura que incluía, dentre eles, empréstimos a juros zero, como nos informa Schulz.[31] Não obstante, essas políticas expansionistas trouxeram mazelas que atravessaram o período do encilhamento e, ao mesmo tempo, favoreceram o retorno de políticos mais conservadores, do ponto de vista financeiro, ao controle do Estado.

De modo a dar uma resposta eficaz e de curto prazo aos problemas que solapavam a economia brasileira, o presidente Prudente José de Morais Barros (1894-98) buscou recuperar as finanças públicas ao adotar um pacote de medidas que contraísse a demanda agregada. Em 1896, por exemplo, ele encerrou com o privilégio de emissão de moeda dos bancos, reduziu drasticamente o crédito e contingenciou severamente os investimentos e gastos públicos.

Todavia, tais medidas não foram suficientes para evitar a renegociação da dívida externa, em 1898, através do primeiro *Funding Loan*. Este acordo logrado com os credores estrangeiros comprometeu significativamente a autonomia financeira do país que assistiu prostrado ao esforço do governo em conter a desvalorização cambial para garantir as condições de pagamento da dívida externa. Por meio dele, o pagamento dos juros de todos os empréstimos externos do governo federal e dos subsídios dados ao capital ferroviário se realizariam entre 1898 e 1901 na forma de novos títulos de dívida. O domínio estrangeiro sobre a economia brasileira se acentuou tanto durante esse período que o governo ficou proibido de contrair novos empréstimos, tanto dentro como fora do país, e teve a renda de todas as suas alfândegas hipotecada.[32]

Numa perspectiva de longo prazo, argumenta-se que de 1850 a 1914 a principal aplicação dos empréstimos externos contraídos pelo governo servia para refinanciar a própria dívida externa. A isto, acrescenta-se que o Estado nacional no Brasil já nascera atrelado a uma pesada dívida herdada como consequência do processo de reconhecimento da Independência pelo Reino português.

Maria-Bárbara Levy e Flávio Saes mapearam os principais gastos públicos no correr desse período: nos anos 1860, volumosos recursos foram alocados para fins militares na Guerra do Paraguai; nas décadas de 1850 e 1870 as estradas de ferro drenaram a maior parte dos recursos; no decênio 1900-1909, foi a vez das obras públicas de urbanização, especialmente no Rio de Janeiro; após a Abolição, grandes

---

31   Schulz, *op. cit.*, p. 99.
32   Cf. Villela e Suzigan, *op. cit.*, p. 334.

empréstimos externos serviram de base para créditos agrícolas como forma de se enfrentar o momento de transição; na década de 1890, recursos externos foram canalizados para a repressão de revoltas separatistas deflagradas em várias partes do país; e, a partir da segunda metade dos anos 1900, grande parte dos empréstimos externos teve como principal finalidade sustentar a política de valorização do café.[33]

A retomada da condução da política econômica do Estado suplicada pelos cafeicultores só se efetivou graças à eleição presidencial de mais um representante direto da oligarquia paulista, Campos Sales. É exatamente na virada do século XIX para o XX, portanto, durante seu governo de 1898 a 1902, que a elite cafeicultora de São Paulo, mancomunada com a oligarquia agrária de Minas Gerais e através da já referida política dos governadores, passou a se apropriar da máquina estatal em proveito dos seus interesses econômicos e a preparar o terreno político que garantiria, em 1906, a implementação do primeiro plano de sustentação do preço internacional do café.

Sem embargo, a aliança entre os presidentes da república e os governadores estaduais assegurava a eleição dos deputados e senadores oficiais, ou seja, aqueles indicados pela presidência e que, de uma forma ou de outra, se vinculavam à cafeicultura de São Paulo e ao populoso estado de Minas Gerais, detentor do maior número de representantes no Congresso Nacional – arena estratégica onde se formavam os conchavos e articulações políticas.

A esse respeito, vale a pena destacar um parágrafo de *Formação econômica do Brasil*, onde Celso Furtado caracteriza com extrema lucidez o caráter histórico e as estratégias de ação política da elite cafeicultora, cujo poderio lhe foi hegemônico pelo menos até meados dos anos 1920.

> Desde o começo, sua vanguarda esteve formada por homens com experiência comercial. Em toda a etapa da gestação os interesses da produção e do comércio estiveram entrelaçados. A nova classe dirigente formou-se numa luta que se estende em uma frente ampla: aquisição de terras, recrutamento de mão de obra, organização e direção da produção, transporte interno, comercialização nos portos, contatos oficiais, interferência na política financeira e econômica. A proximidade da capital do país constituía, evidentemente, uma grande vantagem para os dirigentes da economia cafeeira. Desde cedo eles compreenderam a enorme importância que podia ter o governo como instrumento de

---

33 Levy e Saes, *op. cit.*, p. 66.

ação econômica. Essa tendência à subordinação do instrumento político aos interesses de um grupo econômico alcançara sua plenitude com a conquista da autonomia estadual, ao proclamar-se a República. O governo central estava submetido a interesses demasiadamente heterogêneos para responder com a necessária prontidão e eficiência aos chamados dos interesses locais. A descentralização do poder permitirá uma integração ainda mais completa dos grupos que dirigiam a empresa cafeeira com a maquinaria político-administrativa. Mas não é o fato de terem controlado o governo o que singulariza os homens do café. E sim que tenham utilizado esse controle para alcançar objetivos perfeitamente definidos de uma política. É por essa consciência clara de seus próprios interesses que eles se diferenciam de outros grupos dominantes anteriores ou contemporâneos.[34]

A perspectiva furtadiana deixa claro, mais uma vez, que o setor de transporte interno, particularmente o setor ferroviário da região sudeste do Brasil, consiste num dos ramos de atividade do complexo cafeeiro, já que ele nasce e se desenvolve, por um longo período, como consequência do excedente gerado na produção de café. É essa elite cafeicultora paulista, dirigente das principais ferrovias em São Paulo (exceto a São Paulo Railway), que comandou a política nacional desde o governo de Morais Barros até a bancarrota gerada pela crise internacional em 1929.

Vejamos o que dizem os dados a respeito do desempenho da Paulista desde sua inauguração, em 1872, até o despontar da crise causada pela quebra da Bolsa de New York.

---

34 C. Furtado. *Formação econômica do Brasil: edição comemorativa de 50 anos*. São Paulo: Companhia das Letras, 2009, p. 183.

Tabela II. 4 – Companhia Paulista: movimento de tráfego e produtividade (1872-1930)

Anos	nº de passageiros transportados	nº de animais transportados	Café (ton)	Outras mercadorias (ton)	Total (ton)	Café/total (%)	TKU
1872	33.531	–	–	–	26.150	–	–
1873	56.212	–	–	–	54.968	–	–
1874	76.402	–	–	–	67.522	–	–
1875	96.614	–	–	–	76.362	–	–
1876	156.952	–	–	–	84.137	–	–
1877	159.706	–	–	–	75.600	–	–
1878	165.944	–	–	–	93.843	–	–
1879	167.503	–	–	–	95.336	–	–
1880	178.373	–	–	–	99.198	–	–
1881	177.283	–	64.270	58.208	122.478	52,5	–
1882	166.774	–	71.133	61.895	133.028	53,5	–
1883	161.539	4.919	95.541	64.580	160.121	59,9	–
1884	165.839	4.321	87.842	6.926	154.768	56,8	–
1885	184.837	5.776	97.977	77.301	175.278	55,9	–
1886	197.790	5.610	93.984	82.681	176.665	53,5	–
1887	231.850	7.004	73.451	101.970	175.421	41,9	–
1888	298.596	6.701	86.753	13.733	100.486	86,3	–
1889	319.401	7.071	124.832	133.847	258.679	48,3	–
1890	348.150	5.768	132.764	168.003	300.857	44,1	25.634.283
1891	543.579	9.767	157.678	209.763	367.441	42,9	31.051.601
1892	809.040	20.026	173.718	238.696	412.414	42,1	41.532.478
1893	1.179.245	29.109	121.259	285.866	407.125	29,8	40.004.621
1894	1.100.396	22.942	159.585	298.707	458.292	34,8	48.090.023
1895	1.372.038	25.653	175.693	390.998	566.691	31,0	57.473.718
1896	1.372.398	26.998	224.261	441.494	665.755	33,7	64.521.728
1897	1.422.141	27.141	284.370	406.275	690.645	41,2	72.834.517
1898	1.248.503	25.048	264.191	375.971	640.162	41,3	80.553.541
1899	1.060.465	26.542	309.822	350.906	660.728	46,9	84.799.784
1900	1.052.900	31.819	338.453	338.359	676.812	50,0	87.495.605
1901	1.101.775	21.963	505.430	378.562	883.992	57,2	118.436.147
1902	1.038.639	15.955	486.198	396.600	882.798	55,1	111.528.290
1903	939.886	17.056	382.863	366.285	749.148	51,1	98.169.016
1904	913.772	24.420	365.803	367.719	733.522	49,9	93.652.913

1905	949.794	29.608	356.396	369.004	725.400	49,1	118.041.279
1906	977.029	26.983	590.790	392.845	983.635	60,1	161.667.959
1907	1.117.827	31.490	527.107	448.076	975.183	54,0	164.203.975
1908	1.084.081	36.072	474.783	485.659	959.742	49,5	167.254.227
1909	1.127.868	47.534	627.648	491.618	1.121.266	56,0	196.650.831
1910	1.245.752	48.430	437.237	613.256	1.050.493	41,6	193.247.139
1911	1.522.533	77.732	489.668	707.054	1.196.722	40,9	225.744.123
1912	2.057.318	110.736	479.452	935.687	1.415.139	33,9	270.608.190
1913	2.412.722	97.228	532.951	1.008.312	1.541.263	34,6	312.327.712
1914	2.021.234	71.075	425.877	841.400	1.267.277	33,6	249.842.351
1915	1.875.482	106.559	600.865	756.422	1.357.287	44,3	270.488.120
1916	1.997.294	218.638	519.032	885.383	1.404.415	36,9	307.874.167
1917	2.019.296	323.952	534.801	944.706	1.479.507	36,1	345.721.032
1918	1.976.886	313.851	422.954	1.033.782	1.456.736	29,0	334.451.150
1919	2.344.248	382.753	239.709	1.233.556	1.473.265	16,3	372.340.700
1920	2.574.560	383.196	398.799	1.275.350	1.674.149	23,8	330.617.523
1921	2.888.910	292.892	489.815	1.174.749	1.664.564	29,4	317.721.453
1922	3.079.859	377.790	820.079	1.226.928	1.547.061	53,0	277.480.886
1923	3.486.151	493.758	399.442	1.351.214	1.750.656	22,8	353.945.624
1924	3.902.430	448.004	441.837	1.660.838	1.802.665	24,5	360.266.533
1925	3.929.602	421.189	436.663	1.614.346	2.051.009	21,3	437.016.381
1926	3.907.052	387.294	439.416	1.624.135	2.063.551	21,3	441.203.351
1927	4.042.374	426.262	551.893	1.711.494	2.263.387	24,4	482.821.779
1928	4.205.903	465.330	452.380	1.979.481	2.431.861	18,6	519.955.729
1929	4.303.988	452.995	499.992	2.013.081	2.513.073	19,9	542.819.470
1930	3.468.897	415.797	571.326	1.413.190	1.984.516	28,8	427.203.841

Fonte: RCP, 10/6/1931, Quadro sinótico; RCP, ago./1955, p. 39-41.

Sobre a participação do café em relação ao total transportado pela Paulista, observa-se que em muitos anos, a partir de 1881, o café representou mais de 50% da pauta de transporte da ferrovia. Logo, esse dado nos indica que a movimentação nas linhas da Paulista corresponde a um instrumento eficaz de medição para se avaliar as oscilações que se verificavam na economia cafeeira, ainda mais considerando-se o substancial volume de tráfego mútuo realizado com as estradas tributárias de sua rede. A esse respeito, os pontos de entroncamento mais importantes eram: Campinas, Pontal e Guatapará, com a Companhia Mogiana;

Agudos, Bauru e Jundiaí, com a Sorocabana; Araraquara, com a E. F. Araraquara; e, novamente, Bauru, com a Noroeste.

É exatamente no primeiro decênio do século XX, por exemplo, que o café deslancha como o principal gênero transportado pela ferrovia. Considerando a safra paulista de 1901-1902 (de 10.148.000 sacas de 60 kg) e a de 1906-1907 (de 15.408.000 sacas), nota-se um aumento de 51,8% na produção cafeeira do estado.[35] Em paralelo a esta constatação, enfatiza-se que uma das principais causas desse aumento do volume de café transportado pelas linhas da Paulista se deve à desativação do transporte fluvial no rio Mogi-Guaçu, que também era realizado pela Companhia desde 1883. Esta seção fluvial experimentou um processo paulatino de desutilização, uma vez que a ferrovia mostrar-se-ia, ao longo do tempo, mais eficiente no serviço de transporte.[36]

Outro ponto que chama a atenção é a queda de 63,2% da participação relativa do café no transporte ferroviário durante o quinquênio de 1915-1919. Contíguo à Primeira Grande Guerra, podemos atribuir à afamada geada de 1918 a responsabilidade pelo agravamento dessa tendência declinante do volume transportado de café nesse interregno. Nota-se que entre os anos 1918 e 1919, o declínio chegou à impressionante marca de 43,8%. A justificativa para tamanha queda reside no fato de que o período de colheita do café ocorre, via de regra, no segundo semestre de cada ano. Por isso, os efeitos da geada de 1918, em termos de volume transportado, só se fizeram sentir nos embarques de 1919.

É importante assinalar também que a partir do segundo decênio do século XX, salvo o excepcional ano de 1922,[37] o café não voltaria mais a ter a elevada participação dos decênios anteriores, em termos de volume, na pauta de transporte da ferrovia. Nesse sentido, pode-se sugerir que a economia agrícola paulista vinha experimentando, desde o início da crise cafeeira dos últimos anos do século XIX, um processo de diversificação que se refletia na nova composição das mercadorias que circulavam pelas linhas da Paulista.

Para Antônio Barros de Castro, a região cafeeira de São Paulo passou a desenvolver na virada do século um movimento de "desespecialização" que resultou

---

35   As cifras sobre produção cafeeira em São Paulo foram retiradas do livro de Monbeig, *op. cit.*, p. 181, nota de rodapé nº 1.
36   A esse respeito, ver Grandi, *op. cit.*, p. 103-117.
37   A explicação para a recuperação do volume transportado de café neste ano encontra-se, provavelmente, na implementação do terceiro plano de valorização do produto aprovado em 1921.

num processo de substituição inter-regional de importações. Assim, a região com maior nível de renda per capita do país se voltava progressivamente para o seu próprio mercado interno. Ao passo dessas transformações, o setor manufatureiro também receberia grande impulso, já que a indústria brasileira desse período estava intrinsecamente vinculada à estrutura agrícola, dado o viés agroexportador da economia nacional. Em suma, Castro pontua que o crescimento e a diversificação agrícola regional acarretaram a consolidação das indústrias açucareiras, têxtil, de carnes, couros, entre outras, em São Paulo.[38]

É em consonância com esse processo de diversificação da economia paulista que a Paulista, como se verá mais adiante, prolongou seus trilhos, ao final do decênio 1900-1910, até Barretos: principal polo produtor agropecuário do estado de São Paulo.

De todo modo, Monbeig esmiúça os elementos mais marcante da economia cafeeira paulista, ao enfatizar o caráter itinerante dessa rubiácea durante as primeiras três décadas do século XX.

> Os fazendeiros teriam conservado no primeiro quarto do século vinte o mesmo desejo de plantar para produzir cada vez mais, que era o que os animava na última fase do século precedente? Poder-se-ia acreditar na interpretação, pois o número de cafeeiros não parou de crescer, passando de 690 milhões em 1904-1905 a 1.123.323.770 em 1927-1928. As condições econômicas justificavam a confiança, daí as derrubadas e a formação de novas plantações. Houve uma ascensão súbita dos preços, logo depois da guerra e da geada de 1918. A essa ascensão seguiu-se

---

38   A. B. de Castro. "O café: auge, 'sobrevida' e superação". In: *7 ensaios sobre a economia brasileira*. Vol. II, 2 ed. Rio de Janeiro: Forense Universitária, 1975, p. 71. Neste ensaio, o autor apresenta o quadro abaixo, que fornece o dimensionamento, em hectares cultivados, da crescente diversificação agrícola observada em São Paulo (p. 70):

	1900/01	1904/05	1910/11	1914/15
Café	751.114	875.004	900.111	1.023.826
Algodão	8.252	8.378	19.236	12.167
Cana	25.908	48.719	49.745	61.952
Fumo	5.023	4.825	5.275	4.397
Arroz	49.210	66.407	72.503	100.289
Feijão	99.481	156.786	183.721	228.740
Milho	220.203	346.989	372.922	508.093
Diversos	24.200	30.954	36.257	48.400

uma queda também súbita, embora as cotações não chegassem a descer até o nível anterior. Novamente o mercado retomaria a marcha ascendente, em 1923, principalmente se os preços fossem considerados em moeda nacional, que era a que interessava diretamente aos produtores e a seus assalariados. Claro que isso só poderia encorajar o aumento dos cafezais.

[...]

A situação, às vésperas do *crack* de 1929 era, portanto, muito diferente da de 1905. A marcha do café havia sido até então a consequência de um movimento exclusivamente otimista e, pode-se dizer, imperialista. Na década de 1920, ao contrário, muitos fazendeiros abandonaram Ribeirão Preto, Araraquara e Jaú porque a produção não era mais suficiente e porque somente nas terras virgens poderiam reencontrar, com pequena despesa, rendimentos economicamente satisfatórios.

As terras virgens – as dos espigões de Olímpia, da Alta Araraquarense, da Noroeste, da Alta Sorocabana – estavam longe de equivaler à terra roxa deixada para trás. O aumento dos cafezais na região de Barretos-Olímpia correspondeu a uma baixa de 20% nos rendimentos, enquanto na Alta Sorocabana e na Noroeste a queda foi de 10%. Na fase anterior da marcha pioneira, era fácil descobrir terras roxas e plantar com segurança. Já os solos dos espigões são difíceis até para reconhecer e as plantações mais incertas. A não ser em fazendas particularmente bem dirigidas, jamais os rendimentos atingiram os das primeiras plantações nas terras roxas. Excetuada a sua introdução no Estado do Paraná, o café penetrava em uma zona não desfavorável, mas menos propícia.[39]

Monbeig põe em relevo a simbiose existente entre o avanço da fronteira agrícola do café, a distribuição e a alocação da mão de obra livre imigrante e as novas construções ferroviárias. A respeito deste último fator, passaremos em revista, primeiramente, a evolução da rede ferroviária da Paulista, desde a inauguração de sua primeira linha até o ano de 1930,[40] para, num segundo momento, tratarmos do plano de remodelação do seu traçado nesse mesmo período:

1. Após ter aberto ao tráfego, em 11 de agosto de 1872, seu primeiro trecho entre Jundiaí e Campinas, numa extensão de 44 quilômetros, a Paulista

---

39 Monbeig, *op. cit.*, p. 188 e 191-192.
40 Cf. *Relatórios da Companhia Paulista* (diversos anos).

daria prosseguimento às suas construções ao alcançar Rio Claro em 1876, totalizando 134 quilômetros de linha em bitola larga de 1,60 m;
2. Em 1880 a Paulista atinge Porto Ferreira, no ramal de Mogi-Guaçu, e, no ano seguinte, Descalvado, num total de 228 quilômetros;
3. Em 1891 a Companhia constrói o pequeno ramal de Santa Veridiana, que dava acesso à fazenda de mesmo nome de propriedade dos Prado e que se entroncava com uma das linhas da Companhia Mogiana. Neste mesmo ano, adquire dois ramais já existentes construídos por outros particulares, o de Santa Rita e o de Descalvado, ambos de bitola de 0,60 m;
4. Em 1892, com a compra das linhas de bitola estreita (1,00 m) da E. F. Rio Claro, a Paulista amplia sua malha férrea em mais 302 quilômetros (159 quilômetros de Rio Claro a Rincão, mais os 143 quilômetros do ramal de Jaú). No ano seguinte, Rincão se ligaria a Jabuticabal e Santa Eudóxia seria atingida pelo ramal de Água Vermelha;
5. Em 1894 inaugura-se o ramal de Ribeirão Bonito a partir de São Carlos;
6. Em 1899 e 1901 abrem-se ao tráfego, respectivamente, o ramal de Dois Córregos a Campos Sales e, no ramal de Mogi-Guaçu, o trecho de Rincão a Martinho Prado;
7. A linha a partir de Jabuticabal atinge Bebedouro em 1902 e, deste ponto, segue rumo a Agudos e Pontal (estações abertas em 1903) e, depois, alcança Piratininga em 1905;
8. O trecho de Bebedouro a Barretos foi inaugurado em 1909 e o ramal de Pederneiras a Bauru, no ano seguinte.

A essa altura, isto é, ao final da primeira década do século XX, a Paulista contava com 1.151 quilômetros de linhas em tráfego que, depois de transcorridos 30 anos, apresentariam um acréscimo de 32%, totalizando 1.519 quilômetros de linhas em plena operação.[41]

Já o plano de remodelação de sua malha ferroviária teve início em 1912 e consistiu na duplicação da linha de Jundiaí a Campinas, na adoção do trilho de 45 kg por metro em toda linha tronco e no alargamento, com retificação do traçado, da bitola de 1,00 m para 1,60 m, a partir de Rio Claro. Assim, ao final da década de 1920, as alterações de bitola ocorreram nessa sequência: Rio Claro a Itirapina (30 quilômetros em 1916), Itirapina a São Carlos (32 quilômetros em 1917), São

---

41   RCP, 1955, p. 35.

Carlos a Rincão (80 quilômetros em 1922) e Rincão a Barretos (167 quilômetros em 1927). Salienta-se que o primeiro trecho remodelado, o de Rio Claro a Itirapina, e a estação Visconde de Rio Claro (que originalmente pertencia a E. F. Rio Claro), foram inteiramente reconstruídos, já que há tempos os engenheiros da Paulista os consideravam insatisfatórios no que respeita ao atendimento das exigências técnicas de transporte.[42] A partir de 1916, tiveram início os trabalhos de prolongamento da linha além de Piratininga no sentido do rio Paraná. Neste trecho, a ferrovia alcançou Cabrália em 1924, Duartina em 1925, Gália em 1927 e Marília em 1928.

Mais uma vez, é Monbeig quem faz um pertinente arrazoado sobre o retorno das construções ferroviárias em São Paulo no alvorecer do século XX. Vencida a conjuntura desfavorável que havia afetado a produção cafeeira na virada do século, o setor ferroviário voltaria à baila com a criação de algumas companhias e a proliferação de inúmeros novos prolongamentos e ramais ferroviários. As novas plantações de Dourado, Boa Esperança e Bariri foram atendidas pela E. F. Douradense e ligadas ao conjunto da rede da Paulista no município de Ribeirão Bonito. A Mogiana se lançou em direção a uma série de pequenos trechos: Socorro, Vargem Grande e Cravinhos se vincularam a Ribeirão Preto, Franca e Uberaba, ao mesmo tempo em que Orlândia se ligou a Igarapava e Uberaba.[43]

Outras linhas foram construídas no intuito de atenderem às necessidades dos fazendeiros e ao auxílio do povoamento. Uma delas é a estrada de ferro que partia de Araraquara em direção a São José do Rio Preto, atingido em 1912. Com respeito a esse duplo aspecto apontado por Monbeig, a Paulista, como observado acima, uniu Jabuticabal a Barretos e este à estrada de Bebedouro a Olímpia. Por fim, os cafezais de Pitangueiras também foram alcançados pela Paulista.[44]

Nunes é outro pesquisador que nos auxilia a construir uma imagem condizente com o mosaico representado pela malha ferroviária de São Paulo. Em seu estudo sobre a Douradense, o autor menciona que:

> [...], com sede em Ribeirão Bonito, não foi a única estrada de ferro formada na região centro-oeste do estado de São Paulo. Entre 1890 e 1915, pelo menos quatro ferrovias foram inauguradas para atender às novas

---

42   *Ibidem*, p. 5.
43   Monbeig, *op. cit.*, p. 195.
44   *Ibidem*.

regiões agrícolas, assim como se observa neste período a expansão das linhas das ferrovias já anteriormente estabelecidas. Além da Douradense, foram criadas a E. F. Araraquarense, em 1898, que se estendia em direção ao Mato Grosso, tendo suas linhas alcançado São José do Rio Preto em 1912, numa extensão de 204 km. Outra companhia importante foi a E. F. São Paulo-Goiás. Com início em Bebedouro, chegou a medir 149 km em direção a Goiás. A maior das quatro, a Noroeste do Brasil, foi fundada em 1904 e teve sua ligação entre Bauru (SP) e Porto Esperança (Mato Grosso) concluída em 1914, numa extensão de 1.218 km.

Dentre as ferrovias já estabelecidas antes de 1890, tanto a Sorocabana quanto a Paulista passaram a ampliar suas linhas em direção ao oeste. Nesse período, na Sorocabana, foi ampliada a sua linha-tronco em mais 285 km, entre Botucatu (1889) e Assis (1915). Também foram construídos os ramais de Bauru, em 1905 (Bauru a Botucatu), numa extensão de 122 km; o ramal de Piraju, em 1906 (Manduri a Piraju), numa extensão de 26 km; e o ramal de Santa Cruz do Rio Pardo, em 1908 (Bernadino de Campos a Santa Cruz do Rio Pardo), numa extensão de 24 km. A Paulista também teve suas linhas ampliadas consideravelmente nesse período. Em fins de 1891, a Paulista possuía em tráfego um total de 295 km de linhas, das quais as linhas de Jundiaí a Rio Claro e a de Cordeirópolis a Descalvado eram consideradas seus principais trechos, numa extensão de 241 km em bitola de 1,6 metro.[45]

No terceiro capítulo do presente trabalho, discute-se os projetos de expansão ferroviária realizados pela Paulista de 1930 a 1961, em paralelo a algumas mudanças estruturais ocorridas na economia agrícola de São Paulo. Entretanto, resta ainda mencionar, mesmo que de relance, o papel crucial exercido pelas relações de trabalho na Paulista com respeito à conscientização e mobilização dos trabalhadores e aos movimentos grevistas.

Este último aspecto merece destaque quando se estuda a história dessa Companhia, dado o pioneirismo representado pela grande greve de 1906 dos ferroviários da Paulista. Sheldon Maram e Boris Fausto são dois, entre vários autores, que historicizam esse fato marcante da trajetória das relações de trabalho no Brasil. O primeiro autor enfatiza o caráter repressor imputado contra os ferroviários pelo governo em conjunto com o capital ferroviário. Por meio do jornal o *Estado de São Paulo*, dos dias 16, 17 e 22 de maio de 1906, Maram narra que o presidente de São Paulo à época, Jorge Tibiriçá, colaborou maciçamente com

---
45   Nunes, *op. cit.*, p. 56.

a diretoria da Paulista ao disponibilizar um contencioso expressivo de policiais civis e militares no combate ao movimento grevista, quando da chegada à capital paulista. A repressão foi tão imediata e ostensiva que, em apenas uma semana, 500 tropas percorreram os trilhos da Companhia de Jundiaí a Rio Claro – municípios que abrigavam as oficinas da Paulista. Advogados incumbidos de defender os insurgentes foram impedidos pela polícia de seguirem para Jundiaí. O autor menciona também que no desenrolar da greve o governo fechou o escritório central de diversos sindicatos em São Paulo, Santos, Rio Claro e Jundiaí.[46]

Boris Fausto volta sua atenção mais para as causas da greve e, portanto, para a natureza do conflito entre capital ferroviário e trabalho. A contenda entre as partes referia-se, de um lado, à manutenção do nível de emprego e salários e, do outro, às medidas que impediam a organização autônoma da categoria ferroviária. Fausto afirma se tratar da principal greve ferroviária do estado durante a Primeira República. A greve teve início no dia 14 de maio de 1906. Uma mensagem cifrada enviada por telégrafo ordenou a paralisação dos serviços da Companhia. Fausto utiliza como fontes primárias outro conjunto de periódicos, como o *Fanfulha*, *A Plateia* e o *Comércio de São Paulo*, que atribuíam às chamadas ligas operárias (associações precursoras dos sindicatos) a canalização das queixas dos ferroviários que envolviam, basicamente, redução salarial e demissões. Abaixo segue parte significativamente ilustrativa da exposição de Fausto sobre esse episódio singular da história do operariado de São Paulo:

> A 19 de maio, a greve ganha seu mais alto grau de intensidade e extensão. Duas grandes empresas de Campinas (Mac Hardy, Lidgerwood) paralisaram o trabalho, ao lado de outras menores; após pintar inscrições nas calçadas desta cidade – "hoje há ensaio" – os ferroviários da Mogiana entram em greve de solidariedade. Entretanto, o movimento não chega a estender-se à São Paulo Railway, o que provocaria a interrupção do tráfego de Santos ao interior.
>
> [...]
>
> Diante da ameaça de ampliação da greve ao porto de Santos, o presidente do Estado – Jorge Tibiriçá – pede intervenção de força federal. O governo da União envia um cruzador e coloca de sobreaviso dois bata-

---

46 S. L. Maram. *Anarquistas, imigrantes e o movimento operário brasileiro, 1890-1920*. Rio de Janeiro: Paz e Terra, 1979, p. 34-35.

lhões do Exército que poderiam marchar no sentido do Vale do Paraíba, na hipótese de um movimento na Central do Brasil.

Uma semana depois surgem os primeiros sinais de desarticulação, sob fortes medidas repressivas: Jundiaí e Campinas encontram-se sob verdadeiro estado de sítio, inúmeros grevistas são levados presos e levados para São Paulo. Alguns trens começam a correr, com escolta militar. Após várias reuniões, a Federação Operária tenta dar alento à luta dos ferroviários, decretando uma greve geral de solidariedade na Capital. O apelo é atendido em parte e 4.000 operários, sobretudo gráficos, sapateiros, chapeleiros, trabalhadores da indústria mecânica suspendem suas atividades. Em fins de maio, o movimento entra em declínio. Os trabalhadores da Mogiana decidem voltar ao trabalho "sem prejuízo da solidariedade moral para com os grevistas", diante das promessas de lhes serem feitas algumas concessões, entre elas a jornada de oito horas, que seria de fato estabelecida a partir de janeiro de 1907. A Liga Operária de Rio Claro faz um apelo para que os ferroviários da Paulista resistam ainda e lembra a existência do movimento de São Paulo. A 30 de maio, entretanto, a Federação Operária aconselha a volta ao trabalho, por terem sido realizados os objetivos da greve de solidariedade, "mostrando a força que reside em nós se quisermos e soubermos querer".[47]

Os episódios acima transcritos nos impelem a indagar se teria sido fruto do acaso histórico o fato da greve ter eclodido exatamente no ano em que os presidentes de São Paulo, Minas Gerais e Rio de Janeiro firmaram um acordo conhecido como "Convênio de Taubaté", que deu origem ao primeiro plano de valorização do café. Formulemos a questão sob outra ótica: a greve teria sido uma ocorrência aleatória decorrente de um conjunto de insatisfações dos ferroviários, cujas razões históricas escapam à crise que os produtores de café vinham sofrendo? Tendemos a acreditar que não, uma vez que a receita da Paulista, pelo menos até o primeiro decênio do século XX, dependia fortemente do transporte de café como a tabela abaixo deixa entrever.

---

47 B. Fausto. *Trabalho urbano e conflito social (1890-1920)*. 4ª ed. São Paulo: Difel, 1986, p. 137-139.

Tabela II. 5 – Companhia Paulista: participações do café no transporte e na receita
(valores médios por período)

Período	Volume total de mercadorias transportadas (ton)	Café/volume total de mercadorias transportadas (%)	Receita total (mil-réis)	Receita do transporte de café/receita total (%)
1891/95	520.855	37,47	11.391.397	38,31
1896/1900	727.669	43,34	20.979.808	47,57
1901/05	784.972	52,15	21.775.043	57,53
1906/10	1.018.185	52,23	24.502.356	59,28
1911/15	1.355.558	37,31	29.209.564	41,83
1916/20	1.497.414	27,77	34.126.596	33,39
1921/25	1.762.391	23,44	59.102.757	25,77
1926/30	2.251.159	22,29	94.000.603	24,75

Fonte: Saes, op. cit., 1981, p. 73 e 92.

O percentual da receita do transporte de café sobre a receita total da ferrovia não deixa dúvida a respeito da relevância que o café tinha para a geração de lucros à Paulista. As cifras acima são inequívocas ao evidenciarem que de 1891 a 1910 a participação da receita proveniente do transporte de café só aumentou, sofrendo uma queda gradativa nos períodos subsequentes. Percebe-se certa regularidade da alta participação do volume de café transportado durante toda a primeira década do século xx. Muito provavelmente, este resultado reflete os efeitos gerados pela política de defesa do café em meio à crise supramencionada que comprometeu a rentabilidade dos produtores nacionais. No entanto, parece que aos grandes fazendeiros, para aqueles que não tinham seus negócios restritos à produção cafeeira, mas também investiam em outros setores como o ferroviário, a crise não acarretou grandes perdas, já que é possível notar um crescimento robusto dos lucros de empresas como a Paulista que, apesar da ligeira queda de receita líquida no ano de 1905 (auge da crise), se recuperou, em 1910, ao atingir o mesmo nível elevado de lucratividade auferido nos primeiros anos do século xx (ver Tabela II. 2).

Nesse contexto, os protestos dos ferroviários da Paulista configura um sintoma social de intenso descontentamento com o trabalho na ferrovia, cuja origem remonta às dificuldades causadas pela crise de superprodução do café e que, evidentemente exasperaram a contradição entre o capital ferroviário e os trabalhadores. É razoável pensar que a depressão dos salários e as demissões ocorridas nos setores subsidiários do café foram alternativas adotadas pelos dirigentes e principais acionistas dessas empresas, que buscavam diminuir as perdas computadas no âmbito da produção cafeeira. Frente a essa conjuntura, portanto, era de se esperar que a diretoria da Paulista reduzisse sua força de trabalho.

Fato é que o balanço da greve para os ferroviários esteve longe de apresentar um saldo positivo. Nenhuma das reivindicações da categoria foi atendida, exceto a jornada de oito horas adotada a exemplo da Companhia Mogiana. Contudo, é de se ressaltar, mais uma vez, o caráter pioneiro dessa greve atrelado ao seu efeito irradiador na mobilização (seja por solidariedade ou não) de milhares de trabalhadores, não só do setor ferroviário. São vários os casos de greve que despontaram a partir do exemplo dos ferroviários da Paulista e se alastraram por todo o primeiro quartel do século XX. Diante disso, pode-se afirmar que o primeiro grande movimento grevista dos ferroviários da Paulista insere-se num quadro mais amplo de manifestações operárias, que consiste no espocar da fase de conscientização e organização do trabalho industrial em São Paulo – um título nada desprezível se considerarmos a história precedente das condições de trabalho no Brasil, onde a escravidão vigorou por mais de três séculos de ocupação, expropriação e exploração, de terras, de recursos e de pessoas, respectivamente.

6. A crise dos anos vinte e o primeiro Plano Nacional de Viação

A exemplo do que ocorrera em períodos eleitorais anteriores, os dissensos na política paulista se exacerbaram durante os pleitos da década de 1920, a ponto do domínio perrepista em São Paulo ter sofrido forte abalo. Candidaturas independentes do PRP para a Câmara dos Deputados e para o Senado se repetiam com frequência cada vez maior, dando amostras parciais da miríade de controvérsias envolvendo os governistas e seus opositores.

Logo, o questionamento sobre a falta de lisura do processo eleitoral nos diversos municípios do estado iniciou uma mobilização social em favor do voto secreto e contra as fraudes eleitorais – práticas comuns durante toda a República Oligárquica que visavam garantir a vitória dos candidatos situacionistas. Em que pese o rol de insatisfações relacionado à interferência dos interesses partidários na gestão da máquina pública, o mote da manipulação eleitoral foi, sem dúvida alguma, a pedra de toque das manifestações contrárias aos governistas e que, em 1930, tornou-se a principal bandeira de contestação do movimento de outubro.

De fato, a aliança política forjada pelos perrepistas em São Paulo já não conseguia mais acachapar as propostas reformistas, nem mesmo conciliar razoavelmente os interesses dos novos grupos sociais em ascensão, como a burguesia de origem imigrante e a fração de classe oriunda da cafeicultura que havia se desvinculado ideologicamente da elite latifundiária mais tradicional. A maneira do PRP de fazer política perdeu aderência junto a parte significativa da elite econômica paulista que, por sua vez, deixava de se sentir representada nas instâncias governamentais em relação a questões de ordem local, regional e nacional. Nesse sentido, essa perda de aderência comprometeu decisivamente a coerência e a convergência política entre os paulistas, mesmo no interior da influente, contudo heterogênea, classe dos cafeicultores.

De acordo com Casalecchi, houve desentendimentos entre Antonio Prado, diretor-presidente da Companhia Paulista e um dos principais expoentes desse grupo dissidente de cafeicultores, e o líder do governo do estado, Washington Luís Pereira de Sousa. O tema da discórdia referia-se à recusa do governo em subvencionar a imigração promovida pela Sociedade Auxiliadora de Fornecimento de Braços à Lavoura. Essa contenda assinalou, em definitivo, o distanciamento de Antonio Prado do governismo e, pouco tempo depois, se concretizou em oposição através de sua atuação como um dos fundadores do PD, em 1926.[48]

As discussões sobre quem sucederia Washington Luís na presidência do estado de São Paulo, em 1924, acaloraram ainda mais os ânimos de governistas e oposicionistas. Já em julho de 1923, o PRP sofreu mais um dissenso, cujas consequências se mostrariam deletérias em relação aos seus objetivos de se manter hegemonicamente no controle político de São Paulo nos anos posteriores. Membros da Comissão Diretora do partido – como Altino Arantes, Olavo Egídio de Sousa Aranha e Julio de Mesquita – propuseram a candidatura de Álvaro de Carvalho em oposição à indicação "oficial" de Carlos de Campos (filho de Bernadino de Campos) articulada por Washington Luís junto a Comissão Central. Após algumas negociações, os conjurados da Comissão Diretora aceitaram a candidatura de Carlos de Campos, sob a condição de que fosse garantida a reeleição de Álvaro de Carvalho no Senado Federal, haja vista sua atuação pregressa como ferrenho

---

48 Casalecchi, *op. cit.*, p. 158-159.

defensor da política federal de intervenção no mercado cafeeiro. No entanto, a Comissão Diretora, sob pressão de Washington Luís e contrariando a tradição do partido, obstaculizou a disposição dos conjurados, por meio da realização de consultas aos diretórios locais (verdadeiros legitimadores das decisões governistas) sobre candidaturas ao Senado por São Paulo.[49]

Ao se utilizar de modo indiscriminado da máquina partidária, o PRP conseguiu novamente reverter uma situação política em favor de mais uma candidatura situacionista. Indubitavelmente, isso só foi possível graças à estrutura eleitoral corrompida existente nos inúmeros diretórios do partido espalhados pelos municípios paulistas. Desta vez, o escolhido para o Senado Federal foi Antonio de Lacerda Franco que, diga-se de passagem, viria a substituir Antonio Prado na presidência da Companhia Paulista mais tarde, em 1928. Lacerda Franco, que ocupou o cargo mais importante da Paulista até 19 de maio de 1936, foi sucedido pelo também senador paulista Antonio de Padua Salles, eleito pela Assembleia Geral dos Acionistas da Companhia nessa mesma data.

Esses fatos confirmam a hipótese da constante representação por parte de personalidades ligadas à Paulista em cargos do Executivo e do Legislativo, tanto no nível estadual como no federal.

Para alguns autores, a sucessão de Epitácio da Silva Pessoa no governo federal em 1922 também indica a derrocada do modelo político "carcomido" da República Oligárquica. O lançamento da candidatura do governador mineiro Arthur da Silva Bernardes pelas oligarquias de São Paulo e Minas Gerais desagradou os grupos dominantes de outros estados. Em resposta, as oligarquias dos estados do Rio de Janeiro, Bahia, Pernambuco e Rio Grande do Sul, chamadas por Marieta Ferreira e Sumara Pinto de "oligarquias de segunda grandeza", articularam um movimento, denominado "Reação Republicana", em torno da candidatura de Nilo Procópio Peçanha.[50]

A derrota de Nilo Peçanha – que recebeu 317 mil votos contra 466 mil a favor de Arthur Bernardes[51] –, entretanto, pôs mais uma vez em evidência o enviesamento do sistema eleitoral em beneficiar, persistentemente, o candidato oficial do

---

49 *Ibidem*, p. 161-162.
50 Ferreira e Pinto, *op. cit.*, p. 6.
51 Cf. E. Carone. *A República Velha (evolução política)*. São Paulo: Difel, 1971, p. 345.

governo através da fraude e do comprometimento coronelista nos vários "currais eleitorais" do país.

A oposição ao predomínio político de São Paulo e Minas ganhou novo alento com o surgimento da Reação Republicana a partir de 1922. O movimento dissidente vinha conseguindo, gradativamente, o apoio de outros segmentos sociais que também se sentiam relegados pelo governo a uma importância secundária dentro do quadro de atores da política nacional. Este foi o caso da adesão de um grupo de oficiais de nível intermediário do Exército que, insatisfeitos com o regime oligárquico imperante, passou a propugnar uma ideologia combativa, cujo caráter era de um nacionalismo claudicante.

Dois anos mais tarde, o movimento que ficou conhecido como *tenentismo* estouraria uma revolta em São Paulo: a Revolução de 1924. Alexandre Antosz Filho atribui as causas dessa revolução, e de todas as outras revoltas tenentistas dos anos 1920, aos episódios que marcaram os governos de Epitácio Pessoa e o de seu sucessor, Arthur Bernardes. Pessoa nomeara dois ministros civis para as pastas militares, Raul Soares para o Ministério da Marinha e Pandiá Calógeras para o Ministério da Guerra. Este último contratou a chamada "Missão Francesa" para dar instruções à Escola Militar, fato que aumentou ainda mais a animosidade da alta cúpula das Forças Armadas. A condenação dos revoltosos do Forte de Copacabana, as sucessivas decretações de estado de sítio e o fechamento do Clube Militar, aliado às polêmicas de difamação pública na imprensa atribuída a Bernardes contra o marechal Hermes da Fonseca, completam o quadro de episódios que levaria à deflagração da revolta tenentista de 1924 em São Paulo.[52]

No âmbito econômico, o governo Bernardes (1922-1926) assinalaria uma nova etapa da política cafeeira no país. Em meio a uma conjuntura de alta inflação e desvalorização cambial, resultantes das excessivas emissões de moeda realizadas para darem sustentação ao terceiro Plano de Valorização do Café, uma lei estadual de 1924 criava o Instituto Paulista de Defesa Permanente do Café que, pouco tempo depois, se transformaria no Instituto do Café do Estado de São Paulo (ICESP). Daí em diante, a responsabilidade sobre a política de defesa do café se transferiu da União para o governo do estado de São Paulo que, por isso, passou a

---

52   A. Antosz Filho. *O projeto e a ação tenentista na Revolução de 1924 em São Paulo: aspectos econômicos, sociais e institucionais*. São Paulo, dissertação de mestrado, USP, 2000, p. 50.

regular a entrada do café no porto de Santos e a comprar os estoques do produto quando julgasse necessário como forma de evitar as crises de superprodução.

Para Perissinotto, a institucionalização do ICESP esteve permeada pela disputa entre a alta burocracia perrepista, isto é, o governo paulista, e as associações de classe representantes do grande capital cafeeiro em torno da direção do Instituto e, por conseguinte, do controle da política de defesa permanente do café. As associações de classe em questão que participaram ativamente das discussões sobre o projeto de lei que deu origem ao Instituto são, em ordem de importância: a Sociedade Rural Brasileira (SRB), a Liga Agrícola Brasileira (LAB) e a Sociedade Paulista Agrícola (SPA). Houve também a participação da Associação Comercial de Santos (ACS), entidade que, segundo Perissinotto, havia recebido do governo autorização para representar o comissariado santista e atuar privilegiadamente na Bolsa Oficial do Café e no Conselho Diretor do ICESP. Isso, no entanto, ocorreu num primeiro momento, pois, logo no ano de 1926, tais concessões seriam revogadas como forma de retaliação à ACS, por passar a adotar cada vez mais, como já faziam SRB e LAB, posições antigovernistas nas eleições para o Conselho do Instituto.[53]

Foi exatamente nesse interregno de 1926 a 1930, ou seja, durante o governo de Washington Luís, que o PRP perderia, de uma vez por todas, seu domínio político em São Paulo devido às constantes divergências entre o governo e um grupo representativo de grandes cafeicultores com respeito à atuação do ICESP na condução da política cafeeira. Consoante à queda do perrepismo na política estadual, o vigor da política do "café com leite" na esfera federal também diminuiria frente à sublevação do caudilhismo gaúcho em conjunção com o movimento tenentista, cujos resultados foram a irrupção do movimento de outubro e a Revolução de 1930.[54]

Tornar-se-ia extremamente exaustivo analisar os contornos históricos mais amplos que acabaram redundando nessa Revolução liderada por Getúlio Vargas. É mais válido, em compensação, enfatizar uma passagem de um texto de Antonio

---

53 Perissinotto, *op. cit.*, Tomo II, p. 107, 112, 116 e 121.

54 Foge aos limites deste estudo a análise sobre a Revolução de 1930. Para um entendimento mais sistematizado sobre o tema, sugerem-se alguns, dentre vários trabalhos: E. Carone. *Revoluções do Brasil contemporâneo, 1922-1938*. São Paulo, 1965; B. Fausto. *A Revolução de 1930: história e historiografia*. São Paulo: Brasiliense, 1970; T. Skidmore. *Brasil: de Getúlio a Castelo, 1930-1964*. 7ª ed. Rio de Janeiro: Paz e Terra, 1982; M. C. S. Forjaz. *Tenentismo e Forças Armadas na Revolução de 1930*. Rio de Janeiro: Forense Universitária, 1988; J. M. Carvalho. *Forças Armadas e política no Brasil*. Rio de Janeiro: Jorge Zahar Ed., 2005.

Gramsci que se pode associar ao processo patente de perda de hegemonia experimentado pelas oligarquias paulista e mineira na virada dos anos 1920 para os anos 1930.

> Num determinado momento da sua vida histórica, os grupos sociais se afastam dos seus partidos tradicionais, isto é, os partidos tradicionais com uma determinada forma de organização, com determinados homens que os constituem, representam e dirigem, não são mais reconhecidos como expressão própria da sua classe ou fração de classe. Quando se verificam estas crises, a situação imediata torna-se delicada e perigosa, pois abre-se o campo às soluções de força, à atividade de poderes ocultos, representados pelos homens providenciais ou carismáticos.
>
> Como se formam estas situações de contrastes entre 'representados e representantes', que do terreno dos partidos (organizações de partido num sentido estrito, campo eleitoral-parlamentar, organização jornalística) refletem-se em todo o organismo estatal, reforçando a posição relativa do poder da burocracia (civil e militar), da alta finança, da Igreja e em geral de todos os organismos relativamente independentes das flutuações da opinião pública? O processo é diferente em cada país, embora o conteúdo seja o mesmo. E o conteúdo é a crise de hegemonia da classe dirigente, que ocorre ou porque a classe dirigente faliu em determinado grande empreendimento político pelo qual pediu ou impôs pela força o consentimento das grandes massas (como a guerra), ou porque amplas massas (especialmente camponeses e de pequenos burgueses intelectuais) passaram de repente da passividade política a certa atividade e apresentaram reivindicações que, no seu complexo desorganizado, constituem uma revolução. Fala-se de 'crise de autoridade', mas, na realidade, o que se verifica é a crise de hegemonia, ou crise do Estado no seu conjunto.[55]

A análise gramsciana se aplica apropriadamente ao momento histórico do PRP em São Paulo, principalmente a partir da fundação do PD em 1926. Merece destaque o trecho em que o autor sardo menciona que, ao se verificar tais crises de hegemonia da classe dominante, a situação torna-se perigosa e aberta às "soluções de força" representadas pelos homens carismáticos. Nesse sentido, é válido refletir sobre o que viria a acontecer poucos anos após a Revolução de 1930, mais precisamente em 1937, com o Estado brasileiro.

---

55   A. Gramsci. *Maquiavel, a política e o Estado moderno*. Trad. 2ª ed. Rio de Janeiro: Civilização Brasileira, 1976, p. 54-55.

Com efeito, o fato é que em momentos de crise política, de descompasso entre "representantes e representados", os desenlaces golpistas e a imposição de regimes ditatoriais surgem como opções reais entre os grupos sociais não-hegemônicos (ou que perderam a hegemonia) que buscam dominar a sociedade através, especialmente, da coerção ao se apoderarem do aparato estatal. A implantação do Estado Novo no Brasil é a evidência empírica insofismável do que estamos dizendo.

Antes de avaliar a política de transporte do período estadonovista, passaremos a examinar a posição do governo em relação ao transporte ferroviário expressa no primeiro Plano Nacional de Viação, datado de 1934.

O primeiro passo nesse sentido já havia sido dado em 1931, quando o Ministro da Viação, José Américo de Almeida, nomeara uma Comissão para realizar estudos que dessem embasamento ao Plano. Dentre os engenheiros que integravam tal Comissão,[56] estava o ex-inspetor geral da Companhia Paulista, o engenheiro Francisco Paes Leme de Monlevade, responsável pela eletrificação das linhas da Paulista e pioneiro no Brasil na adoção dessa tecnologia de tração. A 10 de junho de 1934, a Comissão apresentou seu relatório que propunha o Plano Geral de Viação Nacional, aprovado pelo Decreto nº 24.497 de 29 de junho de 1934.[57]

De acordo com a portaria ministerial de 14 de abril de 1931, cabia à Comissão:

> Proceder a organização do Plano Geral de Viação do Brasil, compreendendo as vias férreas, as rodovias e a navegação interior, indicando as diretrizes a que devem obedecer as grandes linhas tronco, e, bem assim, os rios navegáveis, cujos melhoramentos possam contribuir para o desenvolvimento econômico das regiões atravessadas.[58]

---

56   Dos nove integrantes da Comissão, pelo menos sete haviam atuado no setor ferroviário. Além de Monlevade, destacam-se: o Eng. Arlindo Gomes Ribeiro da Luz (diretor da E. F. Noroeste entre 14/10/1918 e 28/11/1922 e diretor da E. F. Central do Brasil de 9/12/1930 a 23/3/1932); o Eng. José Luís Batista (foi chefe da Divisão Técnica da antiga Inspetoria Federal de Estradas – IFE); o Eng. Joaquim de Assis Ribeiro (diretor da Central do Brasil de 7/8/1919 a 27/11/1922); o Eng. Caetano Lopes Jr. (sucessor de Joaquim de Assis Ribeiro na direção da Central do Brasil, cargo que exerceu até 16/5/1923); o Prof. Moacir Malheiros Fernandes Silva (representante do Ministério da Viação no período de 1931 a 1934 e, depois, a partir de 1938, consultor técnico do Conselho Nacional de Geografia (Seção de Geografia dos Transportes), subordinado ao IBGE; e o Eng. Arthur Castilho (viria a ser o diretor geral do Departamento Nacional de Estradas de Ferro – DNEF – órgão criado em 1941 encarregado de gerir as ferrovias em substituição a IFE). Os outros dois integrantes eram o Major Mário Perdigão e o Eng. Oscar Weinschenk, este último foi prefeito de Petrópolis e diretor da Companhia Docas de Santos.

57   Brasil. Comissão de Transportes, Comunicações e Obras Públicas, *op. cit.*, 1952, p. 44.

58   *Ibidem*.

A Comissão entendia por troncos e ligações as vias de comunicação existentes, e as que deveriam ser estabelecidas, que pudessem ligar a Capital federal a uma ou mais capitais da federação; qualquer via da rede federal em direção a qualquer ponto de fronteira com os países vizinhos; as vias ao longo da fronteira ou a esta paralela, a menos de 200 quilômetros de distância; as que ligassem dois ou mais troncos de interesse geral, com o objetivo de interligar, pela menor distância, duas ou mais unidades da federação; e as que atendessem às exigências de ordem militar.[59]

Sobre os troncos e ligações terrestres, o relatório não fazia distinção entre rodovias e ferrovias, o que nos leva a pensar que nesse primeiro Plano Nacional de Viação, a Comissão logrou alertar o governo para a importância logística representada pelas estradas de ferro que cortavam os diversos estados federativos, como se nota no seguinte trecho do relatório:

> Tendo em vista, porém, a extensão dos grandes troncos, *a facilidade e continuidade* que aos transportes devem oferecer e, atendendo além disso, as presentes *condições de eficiência dessas duas espécies de vias de comunicação*, a Comissão considera que *só a estrada de ferro poderá satisfazer como solução definitiva*, no estabelecimento desses grandes troncos.[60]

À luz do exposto, torna-se clara a preferência dos membros da Comissão pelas ferrovias, em oposição às rodovias, devido à maior "facilidade e continuidade" e as melhores condições de eficiência técnica do transporte por trilhos. Cabe a nós questionar, primeiro, se a predileção manifestada pela Comissão teve por base critérios de ordem estritamente técnica-econômica ou preponderou o fator político para a formação de um juízo a respeito das vias terrestres. E, segundo, se durante o governo provisório pós-Revolução de 1930, o capital ferroviário estava, de fato, representado entre os aparelhos do Estado, a ponto de influenciar decisivamente a opinião da Comissão no que concerne à definição de uma política de estímulo à construção e ampliação ferroviária em ampla parcela do território nacional.

Como já se observou, a presença maciça de engenheiros na Comissão que, de uma forma ou de outra, tinham suas experiências profissionais vinculadas às vias férreas pode ser um indicativo de certa ingerência do capital ferroviário dentro dos processos de tomada de decisões encetadas pelo Estado.

---

59 *Ibidem.*
60 *Ibidem*, p. 45 (grifo nosso).

No entanto, se tal constatação é verossímil com relação à esfera federal, o mesmo não se pode dizer analisando-se a política estadual de transporte. A primeira experiência no século passado de um plano viário em São Paulo remonta ao ano de 1913, quando o governo estadual encomendou ao engenheiro Clodomiro Pereira da Silva – funcionário da Secretaria da Agricultura, Comércio e Obras Públicas – um Plano Geral de Viação que pudesse atender as necessidades de tráfego do veículo a motor. Era a primeira vez que um documento oficial mencionava as estradas de rodagem e, décadas depois, pôde-se constatar que o referido plano já trazia grande parte dos elementos que serviram de base à evolução posterior da rede paulista de estradas de rodagem.

Definitivamente, a gestão pública estadual que impulsionou a construção de rodovias em São Paulo foi o governo de Washington Luís. Logo no início de seu mandato, no dia 26 de dezembro de 1921, aprovou-se a Lei nº 1835-C, que criou a Inspetoria de Estradas de Rodagem, cuja regulamentação se deu através do Decreto nº 3435, de 10 de março de 1922. À Inspetoria – órgão vinculado a Diretoria de Obras Públicas da Secretaria da Agricultura – cabia a realização de todos os serviços técnicos como estudos, projetos, orçamentos, locação, construção e fiscalização das estradas de rodagem estaduais, ficando a parte administrativa e de expediente sob responsabilidade da Diretoria de Obras Públicas. O Inspetor nomeado na ocasião foi o engenheiro Thimoteo Penteado que, devido a sua atuação no cargo, adquiriu prestígio como construtor de estradas. Além disso, importa salientar que o Decreto de 1922 compreendia, inclusive, um Plano Rodoviário, fato que denota mais uma vez o comprometimento do governo paulista com a questão do transporte, em comparação à morosidade da ação política do governo federal.[61]

O jargão "governar é fazer estradas", atribuído a Washington Luís, parece coerente se verificarmos que seu governo em São Paulo foi, sem dúvida alguma, um marco divisório na política de transportes, ao dar início à transição de certa mentalidade ferroviarista para a rodoviarista, tanto entre os profissionais das áreas técnicas como entre as autoridades governamentais. Ao término do seu mandato, foram construídos 1.535 quilômetros de rodovias, implicando assim no aumento

---

61 *As estradas de rodagem em território paulista – Histórico – O Departamento de Estradas de Rodagem*, p. 6. Disponível em: www.der.sp.gov.br/institucional/memoria.aspx. Último acesso em: 6/11/2009.

do número de veículos existentes em São Paulo de 5.596 automóveis e 22 caminhões, em 1920, para 17.403 automóveis e 4.395 caminhões, em 1924.[62]

Dentre os principais trechos rodoviários inaugurados ao longo da década de 1920, destacam-se: a rodovia São Paulo-Campinas, em 1921; o trecho de São Paulo a Jacareí da rodovia São Paulo-Rio de Janeiro, em 1922; e a conclusão integral dessa rodovia cruzando o Vale do Paraíba, em 1928. Importa frisar que além da referida Inspetoria, criada em 1922, o governo constituiu, em 1926, a Diretoria de Estradas de Rodagem, que nas décadas seguintes daria um impulso ainda maior à expansão das rodovias no estado.[63]

Mesmo depois da Revolução de 1930, o ideário rodoviarista em São Paulo não perdeu o ímpeto, pelo contrário, ganhou fôlego adicional logo a partir da transformação da Diretoria de Estradas de Rodagem no Departamento de Estradas de Rodagem (DER) e da elaboração do Plano Rodoviário do estado de São Paulo pelo interventor federal, o general Waldomiro Castilho de Lima. Quando da investidura no cargo, Waldomiro de Lima fez um discurso apresentando as bases desse plano rodoviário que era quinquenal. Abaixo seguem os trechos mais representativos desse seu pronunciamento:

> Dentre as magnas cogitações de meu governo, ressalta a que se prende às vias de comunicação. [...]
>
> A crise político-social do Brasil é função da economia. O problema econômico-financeiro está intimamente ligado ao do transporte. Sem este, a produção paralisa-se e as rendas decrescem. A vida encarece. *Daí a necessidade imperiosa de abrir estradas*, facilitando o escoamento e levando aos embriões produtores a assistência dos poderes públicos.
>
> Hoje, **que os automóveis se aperfeiçoam** e circulam em todas regiões trafegáveis do país, **concorrendo com as estradas de ferro e reduzindo-lhes as rendas, mais do que nunca se impõe a abertura de novas artérias para levar aos novos núcleos de cultura e aos sertões ainda não desbravados, o alento dos transportes fáceis e o sopro tonificante da civilização.** Só assim se expandirão a indústria e o comércio de nosso hinterland portentoso e belo.

---

62   *Ibidem.*
63   Cf. B. Negri. *Concentração e desconcentração industrial em São Paulo (1880-1990)*. Campinas: Editora da Unicamp, 1996, p. 79.

> Eis porque, antevendo as necessidades de São Paulo dentro de um quarto de século, foi meu pensamento projetar e iniciar a execução de um programa avançado – facultando-lhe, dentro de cinco anos, a rede rodoviária que lhe será necessária e só seria efetivada daqui a vinte e cinco ou trinta. Quinze mil quilômetros serão incorporados à rede atual, dos quais cinco mil inteiramente novos.
>
> [...]
>
> O Estado possui apenas 3.200 quilômetros de estradas estaduais.[64]

Murillo Nunes de Azevedo, engenheiro da extinta RFFSA criada em 1957, fez críticas ferrenhas a essa postura rodoviarista do Estado em seu livro *Transportes sem rumo*, de 1964. Nele, Azevedo reconhece que o desenvolvimento das rodovias resultou da necessidade de expansão econômica nacional que não podia ficar irresolutamente à mercê do precário transporte ferroviário. No entanto, comentando sobre os déficits da grande maioria das ferrovias nacionais, o autor assinala que eles correspondem apenas a um sinal da obsolescência do sistema ferroviário e que, portanto, indicariam a extrema necessidade de se adotar, com a máxima urgência, as providências político-administrativas adequadas a salvaguardarem a operacionalidade eficiente do sistema. Para ele, o Estado foi incapaz de impor uma política de reestruturação ferroviária e, diante disso, se viu compelido a atender a crescente demanda por transporte através da forma mais rápida e barata: a rodovia.[65]

Concordamos em absoluto com a tese de Azevedo, pois o que se observa no âmbito nacional também se verifica ao nível local do estado de São Paulo no prazo de trinta anos, entre 1930 e 1960. De fato, nesse período, o Estado fracassou em sua intenção de reaparelhar as ferrovias brasileiras, salvo algumas exceções. As políticas de transporte federal e estadual passaram, pouco a pouco, a privilegiar a construção e manutenção das estradas de rodagem em detrimento das vias férreas. O efeito da expansão das rodovias num país excessivamente dependente da importação de derivados de petróleo e combustíveis, para dar funcionamento ao motor à combustão e vazão à crescente quantidade de veículos produzidos, é outro aspecto preocupante dessa questão. Nesse passo, o transporte rodoviário e a

---

64 "Estradas de Rodagem", discurso do general Waldomiro Castilho de Lima, na ocasião de sua posse como Interventor Federal em São Paulo, no dia 1 de fevereiro de 1933. In: D. de Assis. *Abramos as portas: o Plano Rodoviário do Estado de São Paulo*. São Paulo, 1933, p. 7-8 (grifo nosso).

65 M. N. Azevedo. *Transportes sem rumo: o problema dos transportes no Brasil*. Rio de Janeiro: Civilização Brasileira, 1964, p. 14-20.

dieselização das ferrovias mostrar-se-iam inviáveis do ponto de vista econômico. Para Azevedo, a solução estava em conferir às ferrovias eletrificadas a responsabilidade pela movimentação de cargas. Devia-se também coordenar o transporte rodo-ferroviário num plano de interesse nacional, baseado nas disponibilidades energéticas do país, e recuperar as ferrovias em situação de déficit crônico que atendiam a regiões economicamente relevantes. Só assim, com a retomada maciça dos investimentos no setor, recuperaríamos não apenas as ferrovias, mas parte significativa do parque industrial nacional.[66]

Margareth Martins, que estudou a política federal de transporte de 1934 a 1956, afirma que o Plano Viário de 1934 não alcançou os resultados esperados porque a ele faltava uma estimativa sobre os recursos disponíveis e as fontes de financiamento necessárias a sua implementação. A falta de um arcabouço legal e de um marco regulatório adequados aos setores de transporte também comprometeram a eficácia do Plano. Para Martins, o Plano de 1934 serviu praticamente apenas para retratar o atraso que caracterizava o setor ferroviário, decorrente das condições em que se deu sua implantação e desenvolvimento.[67]

De modo a sustentar essa sua avaliação, Martins recorre a Sônia Draibe, para quem o governo, desde os anos trinta, objetivava planejar o avanço da industrialização através da estruturação do aparelho econômico estatal.[68] Disto resultou uma preponderância da sociedade política, no interior do Estado, face aos diversos interesses de classe da sociedade civil, que se via eivada pelas turbulências políticas e econômicas que marcaram o limiar da década de 1930. Nesse contexto de crise, tornaram-se patentes os pontos de estrangulamento da economia nacional, em particular aqueles relacionados à escassez de divisas, fato que motivaria a nova configuração de forças do Estado a reformular os organismos governamentais preexistentes ou a criar novos.

Foi nesse esforço de redimensionamento do aparelho estatal que o governo federal, de 1930 a 1945, criou comissões, conselhos, departamentos, institutos, companhias e fundações, além de elaborar planos setoriais, a exemplo dos planos de viação.

---

66   *Ibidem*, p. 20.
67   Martins, *op. cit.*, 1995, p. 108-109.
68   S. Draibe. *Rumos e metamorfoses: um estudo sobre a constituição do Estado e as alternativas de industrialização no Brasil, 1930-1960*. Rio de Janeiro: Paz e Terra, 1985, p. 103.

Segundo Octavio Ianni, intentava-se estudar, reorientar, coordenar, disciplinar, incentivar e, sobretudo, centralizar as atividades produtivas em geral. Ianni faz um balanço da reestruturação político-institucional perpetrada pelo primeiro governo Vargas, ao listar as datas de criação dos principais órgãos que corporificaram a nova feição do Estado no Brasil:[69]

- 1930 – Ministério do Trabalho, Indústria e Comércio;
- 1931 – Conselho Nacional do Café e Instituto do Cacau da Bahia;
- 1932 – Ministério da Educação e Saúde Pública;
- 1933 – Departamento Nacional do Café e Instituto do Açúcar e do Álcool;
- 1934 – Conselho Federal do Comércio Exterior, Instituto Nacional de Estatística, Código de Minas, Código de Águas, Plano Geral de Viação Nacional e Instituto de Biologia Animal;
- 1937 – Conselho Brasileiro de Geografia, Conselho Técnico de Economia e Finanças e Departamento Nacional de Estradas de Rodagem (DNER);
- 1938 – Conselho Nacional do Petróleo (CNP), Departamento Administrativo do Serviço Público (DASP), Instituto Nacional do Mate e Instituto Brasileiro de Geografia e Estatística (IBGE);
- 1939 – Plano de Obras Públicas e Aparelhamento de Defesa;
- 1940 – Comissão de Defesa da Economia Nacional, Instituto Nacional do Sal e Fábrica Nacional de Motores (FNM);
- 1941 – Companhia Siderúrgica Nacional (CSN), Instituto Nacional do Pinho e Departamento Nacional de Estradas de Ferro (DNEF);
- 1942 – Missão Cooke e Serviço Nacional de Aprendizagem Industrial (Senai);
- 1943 – Coordenação da Mobilização Econômica, Companhia Nacional de Álcalis, Fundação Brasil Central, Consolidação das Leis do Trabalho, Serviço Social da Indústria (SESI), Plano de Obras e Equipamentos e I Congresso Brasileiro de Economia;
- 1944 – Conselho Nacional de Política Industrial e Comercial, Serviço de Expansão do Trigo e Plano Rodoviário Nacional;

---

69 O. Ianni. *Estado e planejamento econômico no Brasil (1930-1970)*. 3ª ed. Rio de Janeiro: Civilização Brasileira, 1979, p. 22-24.

- 1945 – Conferência de Teresópolis, Superintendência da Moeda e Crédito (Sumoc) e Decreto-lei nº 7.666, referente aos atos contrários à ordem moral e econômica.

O tamanho da listagem, ao mesmo tempo em que impressiona, denota a reconfiguração do aparelho do Estado, particularmente no que tange a sua atuação na, e sobre, a atividade econômica. Nesta alçada, vem a lume o papel decisivo do governo na montagem e reestruturação dos setores de infraestrutura produtiva, como transportes e energia. A propósito, destaca-se o comentário de Eli Diniz sobre esse período fundamental para o processo de formação do Brasil moderno ou, se preferirmos, de modernização do Estado brasileiro:

> Observando-se, portanto, os dados relativos à evolução da estrutura produtiva, podemos considerar os anos 30 como importante etapa na definição dos rumos do desenvolvimento econômico do país. No plano da economia, a principal mudança foi o deslocamento de seu eixo do pólo agroexportador para o pólo urbano-industrial. No plano político, observou-se o esvaziamento do poder dos grupos interessados na preservação da preponderância do setor externo no conjunto da economia, paralelamente à ascensão dos interesses ligados à produção para o mercado interno. Coube ao primeiro governo Vargas administrar esse processo de transição.
>
> Entre as principais mudanças ocorridas, ao longo desses 15 anos, cabe ressaltar o fortalecimento do poder do Estado diante das oligarquias regionais. Esse esforço de centralização crescente teve implicações profundas do ponto de vista das relações entre os diferentes grupos dominantes e o Estado. Em primeiro lugar, resultou na subordinação dos executivos estaduais ao governo central. Em segundo lugar, levou à expansão da capacidade decisória do Executivo federal, deslocando-se para essa instância as decisões estratégicas para o desenvolvimento econômico e social do país. Finalmente, o aperfeiçoamento e a diversificação dos instrumentos de intervenção do Estado nas diferentes esferas da vida social completaram o quadro das reformas político-institucionais mais importantes.[70]

---

70 E. Diniz. "A progressiva subordinação das oligarquias regionais ao governo central". In: T. Szmrecsányi e R. G. Granziera (orgs.). *Getúlio Vargas e a economia contemporânea*. 2 ed. Campinas: Editora da Unicamp; São Paulo: Hucitec, 2004, p. 43.

Além de ressaltar o fortalecimento do poder central frente aos governos estaduais, Diniz segue a tese de Celso Furtado sobre o deslocamento do eixo dinâmico da economia brasileira que, a partir de 1930, deixava de ser eminentemente agroexportadora ao acentuar o processo de desenvolvimento do parque industrial que possibilitaria o crescimento ulterior do seu mercado interno. A mencionada subordinação dos executivos estaduais ao governo central configura um dos indícios de enfraquecimento do poder das oligarquias regionais que, no caso específico da oligarquia paulista, tinha como um dos seus sustentáculos o capital ferroviário representado pela Companhia Paulista.

Nas seções a seguir, investiga-se as evidências dessa reconfiguração de forças políticas no interior do Estado, tanto no que diz respeito à concepção quanto à forma de atuação dos órgãos públicos atrelados ao setor de transportes terrestres.

7. A política de transporte estadonovista: puxando o freio para arrumar a "casa"

O arcabouço institucional aquilatado pelo Estado se consolidou durante a vigência da ditadura do Estado Novo. Entre 1937 e 1945, portanto, é possível notarmos mais terminantemente os traços de natureza desenvolvimentista e corporativista assumidos pelo Estado que, mediante sua política de substituição de importações, agiu como indutor do processo de industrialização da economia brasileira.

A despeito do rol de reformas político-institucionais dos anos 1930, o governo estadonovista não produziu grandes avanços práticos de expressão na área dos transportes. Seu modelo "corporativista-nacionalista" se preocupou demasiadamente em baixar leis e decretos no intuito de incorporar ao sistema político os principais atores da nova ordem industrial emergente, fustigando, assim, as organizações que representavam os interesses de parte do empresariado e dos sindicatos de trabalhadores.

Eli Diniz e Renato Boschi alertam para a difusão de uma prática de representação direta dos interesses empresariais na burocracia governamental, expressa pela participação de lideranças de renome nos diversos conselhos e comissões formados pelo Executivo. Como prerrogativa, a essas lideranças cabiam realizar consultas e deliberar sobre as várias áreas de política econômica, com o propósito de definirem metas para cada setor da economia reconhecido pelo governo como estratégico. Para os autores, durante a era Vargas e o governo Kubitschek, a criação e proliferação desses órgãos tornaram o Executivo o espaço principal das disputas inter-empresariais no atendimento das mais variadas demandas. A isto, acrescenta-se que as organizações trabalhistas e os partidos políticos se encontravam excluídos das opções de representatividade junto ao aparelho do Estado. A participação dos trabalhadores em rodadas de negociação se restringia à presença dos sindicatos operários, que sempre eram acompanhados e monitorados de perto pelas associações patronais e por técnicos governamentais, nas resoluções coletivas e em órgãos vinculados ao Ministério do Trabalho.[71]

Assim, ressalta-se que o pacto político que moldou o corporativismo do Estado desenvolvimentista e fomentou a nova estrutura industrial baseava-se no controle irrestrito da sociedade política, principalmente do Executivo federal, sobre os anseios e desmandos da sociedade civil. A novidade imposta pelo Estado Novo, todavia, estava em que todas as transformações administrativas e políticas, que já vinham sendo implementadas desde a subida de Vargas ao poder, agora independiam do Poder Legislativo. Pela nova Constituição, inspirada no fascismo italiano e que consagrava o estado de exceção, o presidente passava a dispor de plenos poderes, tornando-se, inclusive, imune ao controle do Poder Judiciário. Até mesmo a ação dos interventores nos estados estava sujeita aos desígnios do governo central.

A institucionalização do Estado Novo teve início com um golpe de Estado ocorrido em 10 de novembro de 1937. A despeito da motivação do golpe ter sido a "descoberta" de um plano comunista para derrubar o regime político do país – o Plano Cohen –, importa mais enfatizar que a ideologia que embasou o Estado Novo criticava fervorosamente toda e qualquer instituição representativa da democracia liberal. Esse corporativismo estatal postulava que as atividades políticas deveriam ser substituídas por trabalhos técnicos em comissões e conselhos de grupos profissionais ou econômicos. Baseado no fortalecimento da autoridade presidencial, esse modelo de Estado, na prática, só poderia desenvolver-se sob um regime ditatorial.

A respeito dos delineamentos gerais do processo histórico que deu origem ao Estado Novo, encontramos nas reflexões de Gramsci sobre o corporativismo fascista na Itália uma leitura esclarecedora capaz de nos auxiliar para entendermos

---

71 E. Diniz e R. Boschi. "O Legislativo como arena de interesses organizados: a atuação dos *lobbies* empresariais". In: *Locus: revista de história*, vol. 5, nº 1. Juiz de Fora: Núcleo de História Regional/Editora UFJF, 1999, p. 10-11.

melhor sobre alguns aspectos da face autoritária assumida pelo Estado brasileiro ao final dos anos 1930. O autor sardo dos *Quaderni del carcere* afirma que o Estado consiste no instrumento para adequar a sociedade civil à estrutura econômica.[72] É esse, exatamente, o movimento que se observa durante a conformação do Estado Novo no Brasil: momento histórico no qual o governo brasileiro atuava com o objetivo de adaptar a sociedade à nova ordem econômica urbano-industrial, seja por meio de canais explicitamente públicos, seja por meio de canais aparentemente privados que, frequentemente, eram cooptados pelo poder central através da força, como recorrentemente ocorre nos regimes políticos autoritários.

O Estado gramsciano, isto é, o *"Stato integrale"*, compõe-se dos aparelhos governamental-coercitivos e hegemônicos.[73] Estes últimos, no intuito de criar consensos na sociedade, agem obstinadamente de maneira a influenciar a opinião pública. Sob esse prisma, o Estado, estando ele a todo o momento crivado pela luta de interesses privados, constitui irremediavelmente o *terreno* do embate entre as classes. "Existe luta entre duas hegemonias, sempre", segundo Gramsci.[74]

Contudo, no dia do golpe estadonovista, Vargas fez um discurso radiofônico no qual dizia que o golpe era impostergável diante da eminente crise nacional e que "para reajustar o organismo político às necessidades econômicas do país, não se oferecia outra alternativa além da que foi tomada, instaurando-se um regime forte, de paz, de justiça e de trabalho". Como ditador, Vargas teceu um conjunto de críticas negativas à Constituição de 1934 que, "vazada nos moldes claros do liberalismo e do sistema representativo, evidenciara falhas lamentáveis" – se-

---

72 A. Gramsci. *Quaderni del carcere*, nº 10, vol. II. ed. crítica organizada por Valentino Gerratana. Turim: Einaudi, 1975, p. 1253-1254.

73 A expressão que melhor indica esta relação entre os aparelhos privados de hegemonia (a sociedade civil) e o Estado-coerção (sociedade política ou Estado no sentido estrito) é "Estado ampliado", introduzida pela primeira vez em 1976 por Christine Buci-Glucksmann em *Gramsci e lo Stato. Per una teoria materialistica della filosofia*. Roma: Riuniti. Para Guido Liguori, Gramsci apresenta uma concepção dialética da realidade histórica, na qual Estado e sociedade civil são entendidos num nexo de unidade-distinção. Portanto, a teoria gramsciana se baseia numa ideia de Estado que significa, ao mesmo tempo, o instrumento de poder de uma classe (ou fração de classe) e o lugar de luta pela hegemonia e processo de unificação das classes dirigentes. "O Estado é o terreno, o meio e o processo em que esta luta necessariamente se desenvolve, mas os atores principais de tal luta são o que Gramsci chama de 'classes fundamentais'. Para Gramsci, o processo pelo qual estas classes 'se fazem Estado' é um momento iniludível na luta pela hegemonia [...]". Cf. Liguori, *Roteiros para Gramsci*. Trad. Rio de Janeiro: Editora UFRJ, 2007, p. 13, 29 e 36.

74 Gramsci, *op. cit.*, nº 8, 1975, p. 1084.

gundo ele – "estava evidentemente antedatada em relação ao espírito do tempo. Destinava-se a uma realidade que deixara de existir".[75]

Nesse seu discurso, Vargas lograva dar legitimidade ao golpe numa tentativa aparentemente desmedida de solucionar uma situação que, ao que tudo indica, havia saído do controle do governo. Chama atenção a evidente conotação ideológica das palavras de Vargas que apresentam-se como resultado da influência do contexto internacional dos anos 1930, caracterizado pela ascensão do nazifascismo na Europa.

Não obstante, a postura de Vargas, bem como o caráter das medidas postas em práticas após a crise de 1929, não deve ser vista como consequência apenas das circunstâncias externas. Salienta-se que a recuperação econômica que transformou profundamente a estrutura produtiva do país foi conduzida por uma nova relação de forças no âmbito do Estado como forma inexorável de enfrentar o estrangulamento externo. Dentro desse quadro de mudanças, surgiram naturalmente dissidências, novas alianças políticas e opiniões divergentes sobre a orientação de política econômica que o governo deveria seguir. Por meio desse processo de redefinição do papel do Estado na economia, Diniz explica que duas correntes ideológicas se destacavam e, em certos aspectos, se alinhavam naquele momento: os pensamentos autoritário e industrialista.[76]

É dessa conjunção entre autoritarismo e industrialismo que começa a surgir no cenário político nacional uma nova fração de classe que vai, cada vez mais, interferir diretamente nos rumos da política de transporte na passagem dos anos trinta para os quarenta. Apesar de já se observar em meados da década de 1920 a escalada de uma mudança de direção da política de transporte com a elaboração dos primeiros planos rodoviários e a criação, em 1927, do Fundo Especial para a Construção e Conservação de Estradas de Rodagem, foi durante a ditadura estadonovista, mais precisamente, que se edificou a ossatura institucional que daria suporte ao novo padrão dos transportes terrestres.

Originalmente, havia apenas um órgão central responsável por fiscalizar os serviços de transporte ferro e rodoviários no país. Criada em 1911, no período de maior expansão das construções ferroviárias no Brasil, a Inspetoria Federal de

---

75 Apud M. C. S. D'Araújo. *O Estado Novo*. Rio de Janeiro: Jorge Zahar Ed., 2000, p. 23-24.
76 E. Diniz. *Empresário, Estado e capitalismo no Brasil: 1930-1945*. Rio de Janeiro: Paz e Terra, 1978, p. 73-74.

Estradas (IFE) passou a exercer, a partir de 1921, outros tipos de funções, como o planejamento da viação terrestre, a superintendência das administrações federais das ferrovias de propriedade da União e a fiscalização das companhias arrendadas ou concedidas pelo governo federal.[77]

Tempos depois, a IFE foi substituída através da institucionalização do DNER, em 1937, e do DNEF, este último pelo Decreto-lei nº 3.163, de 31 de março de 1941. Dilma de Paula sumariza as funções do DNEF, principal órgão estatal responsável pela condução da política ferroviária no país:

> a) estabelecer metas para o cumprimento do Plano de Viação; b) propor normas gerais para a atividade ferroviária; c) superintender a administração das empresas a cargo da União; d) fiscalizar as empresas não administradas pela União; e) elaborar e rever projetos sobre novas linhas e obras gerais; f) elaborar legislação apropriada ao funcionamento das ferrovias; g) organizar e atualizar as estatísticas das atividades ferroviárias no país. Em 1946, a estrutura organizacional do DNEF sofreria novas modificações, especificando melhor as suas atribuições quanto à execução direta ou indireta de novas ligações ferroviárias, elaboração de normas gerais para todo o serviço ferroviário do país, de acordo com a política traçada pelo governo, bem como a fiscalização de seu cumprimento e a superintendência da direção das ferrovias diretamente administradas pelo Governo Federal.[78]

A despeito da forte concorrência com os transportes rodoviários já se verificar durante os anos 1920, as ferrovias brasileiras só passariam a sofrer mais intensamente os efeitos de uma política contrária ao setor a partir do início dos anos 40, ainda sob o regime ditatorial do Estado Novo. Logo, pode-se afirmar que se ao término da gestão estadonovista o governo havia concluído a estruturação do novo arranjo institucional da política de transporte, foi no período do imediato pós Segunda Guerra que o Estado brasileiro iniciou, definitivamente, a execução de sua política que, por sua vez, chancelaria o novo padrão dos transportes terrestres ao final dos anos 1950.

Representado pelo rodoviarismo, essa nova matriz de transporte certamente condicionou a política do Estado voltada aos transportes em geral, além de se

---

77   Cf. Paula, *op. cit.*, p. 123-124.
78   Cf. Ministério dos Transportes. Departamento Nacional de Estradas de Ferro. *Relatório de 1971*, p. 2-3. *Apud* Paula, *op. cit.*, p. 126.

alicerçar, durante os anos 1950, através da intensa influência exercida junto aos órgãos do governo pelo capital automobilístico transnacional e por sua indústria anexa de autopeças.

É nesse contexto que o governo federal agiu de maneira discricionária, com o propósito claro de fortalecer o transporte por rodovias no país. Referimo-nos, em primeiro lugar, à aprovação, pelo Decreto presidencial nº 15.093 de 20 de março de 1944, do Plano Rodoviário Nacional e, em segundo lugar, à criação do "Fundo Rodoviário Nacional" (Decreto-lei nº 8.463, de 27 de dezembro de 1945). Essas medidas governamentais, acompanhadas de outras que serão discutidas a seguir, representam a ascensão, no interior do Estado, de um novo grupo de interesses de classe que coordenará a política da área de transportes através, principalmente, porém não apenas, das medidas que possibilitaram a implantação da indústria automobilística no Brasil.

Ianni afirma que, diante dos efeitos protecionistas "excepcionais" acarretados pela Segunda Guerra, surgiria uma nova consciência sobre a realidade econômica brasileira, manifesta na intenção da tecnocracia governamental de buscar formas de planejamento econômico, sendo elas explícitas ou espontâneas, no intuito de melhor estruturar e dinamizar a indústria nacional, especialmente aqueles setores produtivos capazes de sustentar certos níveis de renda e emprego.[79]

Há uma série de evidências que apontam para o fato de que ao governo estadonovista coube "arrumar a casa" – aqui entendida como o travejamento do Estado desenvolvimentista – por meio da promulgação de um conjunto de resoluções e decretos, cujo objetivo foi, dentre outros que extrapolam os limites deste estudo, o de fomentar um processo de alteração estrutural da matriz nacional de transporte. Uma vez arrumada a casa, deu-se início à implementação e condução de uma nova política de transporte, propriamente dita. Credita-se esse ponto de inflexão histórica à passagem dos anos 1940 para os 1950 e sua intensificação e consolidação enquanto política ao final da gestão Kubitschek.

Não por acaso, um dos principais debates da história do Brasil sobre política de desenvolvimento econômico travado entre dois próceres do pensamento nacional situa-se exatamente no transcorrer do biênio 1944/45. De um lado, Roberto Cochrane Simonsen (1889-1948), defensor do industrialismo e do planejamento econômico estatal, e, do outro, Eugênio Gudin (1886-1986), economista de

---

79   O. Ianni. *Estado e capitalismo*. 2ª ed. São Paulo: Brasiliense, 2004, p. 37-41.

reputação liberal, fundador da Sociedade Brasileira de Economia Política (1937) e da Faculdade de Ciências Econômicas e Administrativas da Fundação Getúlio Vargas (1938), autores que divergiam sensivelmente a respeito de como deveria ser a atuação do Estado na economia.[80]

Perspectivas de análise e posicionamentos políticos à parte, nota-se que entre as décadas 1940 e 1960 o Estado brasileiro adotou um tipo de política econômica – possível naquele contexto e coerente com o que estava sendo adotado em outros países latino-americanos – concebido de maneira a viabilizar seu projeto industrializante que, em grande medida, derivava de circunstâncias específicas do grau de desenvolvimento das forças produtivas correspondente a uma nova etapa do capitalismo no Brasil e no mundo.

Ao mesmo tempo, é de se ponderar que a atuação estatal na esfera econômica oscilava entre oferecer assistência e proteção a determinados setores produtivos, por meio de políticas fiscais e cambiais e, em outras circunstâncias, orientar, incentivar ou, até mesmo, promover diretamente a industrialização nascente através dos investimentos públicos. O resultado no ritmo das transformações econômicas não poderia ter sido de outra grandeza. O índice equivalente a 100 do produto real do setor industrial, em 1939, salta para 194 em 1949, 306 em 1955 e chega a 552 em 1960. Essa evolução da produção industrial no Brasil, logo, se refletiu no aumento vertiginoso do PIB, que apresentou, entre 1947 e 1961, uma taxa anual de crescimento sem paralelo na América Latina de 5,8%, ou 3%, em termos *per capita*.[81]

Aloísio Teixeira e Denise Gentil são categóricos ao afirmarem que se o surgimento da indústria de base no Brasil ocorreu nos anos 1930, ela ficaria por mais de duas décadas limitada pela impossibilidade de constituir internamente o setor produtor de bens de capital. Este setor, como se sabe, começa a se formar nos anos 1940 e só completará sua formação na segunda metade dos anos 1950, com a indústria de bens de capital na qualidade de fornecedora de insumos à indústria

---

80 Sobre o debate entre Simonsen e Gudin ver: A. Teixeira, G. Maringoni e D. L. Gentil. *Desenvolvimento: o debate pioneiro de 1944-1945*. Brasília: Ipea, 2010. O debate em si, publicado pela primeira vez em 1977, foi reeditado recentemente pelo Instituto de Pesquisas Econômicas Aplicadas (Ipea): R. C. Simonsen e E. Gudin. *A controvérsia do planejamento na economia brasileira; coletânea da polêmica Simonsen x Gudin, desencadeada com as primeiras propostas formais de planejamento da economia brasileira ao final do Estado Novo*. 3ª ed. Brasília: Ipea, 2010.

81 Ianni, *op. cit.*, 2004, p. 32-33.

de bens de consumo duráveis, em que as empresas automobilísticas figuravam como setor líder de maior dinamismo da economia.

João Manuel Cardoso de Mello coloca a questão em seus termos justos ao empregar o conceito de "industrialização restringida", processo no qual as bases técnicas e financeiras da acumulação do capital industrial ainda não se faziam notar de modo expressivo no interregno de 1933 a 1955, a ponto de permitir a implantação da indústria de bens de produção. Diante de um conjunto de fatores circunstanciais, dentre eles os anos de crise das economias centrais durante a Grande Depressão, ao Estado brasileiro coube um papel de destaque na ampliação das forças produtivas do país, em particular, através de investimentos nos setores de energia e transporte, como tentativa de romper determinados "pontos de estrangulamento".[82]

> Por isso, embora o longo ciclo da industrialização brasileira tenha sido acompanhado por ampla intervenção estatal, a dinâmica e a lógica desse desenvolvimento foram ditadas não pelo Estado, mas pela estratégia de crescimento, padrão de produção e acumulação de capital e decisões de investimento das grandes empresas internacionais, localizadas nos setores dinâmicos da indústria de bens duráveis de consumo, particularmente a automobilística e a eletroeletrônica. O papel do Estado nesse processo foi relevante, principalmente por ter apresentado suficiente plasticidade para aceitar o processo de internacionalização, gerando facilidades de crédito, de produção de insumos a baixo custo e não criando obstáculos legais a seu desenvolvimento. Foi o Estado que gerou condições favoráveis de financiamento, crédito farto, proteção tarifária, proteção exercida pelas desvalorizações cambiais e redução de salários; foram os investimentos públicos que estimularam o investimento privado do capital nacional e multinacional, oferecendo economias externas baratas; foi o Estado que, valendo-se amplamente da expansão monetária e dos déficits fiscais, ampliou o gasto público e gerou um patamar mínimo de demanda.[83]

Observa-se a partir do trecho acima que para Teixeira e Gentil, o Estado, apesar do seu *papel relevante* no processo de transnacionalização do capital, agiu de maneira um tanto reflexa aos ditames impostos pelos interesses privados do

---

82 Mello, op. cit., 1998, p. 117 e 122-123.
83 A. Teixeira e D. L. Gentil. "O debate em perspectiva histórica: duas correntes que se enfrentam através dos tempos". In: A. Teixeira; G. Maringoni e D. L. Gentil. *Desenvolvimento: o debate pioneiro de 1944-1945*. Brasília: Ipea, 2010, p. 24.

capital estrangeiro, particularmente, dos capitais norte-americanos das grandes montadoras automobilísticas. A esse respeito, buscar-se-á investigar até que ponto a referida argumentação é válida em relação à política pública e à infraestrutura de transporte no Brasil ao adentrarmos nos anos cinquenta.

8. A gestão Dutra e o Plano Nacional de Viação de 1951

O governo que parece ter tido a função de realizar a transição entre um modelo e outro de política de transporte foi o governo do presidente eleito em 1945, e um dos principais membros de sustentação do Estado Novo, general Eurico Gaspar Dutra.

Dentre os aspectos que mais marcaram o governo Dutra, tem-se sua política cambial de cunho ultra liberalizante. Durante os cinco anos de seu mandato, o câmbio sofreu fortes oscilações e sua administração buscou imprimir um severo controle dos gastos públicos a partir de 1947. Fausto Saretta, que estudou a fundo a política econômica do período, reconhece que houve certa ascensão da doutrina liberal durante a administração Dutra. No entanto, a tutela estatal dos interesses industriais, estabelecida no Estado Novo, conjugada com o esforço típico daquele momento histórico de reaparelhamento da economia, inclusive do setor ferroviário, impunha limites claros à tentativa governamental de diminuir os investimentos públicos e a intervenção estatal. Em linhas gerais, a gestão Dutra caracterizou-se pela retração do auxílio à indústria, já que o governo extinguiu uma série de órgãos oficiais, conselhos, comissões e institutos, criados ao longo da administração anterior, e reformou outros deles que, de uma forma ou de outra, cumpriam a função de coordenar e/ou planejar as atividades econômicas.[84]

No caso dos transportes, convém recapitular algumas e assinalar outras das diversas mudanças político-institucionais que abrangem desde a criação e a finalidade de empresas e órgãos públicos federais, passando pela aprovação e alteração de decretos-lei pelo Congresso Nacional, como também daqueles sancionados diretamente pelo próprio Presidente da República. Em suma, destacamos as principais medidas que tiveram impacto decisivo no setor de transportes a partir do advento do Estado Novo:

1. Criação do DNER e do DNEF, em 1937 e 1941, respectivamente;

---
[84] F. Saretta. *Política econômica brasileira (1946-1951)*. Araraquara: FCL/Laboratório Editorial/UNESP; São Paulo: Cultura Acadêmica Editora, 2000, p. 67-68.

2. Criação do CNP em 1938;
3. Instalação da FNM em 1940;
4. Instalação da CSN em 1941;
5. Constituição da Missão Cooke em 1942;
6. Criação da Coordenação da Mobilização Econômica em 1943;
7. Aprovação pelo presidente Getúlio Vargas do Decreto nº 15.093, de 20 de março de 1944, referente ao Plano Rodoviário Nacional;
8. Aprovação do Decreto-lei nº 7.632, de 12 de junho de 1945, que instituiu os "Fundos de Melhoramento e de Renovação Patrimonial" (Anexo B);
9. Aprovação do Decreto-lei nº 8.463, de 27 de dezembro de 1945, que criou o "Fundo Rodoviário";
10. Decreto-lei nº 8.894, de 24 de janeiro de 1946, que aprovou o Plano Geral de Reaparelhamento das Estradas de Ferro;
11. Portaria ministerial nº 19, de 8 de janeiro de 1946, que autoriza a constituição de uma Comissão para rever e atualizar o Plano Geral de Viação Nacional de 1934;
12. Proposta de criação do Conselho Nacional de Transporte (CNT), em 1949.

A criação do CNP, as instalações da FNM e da CSN, bem como os trabalhos da Missão Técnica Norte-Americana chefiada por Morris Cooke são exemplos de medidas do governo que visaram garantir as condições básicas para a implantação posterior do parque industrial automobilístico. O caso emblemático é o da CSN, principal fornecedora de insumos industriais (bens intermediários) ao setor automobilístico. Para se ter uma ideia da importância dessa empresa pública para a formação da indústria de base no Brasil, a produção interna de lingotes de aço que em 1939 foi de 114.100, toneladas cresceu a uma taxa média anual de 25,5% entre esse ano e 1945, chegou a 31,9% ao ano de 1945 a 1948, caindo, em seguida, para uma taxa média anual de 21,5% e 8,3%, respectivamente nos períodos de 1948-1950 e 1950-1956.[85] No ano de 1956, a CSN produziu, isoladamente, 740.000 toneladas de lingotes de aço, correspondentes a 579.000 toneladas de

---

85 Cf. Brasil. Conselho do Desenvolvimento. Presidência da República. *Programa de Metas*. Tomo III. Rio de Janeiro, 1958, p. 117.

produtos acabados que variavam de trilhos a acessórios, passando por chapas finas e galvanizadas até folhas de flandres.[86]

Já o Plano Rodoviário Nacional, aprovado pelo governo em 1944, detém uma relevância histórica indelével por ter sido a primeira experiência política, em âmbito nacional, de um plano rodoviário. A Comissão responsável por sua elaboração foi designada pela portaria nº 168 de fevereiro de 1942, do então Ministro da Viação, general João de Mendonça Lima, e assim constituída: engenheiro Yeddo Fiúza (presidente), coronel Aviador Lysias Rodrigues, major Renato Bittencourt Brígido, engenheiros Francisco Gonçalves de Aguiar, Jorge Leal Burlamaqui, Egydio de Morais Vieira e Moacyr Malheiros Fernandes Silva, tendo como secretário Severino de Moura Carneiro.[87]

O relatório elaborado pela Comissão foi entregue ao Ministro em 8 de novembro de 1943 e aprovado pelo Presidente da República, Getúlio Vargas, mediante o Decreto nº 15.093, de 20 de março de 1944. Ao elaborar o plano, a Comissão deu vazão aos seguintes propósitos:[88]

1. Evitar, na medida do possível, a superposição das rodovias aos principais troncos ferroviários existentes ou de construção já prevista para o estabelecimento da ligação ferroviária contínua do norte ao sul do país;
2. Aproveitar trechos de rodovias existentes ou em projeto, dos planos rodoviários estaduais;
3. Considerar apenas trechos rodoviários de caráter nacional;
4. Estabelecer, no interior do país, as convenientes ligações da rede rodoviária nacional com a supraestrutura das rotas aéreas, comerciais e postais, nos pontos adequados.

Importa também frisar a ideia central do relatório apresentado pela Missão Cooke – que esteve no Brasil no segundo semestre de 1942. Nele enfocou-se, basicamente, a deficiência de nossa infraestrutura econômica e, consequentemente, a necessidade de se prover melhorias nos setores de energia, transportes e de matérias--primas básicas à industrialização. A despeito de sua função geopolítica, dado que para os intentos beligerantes dos Estados Unidos era estratégico contar com a cooperação

---

86 *Ibidem*, p. 120-121.
87 Cf. Brasil. Comissão de Transportes, Comunicações e Obras Públicas, *op. cit.*, p. 50.
88 *Ibidem*, p. 50-51.

do governo brasileiro para os esforços de guerra, tal missão chegou a conclusões que serviram como beneplácito para os argumentos dos defensores do industrialismo.

Dentre esses defensores estavam o engenheiro Ary Frederico Torres e o empresário Gastão Vidigal, que, diga-se de passagem, foi o primeiro Ministro da Fazenda do governo Dutra. Os interesses industriais dessas duas personalidades se entrecruzaram no dia 21 de novembro de 1943, numa reunião promovida pela Coordenação da Mobilização Econômica para avaliar o projeto de criação de uma empresa de material ferroviário que, no ano seguinte, daria origem à Companhia Brasileira de Material Ferroviário.[89] Na ocasião, Ary Torres era o assistente responsável pelo Setor de Produção Industrial, em São Paulo, daquela Coordenação, e, Gastão Vidigal, que havia empatado o equivalente a Cr$ 50.000 de um montante inicial de Cr$ 500.000 para viabilizar o nascimento da empresa, era diretor da Carteira de Exportação e Importação (CEXIM) do Banco do Brasil.

A pedido do próprio Vidigal, participaram da reunião os representantes das principais companhias ferroviárias do país. O presidente da Companhia Paulista, Antonio de Padua Salles, e seus diretores, Luiz Tavares Alves Pereira, Jayme Pinheiro de Ulhôa Cintra, Heitor Freire de Carvalho e Clóvis Soares de Camargo, estiveram acompanhados do diretor da E. F. Central do Brasil, do presidente da Companhia Mogiana, do diretor da E. F. Noroeste do Brasil, do superintendente da São Paulo Railway, do diretor da Companhia Ferroviária do Norte do Paraná, do presidente da E. F. São Paulo-Goiás, de um representante da Companhia Siderúrgica Belgo-Mineira e do grupo de engenheiros do Instituto de Pesquisas Tecnológicas (IPT) que, sob a direção de Ary Torres, elaboraram o projeto de constituição da dita empresa.[90]

Era natural a participação do capital ferroviário na referida reunião, uma vez que em pauta estava a questão da subscrição das ações da futura empresa que, como não poderia deixar de ser, teria como clientes preferenciais as próprias companhias ferroviárias. Fundada em setembro de 1944 e sediada em Osasco-SP, a Companhia Brasileira de Material Ferroviário tinha entre seus acionistas

---

89 Registrada com essa denominação na Junta Comercial do Estado de São Paulo sob o nº 22.015, em sessão do dia 19 de setembro de 1944, passou, a partir de 7 de fevereiro de 1977, a se denominar Cobrasma. Cf. JUCESP, nº 672.580/77, Apud A. C. C. R. da Motta. *Cobrasma: trajetória de uma empresa brasileira*. São Paulo: Tese de doutorado, USP, 2006, p. 36, nota de rodapé nº 65.

90 Cf. J. de Scantimburgo. *Gastão Vidigal e sua época*. São Paulo: Fundação Gastão Vidigal de Estudos Econômicos, 1988, p. 99.

de destaque as empresas: Companhia Paulista (com 25% do capital subscrito); Companhia Mogiana (25%); Companhia Siderúrgica Belgo-Mineira (12,5%); Monteiro Aranha, Engenharia, Comércio e Indústria Ltda. (7,5%); Hime-Comércio e Indústria S.A. (3,25%); Klabin Irmãos e Cia. (2,75%); Cia. Central de Administrações e Participações (2,5%); Construtora de Imóveis S.A. – Casa Bancária (2,25%); S.A. Indústrias Votorantim (1,37%); Siderúrgica Barra Mansa S.A. (1,37%); S.A. Indústrias Reunidas F. Matarazzo (1,37%); Cia. Itaquerê Industrial, Agrícola e Imobiliária (1,37%); Cia. Mecânica e Importadora de São Paulo (0,75%); CSN (0,62%); E. F. Sorocabana (0,5%); E. F. Douradense (0,5%); General Electric S.A. (0,5%).[91]

Em assembleia de acionistas da Paulista ocorrida no dia 23 de abril de 1947, a diretoria da Companhia informou que havia completado a subscrição das ações da referida empresa de material de transporte no valor de Cr$ 20.000.000. Sobre essa estratégia de diversificação dos investimentos, convém pontuar que a Paulista vinha, já desde meados dos anos 1930, controlando algumas empresas na qualidade de acionista majoritária, como são os casos da Companhia Paulista de Transportes (CPT) – companhia que realizava o transporte rodoviário de carga nos pontos ainda não alcançados pela ferrovia –, e das estradas de ferro Barra Bonita, Morro Agudo e Jaboticabal.[92]

Antônio Carlos da Motta, que estudou a trajetória da Cobrasma, encontrou nos relatórios da empresa os condicionantes históricos que motivaram sua criação, além das três fases do seu programa de execução fabril:

> [...] desgaste do material rodante durante a 2 Guerra Mundial, o aumento do tráfego e a não reposição desse material, praticamente todo importado. Já existia a indústria de rodas coquilhadas, bem como a de montagem de vagões. Mas era necessário que se fabricassem truques, engates, aparelhos de choque e tração, eixos etc. e a Companhia Siderúrgica Nacional já fornecia chapas e perfilados de fabricação 100% nacionalizada.[93]
>
> A primeira etapa consiste no estabelecimento de oficinas de montagem para vagões e de carpintaria. A segunda etapa seria a produção em grande escala de fundidos de aço como: laterais e travessas de truques, engates,

---

91 Cf. Motta, *op. cit.*, p. 36.
92 Cf. RCP, 1947, p. 9.
93 Cobrasma. *Relatório anual enviado a CVM*, 1986, p. 5. *Apud* Motta, *op. cit.*, p. 35.

aparelhos de choque e tração e outras peças do mesmo gênero usadas na construção de vagões. Nessa mesma etapa estão incluídas a ampliação da oficina de carpintaria e o estabelecimento de uma grande oficina mecânica. A terceira etapa compreenderá: a) a fabricação de molas helicoidais e elíticas, para estradas de ferro e para outros fins; b) a fabricação de rodas de ferro fundido coquilhado e de outras peças de ferro fundido para estradas de ferro; c) a fabricação de mancais e outras peças de bronze para vagões; d) o acabamento de rodas e eixos de aço, fornecidos em bruto pela indústria nacional ou importados; e) o estabelecimento de uma oficina de reparação e manutenção para locomotivas Diesel-elétricas.[94]

Apesar do caráter extemporâneo dos processos de produção da Cobrasma, haja vista a intensa complexidade que envolvia sua atividade industrial naquele contexto da economia brasileira, o *modus operandi* de suas instalações foi todo concebido nos Estados Unidos por meio da cooperação das seguintes empresas: American Steel Foundries, Griffin Whell Company, Whitcomb Locomotive Company, Giffels & Vallet Inc. e A. Wickland Company. Os relatórios da empresa informam também que, até 1947, a Cobrasma havia importado o equivalente a dois milhões de dólares em equipamentos dos Estados Unidos.[95]

Esses apontamentos sobre o setor de materiais ferroviários denotam uma das principais características da indústria brasileira de transformação ao longo das décadas de 1940 e 1950: sua crescente integração com o capital industrial internacional. Decerto, como bem observou Wilson Suzigan, o investimento direto estrangeiro no Brasil já era consideravelmente alto nas décadas de 1920 e 1930, no entanto, acrescentamos que a partir dos anos 1940, o capital industrial atingiu um grau mais elevado de diversificação até então inédito no país. A análise sobre o desenvolvimento da indústria como um todo mostra que a dependência de nossa capacidade de importar máquinas e matérias-primas industriais, criada na fase de predomínio da economia primário-exportadora, foi progressivamente diminuindo a partir do redirecionamento do investimento industrial que deixou de se concentrar fundamentalmente nos setores complementares às exportações. Essa nova orientação do capital industrial no Brasil, iniciada nos anos 1930 e intensificada substancialmente nas duas décadas posteriores, passou a privilegiar a produção de bens intermediários como fertilizantes, ferro e aço, e bens de capital,

---

94 Cobrasma, *Relatório de 1947*, p. 3. *Apud* Motta, *op. cit.*, p. 37.
95 Cf. Motta, *op. cit.*, p. 37, nota de rodapé n° 72.

como máquinas e equipamentos, todos voltados para atender à crescente demanda interna.[96]

Sabe-se, por outro lado, que esse surto industrializante só foi possível graças às políticas protecionistas do governo. Incentivos fiscais, como a concessão de subsídios à indústria e o aumento do imposto sobre importação, combinados com barreiras não-tarifárias aos importados e com a desvalorização da taxa de câmbio, compunham as medidas governamentais recorrentemente adotadas com o objetivo de se promover, principalmente, a indústria pesada. A forte expansão siderúrgica garantida pela instalação da já referida CSN, como também da Companhia Nacional de Álcalis, induziu, além do surgimento das também já referidas Cobrasma e FNM, a implantação da Fábrica Nacional de Vagões (FNV), mais tarde, em 1953.

No ano posterior, todavia, com a reviravolta política que culminou no suicídio de Vargas, os críticos à industrialização promovida pelo Estado encontraram o pretexto necessário para infundir ao programa político da classe dirigente a alternativa de atrair maciçamente o capital estrangeiro para o nosso amplo mercado interno, o que, de certa forma, acabou por cercear o modelo de substituição de importações, que vinha sendo levado a termo.

Para muitos economistas, outra dificuldade enfrentada pelos países em suas etapas de desenvolvimento industrial relaciona-se à questão do financiamento da expansão da capacidade produtiva. Maria da Conceição Tavares lança mão de argumentos contundentes sobre esse tema que, em linhas gerais, se resumem ao problema da debilidade dos sistemas financeiros nacionais e do baixo nível de poupança interna dessas economias. Subordinado às possibilidades de captação de recursos no exterior, o financiamento da produção industrial no Brasil – como em todos os outros países de economia atrasada e dependente – sempre se defrontou com outro problema correlato representado pelo déficit do balanço de pagamentos. Para Tavares, uma estrutura financeira só consegue cumprir sua função de estimular a formação de capital reprodutivo quando estiver arregimentada em canais institucionais capazes de guiar os fluxos financeiros entre aqueles setores que mais necessitam de aporte e, ao mesmo tempo, quando possuir um padrão razoável de liquidez, compatível com o que é demandado pelas empresas,

---

96 Suzigan, *op. cit.*, 2000, p. 261-262.

atrelado às garantias de rentabilidade exigidas pelos fornecedores de crédito nos mercados financeiros.[97]

A experiência histórica da industrialização brasileira atesta que o governo Dutra procurou forjar um aparato institucional que transparecesse aos agentes do capital financeiro internacional e, principalmente, aos investidores norte-americanos, o comprometimento do Estado em conceder as garantias por eles exigidas em troca de créditos financeiros e importações de todas as ordens. A esse respeito, Moniz Bandeira observa que os grupos dominantes, aqueles que detinham a maior parte da renda nacional, ao se apropriar dos organismos estatais acabou sorvendo o saldo em transações correntes (acumulado durante o transcurso da Segundo Guerra), por meio das mais diversas e, em alguns casos espúrias, negociações comerciais.[98]

A observação de Bandeira, na verdade, é uma paródia das críticas de Caio Prado Jr. sobre a política do governo, a conjuntura econômica e as condições objetivas de desenvolvimento industrial no Brasil do pós-guerra. Prado Jr. lembra que parte dos créditos em moeda estrangeira, adquiridos devido ao bom desempenho da balança comercial brasileira durante o conflito bélico, foi gasto na

---

97 M. da C. Tavares. "Notas sobre o problema do financiamento numa economia em desenvolvimento: o caso do Brasil". In: *Da substituição de importações ao capitalismo financeiro: ensaios sobre economia brasileira*. 4ª ed. Rio de Janeiro: Zahar, 1975, p. 128-129.

98 M. Bandeira. *Presença dos Estados Unidos no Brasil (dois séculos de história)*. Rio de Janeiro: Civilização Brasileira, 1973, p. 324. Gabriel Cohn sintetiza esse momento de nossa história econômica ao pontuar que: "Tudo conspirava, então, para que a complexa situação em que se encontrava o país no pós-guerra conduzisse a uma política econômica tendente a reabri-lo ao exterior, sem levar em conta os riscos que isso envolvia para a continuidade do seu desenvolvimento industrial. Mas, já em 1947 se verificava que essa linha de ação era insustentável: as maciças importações nela inspiradas, ao lado da rigidez dos saldos no exterior, levavam a um rápido esgotamento dos recursos disponíveis. Ademais, esse esgotamento se dava através de dispêndios largamente improdutivos, concentrados na área da importação de bens de consumo, com o agravante de que estes, frequentemente, eram de caráter meramente suntuário. Esta última circunstância aponta, de resto, para as características dos grupos detentores da parcela dominante da renda, na época: longe de serem compostos predominantemente por empresários interessados na expansão de seus empreendimentos, eram formados em boa medida por exportadores, importadores (enriquecidos pelos lucros especiais propiciados pela situação de guerra) e mesmo industriais ainda portadores de uma mentalidade de consumo, cuja preferência ia para os gastos pessoais em detrimento daqueles mais produtivos". G. Cohn. "Problemas da industrialização no século XX". In: C. G. Mota (org.). *Brasil em perspectiva*. 8ª ed. Rio de Janeiro: Difel, 1977, p. 306.

compra, em termos desvantajosos à União, de ferrovias inglesas como a São Paulo Railway, em 1946, e as Leopoldina Railway e Great Western em 1948.[99]

Em 1950, último ano da gestão Dutra, o saldo comercial chegou a aproximadamente US$ 300 milhões e uma fração considerável foi despendida com o aumento das importações de máquinas industriais e matérias-primas semiprocessadas. Prado Jr. sugere que os resultados políticos alcançados por Vargas em seu segundo governo revelam a falência do seu programa nacionalista. A gritante dependência de nossas forças produtivas subordinou, de uma vez por todas, o Estado brasileiro aos interesses financeiros e industriais de poderosos grupos econômicos nacionais e, primordialmente, estrangeiros. Esse fato decorreu, segundo Prado Jr., do incremento do processo de capitalização e oligopolização de nossa economia gestado a partir da virada da década de 1930 a 1940.[100]

Dilma de Paula ressalta a importância das mudanças ocorridas na área de transporte através da ação do poder público no meado da década de 1940. O DNER, por exemplo, foi transformado numa autarquia, sendo-lhe conferida plena autonomia para gerir os recursos do "Fundo Rodoviário Nacional", criado ao final de 1945. Um ano antes, em 1944, concluíra-se a construção da via Anchieta, ligando a cidade de São Paulo a Baixada Santista, assinalando uma importante evolução do domínio técnico na construção de rodovias.[101]

A essa altura, no primeiro lustro dos anos 1950, intensificaram-se as construções e pavimentações de rodovias no estado de São Paulo: o início das obras no trecho paulista da Estrada São Paulo-Belo Horizonte; a inauguração da segunda pista nas estradas Anchieta e Anhanguera; e a pavimentação dos trechos Campinas-Limeira, Campinas-Mogi-Mirim, São Paulo-Sorocabana, São Paulo-Mogi das Cruzes, São Paulo-Barueri, Jundiaí-Itu, São Carlos-Araraquara, Araraquara-São José do Rio Preto, Limeira-Leme; Ribeirão Preto-Sertãozinho. Frente a essa flagrante expansão das rodovias em São Paulo, Barjas Negri comenta que:

> O início da década de 1950 marca com clareza a inflexão do sistema ferroviário para o rodoviário e, todos os planos rodoviários, elaborados

---

99 C. Prado Jr. *História econômica do Brasil*. 35ª ed. São Paulo: Brasiliense, 1987, p. 306.
100 Ibidem, p. 307-308. Este processo identificado por Prado Jr., na passagem da década de 1930 para 1940, se intensificaria ainda mais, em meados dos anos 1950, com a implementação do Programa de Metas no governo de Juscelino Kubitschek. A esse respeito, ver na seção 13 do Capítulo IV.
101 Paula, *op. cit.*, p. 129.

a partir daí, apenas confirmam essa tendência. As execuções que se sucedem passam a configurar um sistema de circulação terrestre em que as grandes interligações e adensamentos da rede ficam cada vez mais dependentes das rodovias, que passam a diminuir, gradativamente, as distâncias entre pequenos núcleos urbanos ou agrícolas, como também as de médios e grandes núcleos urbanos interiorizados e destes com a região da Grande São Paulo.[102]

Voltando à esfera nacional, observa-se, na passagem dos anos 1940 para os 1950, e em paralelo ao avanço das rodovias, uma tendência política deliberadamente a favor da estatização do sistema ferroviário que, convém lembrarmos, já dava sinais claros de ineficiência operacional e, principalmente, financeira como consequência dos incentivos públicos à expansão das rodovias e à disseminação dos veículos automotores. A maior flexibilidade dos automotores no atendimento à demanda por transporte dos novos complexos industriais foi crucial para que o ideário rodoviarista em torno do Estado pudesse, ao longo da década de 1950, sobrepujar, de uma vez por todas, o predomínio exercido até então pelas ferrovias no transporte de cargas a longas distâncias. Ao mesmo tempo, o governo vinha ensaiando, desde meado dos anos 1940, implementar uma política de estímulo ao reaparelhamento das estradas de ferro que se mostrassem em condições de financiar, seja de maneira autônoma ou por meio da contração de empréstimos, os investimentos necessários.

Já se comentou que em 1945, a Paulista foi sensivelmente beneficiada pela aprovação do Decreto-lei nº 7.632, de 12 de junho de 1945, que instituiu os "Fundos de Melhoramento e de Renovação Patrimonial" para serem utilizados pelas ferrovias brasileiras. Inspirado num decreto estadual anteriormente baixado pelo governo do estado de São Paulo em 1927, o Decreto de 1945 autorizava a cobrança de duas taxas adicionais de 10% sobre as tarifas ferroviárias, a serem aplicadas dentro de um prazo de 20 anos, ou seja, até 1965. Enquanto uma das taxas se destinaria à execução de melhoramentos essenciais e específicos a cada ferrovia, outra se voltaria à renovação do patrimônio físico delas.

De todo modo, a reviravolta ocorrida na mentalidade das autoridades públicas no que respeita a questão dos transportes iniciou-se em 8 de janeiro de 1946 mediante uma das iniciativas do governo federal que causou profundas alterações no projeto viário nacional. Trata-se da já mencionada Portaria ministerial

---
102 Negri, *op. cit.*, p. 80.

nº 19, segundo a qual o então Ministro da Viação e Obras Públicas, o engenheiro Maurício Joppert da Silva, nomeou uma Comissão[103] para rever e atualizar o Plano Geral de Viação Nacional de 1934. O relatório elaborado por essa Comissão e entregue ao presidente Dutra em 30 de outubro de 1947 compreendia a apresentação do novo plano de 1946 e do projeto que o aprovava, além do projeto de lei que criava o Conselho Nacional de Viação e Transporte.

As próximas citações destacam os pontos mais representativos da crítica apontada nesse relatório sobre o Plano de 1934, que, segundo seus autores:

> Parece, no entanto, ter obedecido à preocupação de dotar as várias regiões do país de um único meio de transporte – ferroviário, rodoviário ou fluvial – o que só se justifica em relação às zonas de reduzida significação econômica, não se aplica às regiões florescentes, onde a coexistência de vários meios de transporte já se verifica e há de se verificar como consequência inelutável de seu desenvolvimento.
>
> Mesmo dentro daquele conceito, é de se assinalar a indistinção em que deixou os troncos e ligações terrestres quanto à sua natureza, se ferroviários ou rodoviários, em que pese ao esclarecimento da ilustre comissão que elaborou o plano, de que a rodovia, em muitos casos, poderia servir como primeira etapa a realizar.
>
> Este último conceito, se implicasse, por ventura, em atribuir à estrada de rodagem o papel exclusivo de via pioneira, fadada a desaparecer ante à ferrovia, representaria noção já superada em face da magnífica expansão que o transporte rodoviário ostentava, mesmo naquela época".[104]

Ressaltou-se, no relatório de 1947, que o Plano de 1934 incluía em seu programa somente cerca de 54% da rede ferroviária nacional de um total de 33.073 quilômetros de vias em tráfego. Fato é que de 1934 a 1950, foram construídos 2.706 quilômetros de linhas novas previstas no plano pioneiro e mais 1.083 quilômetros não previstos. Portanto, somando-se essas novas linhas à extensão

---

103 Integravam essa Comissão os seguintes nomes: engenheiro Álvaro Pereira de Sousa Lima – que se tornaria o titular da Pasta da Viação de 1951 até meados de 1953 –, engenheiros Arthur Pereira de Castilho, Edmundo Régis Bittencourt, Jorge Leal Burlamaqui, Vinícius Cesar da Silva Berredo, José Pedro de Escobar, Gilberto Canedo de Magalhães, Vicente de Brito Pereira Filho e Benjamin do Monte; coronel Francisco Jaguaribe Gomes de Matos, coronel aviador Reinaldo Carvalho Filho, capitão de fragata Fernando Carlos de Matos, major Adailton Sampaio Pirassinunga e major aviador Phídias Piá de Assis Távora.

104 Cf. Brasil. Comissão de Transportes, Comunicações e Obras Públicas, *op. cit.*, p. 56.

total existente no país, contabilizava-se 36.852 quilômetros de ferrovias no ano de 1950.[105]

Já a respeito da questão do reaparelhamernto das ferrovias, a Comissão buscou evidenciar, através de dados estatísticos, o desgaste do material rodante e de tração, em face da desigualdade entre o aumento dos transportes realizados e as condições daquele material. De 1934 a 1945, houve um aumento de 122% de passageiros por quilômetro, ao passo que o aumento na quantidade de vagões foi de apenas 10%. A tonelagem por quilômetro de bagagens, encomendas e mercadorias aumentou 102%, enquanto os vagões para essas modalidades de transporte sofreram um acréscimo bem inferior, de 23%. A somatória desses dois indicadores de produtividade ferroviária ficou em 104%, valor bem superior ao inexpressivo acréscimo de locomotivas que atingiu 8% para o período assinalado.[106]

> E aí procuram os autores do plano afirmar a tese de que o problema ferroviário brasileiro é menos de extensão da rede, do que do reequipamento de suas linhas, e de harmonia dessa rede com os sistemas rodoviário e fluvial.
>
> Focaliza a situação deficitária de nossas estradas de ferro, lembrando a conveniência de se baixar o custo da produção da tonelada quilômetro, pela intensificação da densidade do tráfego, pelo emprego de material rodante e de tração poderosa e eficiente e pela melhoria dos traçados e da via permanente.
>
> Salienta, por fim que a extensão da rede ferroviária a zonas fracamente povoadas e de escassa produção, é contrário ao aumento da densidade do tráfego; que a ida da estrada de ferro a regiões economicamente inexpressivas, com a finalidade política e administrativa de integrar na comunidade brasileira populações que aí habitam, não tem mais a importância que antes apresentara, porque essa integração se opera pela aviação e pelo rádio; **que o papel pioneiro de despertar essas zonas e aí criar riquezas, cabe às estradas de rodagem; que a extensão da rede ferroviária brasileira, quando não exigida para interligação de sistemas regionais já existentes, deve processar-se, portanto, apenas sob critérios econômicos e eventualmente militares**; que essa é a orientação a seguir-se num moderno plano de viação férrea.[107]

---

105 *Ibidem*, p. 48.
106 *Ibidem*, p. 58.
107 *Ibidem* (grifo nosso).

O excerto acima esclarece de modo inequívoco o posicionamento de seus autores sobre a finalidade atribuída ao transporte ferroviário. Relegam-se os papéis político, militar e de integração territorial, antes conferidos às ferrovias no primeiro Plano de 1934, e enfatiza-se, quase que exclusivamente, o determinante da viabilidade econômica das linhas férreas, o que, a nosso ver, corresponde a uma inversão considerável da concepção política do governo sobre os transportes ao final da década de 1940. Decerto, se nos anos 1930 o Estado, através do seu Plano de 1934, se manifestava favorável à expansão do sistema ferroviário nacional, independentemente de sua finalidade precípua, a partir da segunda metade da década de 1940 a orientação política se altera profundamente com a ascensão do ideário rodoviarista no interior do aparelho estatal. A tônica da política nacional de transporte desse período passa a ser a de incentivar a construção de rodovias, enquanto às ferrovias caberia apenas a função de complementar o transporte rodoviário naquelas regiões onde se observasse maior densidade de tráfego.

Portanto, a Comissão que elaborou o Plano de 1947 se mostrava explicitamente uma defensora das rodovias em particular quando se manifestava dizendo: "... que a função pioneira outrora exclusiva da estrada de ferro, passou aos transportes rodoviários e aeroviários". Ou seja, até o pressuposto de que a ferrovia é por excelência o modal de transporte mais adequado para transportar grandes massas a grandes distâncias caiu por terra frente aos argumentos ventilados pela Comissão.

O relatório final da Comissão, apesar de ter se tornado um projeto do Executivo anexado à Mensagem Presidencial nº 242 de 1948, ficou engavetado no Congresso Nacional durante três anos à espera de aprovação. Mais uma vez, Dilma de Paula esclarece que o relator do projeto, o deputado Edison Passos, após ter apresentado um substitutivo ao projeto original, o transformou no Plano Nacional de Viação de 1951. A despeito de algumas modificações, Paula salienta que esse segundo Plano Nacional reforçou ainda mais a política de desincentivo ao setor, imprimindo às ferrovias uma importância secundária no que diz respeito aos transportes terrestres.[108]

Por fim, resta tecer alguns breves comentários sobre o projeto de criação do CNT, sugerido por essa mesma Comissão. Em 1949, a opinião dos autores que encabeçaram a dita proposta era a seguinte:

---

108 Paula, *op. cit.*, p. 130.

> É realmente imprescindível que se crie na administração pública brasileira um órgão superior, com funções normativas, visando a unidade política dos transportes. Com esse objetivo ele atuará como coordenador dos diversos sistemas de transportes; influirá na elaboração dos planos viários e dos programas de execução; velará pela observância desses planos, indicando-lhes modificações oportunas; julgará das influências recíprocas dos diversos sistemas de transporte; apreciará as questões tarifárias no seu conjunto; cuidará das normas técnicas e administrativas de caráter geral; zelará, enfim, por tudo que se relacionar com a harmonia e a eficiência dos transportes.
>
> [...]
>
> Assim, adotamos o título: Conselho Nacional de Transporte, onde a palavra transporte está empregada no sentido amplo que lhe cabe; acrescentamos, entre os membros integrantes do Conselho, o Diretor do Departamento de Estradas de Rodagem, o Diretor Presidente da Companhia Paulista de Estrada de Ferro, o Presidente do Conselho de Tarifas e Transportes, o Diretor do Lloid Brasileiro e o Diretor Geral de Engenharia do Ministério da Aeronáutica, porque hoje julgamos elementos representativos de alto valor e cuja presença, em caráter permanente, o Conselho não pode dispensar; sugerimos a criação de uma Secretária e das funções gratificadas de um Secretário e dois Assistentes, para dar relativa autonomia aos serviços e estimular um núcleo pessoal, de maior atividade; admitimos a possibilidade de o Ministro da Viação contratar assessores técnicos, por ser medida necessária em certos casos de estudo especializados.[109]

Essa proposta de criação do CNT endossa uma das hipóteses deste estudo, segundo a qual a Paulista detinha uma posição de destaque dentre os aparelhos do Estado, que, por conseguinte, lhe garantia certa influência nos processos decisórios relacionados com a coordenação da política nacional de transporte. É de se notar que a Paulista é a única representante do transporte ferroviário mencionada no texto dos membros da Comissão que encetou a discussão sobre o CNT.

Como se deduz, ao final do governo Dutra, o setor ferroviário perdeu a primazia nas prioridades dos órgãos do governo responsáveis pelas políticas públicas de transporte. A obsolescência de grande parte da rede ferroviária nacional combinada com a perenidade das dificuldades financeiras vividas por muitas companhias acabaram minando a possibilidade de uma reestruturação eficaz do setor,

---

109 Cf. Brasil. Comissão de Transportes, Comunicações e Obras Públicas, *op. cit.*, p. 237-238.

que também sofria com pressões políticas, no âmbito do Estado, advindas de novos grupos econômicos interessados em construir rodovias e implantar a produção de automóveis no Brasil.

Não obstante a essa asserção, as evidências históricas apontam para o fato de que a Paulista conseguiu manter-se, até o início da década de 1950, junto aos aparelhos estatais em disputa pela definição e participação política sobre a questão do transporte de passageiros e cargas em grandes volumes a longas distâncias no estado de São Paulo.

CAPÍTULO III

O desempenho econômico-financeiro da Companhia Paulista (1930-1961)

> A análise do sistema industrial (em seu funcionamento, em suas distorções) revela que o capital industrial nasceu do capital agrícola. Todavia, esse percurso não é simples e imediato. Como a economia nacional está inserida no mercado internacional, que lhe dá alguns dos seus significados marcantes, a passagem do capital agrícola ao industrial se realiza pela mediação do capital comercial e do capital bancário. Ocorre uma sucessão de diferenciações, geradas a partir do capital agrícola, que se completam somente ao assumir a sua forma industrial, que é a sua concretização mais fecunda.
>
> Esse processo encontra-se em plena atividade nas décadas de 30 a 60. É através das sucessivas metamorfoses do capital agrícola que a industrialização se tornou possível, em sua maior parte. Por meio de controles e estímulos encadeados, o Estado provoca a canalização de uma parte de excedente econômico agrícola para a esfera industrial
>
> (Octavio Ianni. *Estado e capitalismo*. 2ª ed. São Paulo: Brasiliense, 2004, p. 29).

O OBJETIVO DESTE CAPÍTULO É EXAMINAR o desempenho econômico-financeiro da Paulista no período de 1930 a 1961. A partir do levantamento e da sistematização dos dados brutos da Companhia, procura-se identificar quais os condicionamentos mais importantes que matizaram a atuação *sui generis* da Paulista em comparação às outras ferrovias de São Paulo.

É sabido que a análise econômica de uma empresa ferroviária exige, invariavelmente, um olhar atento sobre os balanços das várias divisões departamentais correspondentes ao complexo de atividades de uma estrada de ferro, que, *stricto sensu*, se resume aos investimentos, à operação do serviço e à manutenção de linhas, instalações e equipamentos. Desse modo, torna-se possível um exame mais acurado dos aspectos pertinentes à avaliação da trajetória da Paulista e, mais, se esta consubstancia uma história de sucesso ou insucesso da ferrovia na prestação do serviço de transporte.

O copioso conjunto de dados encontrado nos relatórios da Paulista permite compor algumas séries estatísticas a respeito do comportamento de uma variedade de indicadores econômicos e financeiros da Companhia. Nesses relatórios há diversas informações de caráter gerencial que se apresentam discriminadas com respeito às rendas, custos operacionais, fluxos de tráfego, tipo e quantidade de mercadorias transportadas (tráfego próprio e mútuo), capital investido, manutenção (via permanente e material rodante e de tração), entre tantas outras especificidades da atividade ferroviária. Há também um detalhamento rigoroso sobre as decisões tomadas pela diretoria com respeito às negociações envolvendo a Companhia, como as tomadas de empréstimo, dívidas contraídas, contas a receber, juros e amortizações, consórcios, contratos com outras empresas, investimentos etc.

Para se alcançar um juízo irrepreensível sobre a atuação da Paulista, achamos conveniente, em determinados momentos, confrontar alguns dos seus indicadores com os de outras ferrovias que também atuavam no estado de São Paulo. Companhias como Mogiana, Sorocabana e Noroeste nos serviram de balizas comparativas para examinar a performance diferenciada da Paulista. A escolha dessas três ferrovias se justifica de duas maneiras: em primeiro lugar, todas, inclusive a Paulista, se enquadram na classificação de ferrovias de primeira categoria, em que estão incluídas, de acordo com o critério estabelecido pelo DNEF, as ferrovias com receita bruta anual superior a 20 milhões de cruzeiros; e, em segundo lugar, tais companhias, entre os anos 1930 e 1960, administravam – cada uma individualmente – redes que superavam a casa dos mil quilômetros de extensão.

Antes de prosseguirmos, deve-se salientar uma das características mais marcantes do transporte ferroviário: seu alto custo econômico representado, principalmente, pela elevada quantia de capital imobilizado com a aquisição de material rodante e de tração. Em face da presença de altos custos fixos, portanto, impõe-se a necessidade de se produzir economias de escala como única forma de se alcançar certa margem de lucro ao serviço ferroviário. É por essa razão que a ferrovia é o modal, por excelência, indicado para o transporte de bens de baixo valor agregado e com grande peso e volume (como são os casos dos granéis agrícolas e minerais).

Em função dessa exigência, de ter que transportar grandes quantidades de um mesmo produto, faz-se mister às ferrovias se estenderem por regiões economicamente ativas, isto é, regiões que apresentem uma demanda significativa por transporte de grandes volumes a longas distâncias. Só sob essa condição a atividade ferroviária torna-se viável, do ponto de vista econômico, conseguindo manter-se financeiramente ao longo do tempo.

Não por acaso, observa-se que às ferrovias paulistas de capital nacional coube a constante expansão de suas linhas através de novas construções/ampliações ou aquisições de linhas tributárias ou concorrentes, quase sempre com o objetivo de se conquistar novos mercados e garantir uma lucratividade mínima que assegurasse a prosperidade do negócio. Outra alternativa, de certo menos comum à experiência das ferrovias paulistas, era a fusão entre empresas, a exemplo da que foi operada pelas Companhias Sorocabana e Ituana, em 1892. A diferença neste caso é que a motivação de tal feito não parece ter sido o afã de se angariar novos mercados para o serviço de transporte, mas a péssima situação financeira, principalmente da Sorocabana, decorrente, entre outros fatores, da concorrência nociva que havia entre ambas as companhias na disputa pelo transporte de uma mesma região.

Nota-se que a trajetória de expansão ferroviária da Paulista assinala a implementação de uma estratégia bem sucedida do seu plano de ação empresarial. Após vencer o maior obstáculo ao desenvolvimento de suas linhas – com a aquisição da E. F. Rio Claro, em 1892 –, a Paulista pôde cada vez mais, com o passar dos anos, se alastrar pela extensa região central do estado de São Paulo até atingir as margens do rio Grande, na divisa com o estado de Minas Gerais, e do rio Paraná, na fronteira com o Mato Grosso.

Como prova do que estamos dizendo, encontramos no relatório da Companhia do fatídico ano da primeira grande crise econômica mundial uma informação que contraria a conjetura mais cética relacionada ao mundo dos negócios naquele momento. A assembleia de acionistas havia aprovado, no dia 4 de fevereiro de 1929, a elevação do capital da ferrovia de 250.000:000$000 para 300.000:000$000, ao par de 250.000 ações no valor de 200$000 cada, na intenção de constituir os fundos necessários para dar continuidade à execução do plano de obras de expansão.[1]

---

1   RCP, 1929, p. 11.

Inaugurada a estação de Colômbia em março de 1930, concluíram-se as obras do prolongamento de Barretos, bem como o alargamento da bitola do trecho Rincão-Passagem-Barretos-Alberto Moreira. Assim, a Paulista esperava a construção da ponte sobre o rio Grande, de responsabilidade do governo do estado, para que os distritos de Frutal, Prata e outros do Triângulo Mineiro, além dos de Rio Verde, Jataí e demais do sudoeste de Goiás, também ficassem dotados de uma linha de bitola larga com acesso ao porto de Santos.[2] Ao término de 1930, a Companhia totalizava 1.475 quilômetros de linhas em tráfego, assim distribuídos: 699 quilômetros em linhas de 1,60 m, dos quais 44 quilômetros eram em via dupla; 713 quilômetros em linhas de 1,00 m; e 62 quilômetros em linhas de 0,60 m.[3] Abaixo, apresenta-se o desenvolvimento da rede ferroviária da Paulista no decorrer das três décadas que correspondem ao nosso período de análise.

Tabela III. 1 – Companhia Paulista: desenvolvimento da rede ferroviária, 1930-1960 (km)

Anos	Extensão total	Quilômetros acrescidos	Taxa de acréscimo (%)
1930	1.475	–	–
1931	1.466	-9	-0,6
1932	1.466	–	–
1933	1.466	–	–
1934	1.466	–	–
1935	1.497	31	2,1
1936	1.497	–	–
1937	1.511	14	0,9
1938	1.511	–	–
1939	1.511	–	–
1940	1.512	1	0,06
1941	1.537	25	1,6
1942	1.536	-1	-0,06
1943	1.536	–	–
1944	1.536	–	–
1945	1.536	–	–

---

2   RCP, 1930, p. 11.
3   Cf. RCP, 1931.

1946	1.536	–	–
1947	1.536	–	–
1948	1.536	–	–
1949	1.896	360	23,4
1950	2.071	175	9,2
1951	2.114	43	2,0
1952	2.155	41	1,9
1953	2.155	–	–
1954	2.155	–	–
1955	2.155	–	–
1956	2.155	–	–
1957	2.150	-5	-0,2
1958	2.150	–	–
1959	2,209	59	2,7
1960	2.146	-63	-2,8

Fonte: Relatórios diversos da Paulista.

O quadro evolutivo das linhas da Paulista revela um crescimento de 45,5% nesses 31 anos de operação ferroviária. A cada alteração de sua rede férrea, ficava mais evidente a orientação dos diretores da Companhia, que sempre procuravam justificar em seus relatórios o caráter progressivo dos seus planos de expansão e reestruturação ferroviária. Em 1931, por exemplo, o encurtamento em nove quilômetros da rede se deveu às obras de remodelação do traçado do ramal de Jaú entre Itirapina e Dois Córregos, cujo objetivo foi o de aquinhoar melhores condições técnicas ao tráfego, antes prejudicado pela quantidade excessiva de curvas na variante da serra de Brotas.[4] Nesse mesmo ano, passaram a trafegar de Rio Claro a Jundiaí trens de carga de 1.000 toneladas, tracionados por locomotivas elétricas.[5]

---

4 RCP, 1932, p. 13. "A Paulista não poupou sacrifícios para melhorar o traçado dessa linha. Entre outras obras importantes fez um aterro de cerca de 1.000.000 de metros cúbicos sobre a garganta de Espraiado, junto a Serra de Brotas, a fim de poder reduzir a rampa de 2% para 1,8% e ampliar o raio de curvas que eram de 120 m para o mínimo de 300 m, e este mesmo só empregado em 3 curvas, na encosta da serra, e reduzindo consideravelmente o número delas". Cf. Companhia Paulista de Estradas de Ferro. *Apontamentos históricos da Companhia Paulista de Estradas de Ferro*. Jundiaí: Departamento de Engenharia Civil, s/d, p. 11-12.

5 Companhia Paulista de Estradas de Ferro, *op. cit.*, p. 8.

Como bem observado por Matos, um dos projetos de reestruturação técnica mais amplamente adotado pela Paulista foi o alargamento de bitola, pois, de início, apenas a linha tronco de Jundiaí a Colômbia e os ramais de Piracicaba e Porto Ferreira possuíam bitola de 1,60 m, sendo todos os demais trechos de bitolas de 1,00 m ou 0,60 m. A partir da década de 1930, procedeu-se, aos poucos, à mudança para a bitola larga, que suportava uma capacidade maior de transporte, em todo o ramal de Bauru, desde Itirapina até Panorama.[6]

Diante da solicitação de fazendeiros da região da Alta Paulista, a diretoria resolveu atendê-los ao se empenhar na construção de cerca de 30 quilômetros de trilhos de Marília a Pompeia. Esse novo trecho, entregue ao tráfego em fevereiro de 1935,[7] fazia parte do projeto de prolongamento do ramal de Agudos entre os municípios de Marília e Tupã, na extensão de 70 quilômetros, para o qual se julgava necessário oferecer vazão ao escoamento da safra de café e cereais daquela região.[8]

Logo em seguida, em março de 1935, a Paulista iniciou os trabalhos de construção de uma nova linha, entre Bauru e Piratininga, uma vez que os estudos definitivos sobre a linha haviam sido aprovados pelo Decreto nº 7.433 de 25 de outubro de 1935.[9] Dois anos mais tarde, os 14 quilômetros entre os dois municípios estariam prontos e entregues ao tráfego elevando a extensão total da ferrovia para 1.511 quilômetros.[10]

O ano de 1940 marcaria a ocorrência de um fato curioso. Ao passo em que houve a inauguração, no mês de abril, do trecho de Pompeia a Quintana no ramal de Agudos, decidiu-se também suprimir o trecho de Anápolis à estação de Visconde de Rio Claro, devido a sua baixa densidade de tráfego.[11] O inusitado é que a quilometragem acrescida era praticamente a mesma do trecho erradicado, o que produziu o irrisório acréscimo de um quilômetro de via férrea naquele ano. Além disso, tiveram início os trabalhos de eletrificação da linha entre Itirapina e Jaú, realizados em duas etapas: na primeira, a eletrificação do trecho Itirapina a

---

6 Matos, *op. cit.*, p. 141.
7 RCP, 1935, p. 9.
8 RCP, 1932, p. 13-14.
9 RCP, 1936, p. 8.
10 RCP, 1938, p. 7.
11 RCP, 1941, p. 7.

Dois Córregos, num total de 77 quilômetros e, na segunda, os trabalhos se voltaram para a outra seção de Dois Córregos a Jaú, numa extensão de 32 quilômetros.[12]

No ano posterior, a Paulista avançou ainda mais em seu projeto de reestruturação ferroviária: foram inaugurados os trechos de Quintana a Tupã (29 quilômetros), a nova linha de Dois Córregos a Jaú (já eletrificada) na margem esquerda do rio Tietê com 43 quilômetros de extensão, além do trecho de Mineiros a Capim Fino (sete quilômetros). Ao mesmo tempo, foram suprimidos os trechos de bitola métrica de Dois Córregos a Capim Fino (17 quilômetros), de Mineiros a Jaú (23 quilômetros) e de Iguatemi ao rio Tietê (quilômetro 56), com 14 quilômetros de extensão.[13] Desse modo, o "Tronco Oeste", de Itirapina a Tupã, ficou com o itinerário via Dois Córregos-Jaú-Pederneiras-Bauru-Piratininga, denominado ramal de Jaú.[14]

Já os anos de 1942 a 1948 registraram o atrofiamento dos projetos de expansão não somente da Paulista, mas de praticamente todas as ferrovias no Brasil. A conjuntura de guerra implicou na queda acintosa da receita líquida da Companhia, em virtude da perda de mercados e da escassez de transportes marítimos, os quais repercutiram na diminuição do volume de quase todos os produtos de exportação, exceto do volume embarcado de carnes congeladas.[15]

Para se ter uma breve radiografia do impacto da Segunda Guerra sobre a atividade da Paulista, a receita bruta da Companhia caiu de 140.313:759$094 em 1939, para 131.098:386$412 em 1940, uma queda de 6,6%. O principal artigo da pauta de transporte que influiu na perda de receita foi o café, que rendeu, em 1940, 6.254:750$600 a menos do que em 1939. Em paralelo, as despesas aumentaram como consequência da elevação do custo dos materiais de importação e do encarecimento dos gêneros de primeira necessidade, cujos reflexos eram mais sentidos sobre o salário dos ferroviários.[16]

No pós-guerra, a extensão total das linhas da Paulista, que era de 1.536 quilômetros em 1946, passou a ser de 1.896 quilômetros ao final de 1949, por conta da compra da rede da Douradense (318 quilômetros) no valor de Cr$ 12.345.429,90, do encurtamento de 1,7 quilômetros na linha de Pederneiras a Bauru, construída em

---

12 RCP, 1940, p. 6-7.
13 RCP, 1942, p. 8.
14 Já o ramal de Agudos ficou restrito ao trecho antigo de Pederneiras, por Agudos, a Piratininga. Cf. Companhia Paulista de Estradas de Ferro, *op. cit.*, s/d, p. 8 e 12.
15 RCP, 1941, p. 4.
16 *Ibidem*.

bitola larga e aberta ao tráfego em 15 de junho de 1947, e devido à inauguração dos 45 quilômetros do trecho entre Tupã e Oswaldo Cruz, no dia 1 de abril de 1949.[17]

Ainda, ao final do ano de 1947, os dirigentes da Paulista já davam como certa a incorporação da Companhia Douradense ao patrimônio da empresa, uma vez que no relatório da diretoria de 20 de abril de 1948 menciona-se que:

> Em Novembro do ano próximo passado, deliberou a Diretoria liquidar a sua subsidiária, Companhia Estrada de Ferro do Dourado, do qual possuía 62.514 ações nominativas e 22.500 ações ao portador, todas de Cr$ 100,00 cada uma, do capital social de Cr$ 10.500.000,00, por meio da aquisição do seu patrimônio.
>
> Ouvido, o Conselho Fiscal emitiu parecer favorável em 27 do mesmo mês, salientando a conveniência da operação projetada e considerando a compra como o meio prático preferido de transformar a posição da Paulista de acionista em proprietária, com dispêndio relativamente pequeno de capital. Eis que uma quota parte, correspondente a mais de quatro quintos do preço, era coberto pelo resgate das ações da vendedora, que já pertenciam à Paulista. Decorrem da operação as apreciáveis vantagens da unificação da administração, uniformização das tarifas, segundo as bases da Paulista e redução dos fretes pela supressão do zero quilométrico em Ribeirão Bonito, eliminando-se, de outro lado, despesas específicas de uma organização autônoma, que desaparece. Dessas vantagens resulta a eficiência dos transportes, *que evita a evasão de mercadorias, por estradas de rodagem*, estimula as atividades agrícolas, industriais e comerciais da zona, acarretando o crescimento do tráfego da estrada absorvida, com o consequente reflexo no movimento e na economia da linha tronco.[18]

É de se registrar que um dos argumentos que a diretoria da Companhia lança mão para justificar a aquisição definitiva das linhas da Douradense diz respeito à concorrência pelo fluxo de transporte com as rodovias que, como o excerto deixa entrever, vinham absorvendo parte do volume de cargas que tradicionalmente era movimentado através das ferrovias.[19] Frente a essa situação, o surto de expansão da Paulista logo receberia um novo impulso, haja vista que em 20 de abril de 1950

---

17 RCP, 1948, p. 11 e 16; RCP, 1950, p. 9.
18 RCP, 1948, p. 15 (grifo nosso).
19 A discussão sobre a questão da concorrência entre ferrovias e rodovias pelo fluxo de transporte no estado de São Paulo se encontra na seção 13 do Capítulo IV.

inaugurava-se o trecho de Oswaldo Cruz a Adamantina, numa extensão de 26 quilômetros. A isso, acrescenta-se que:

> Sendo a Companhia Paulista possuidora de 127.826 ações, adquiridas conforme deliberação da Assembleia Geral Extraordinária de 10 de Julho de 1947, resolveu a Diretoria entrar em entendimentos com a São Paulo Goiás para o fim de comprar o acervo da mesma, o que foi levada a efeito por escritura de compra e venda, cessão e transferência de obrigações, lavrada em 13 de Janeiro deste ano, em notas do 11º Tabelião desta Capital.[20]

O ano referente à citação acima é 1950, quando a Paulista adquiriu mais uma ferrovia tributária de sua rede. Dessa vez, as linhas da Companhia Ferroviária São Paulo-Goiás (148 quilômetros), avaliadas em Cr$ 17.739.214,60, foram incorporadas à rede da Paulista mediante o Decreto Estadual nº 19.270 de 16 de março de 1950.[21]

Nos dois anos seguintes, a Paulista se encastelaria ainda mais através da aquisição de outras três pequenas ferrovias tributárias do seu tráfego, dando, assim, nova guinada ao seu ímpeto incorporador. Primeiro, no dia 19 de setembro de 1951, o governo de São Paulo autorizou a transferência das redes, patrimônios e concessões das Companhias E. F. Barra Bonita (18 quilômetros) e Jaboticabal (25 quilômetros) por Cr$ 3.261.911,00 e Cr$ 744.604,30, respectivamente. Pouco tempo depois, em novembro de 1952, seria a vez das linhas da Companhia. E. F. Morro Agudo (41 quilômetros), adquiridas pelo valor de Cr$ 18.389.341,00.[22]

Esse ímpeto concentrador do capital ferroviário da Paulista denota, *prima facie*, sua tentativa de preservar determinados fluxos de tráfego, através do aperfeiçoamento da gestão administrativa de companhias subsidiárias e da recuperação da infraestrutura dessas ferrovias que se interligavam à sua rede. Com o objetivo de melhorar as condições de tráfego nesses corredores, portanto, os diretores da Paulista entendiam que seria mais rápido e eficaz incorporar tais empresas que, em seus últimos anos de operação autônoma, apresentaram os seguintes resultados.

---

20 RCP, 1950, p. 12.
21 RCP, 1951, p. 12.
22 RCP, 1952, p. 10 e RCP, 1953, p. 14.

Tabela III. 2 – Capital em ações e resultado operacional das companhias subsidiárias, 1948 (Cr$, valores nominais)

Companhias	Capital acionário	Receita	Despesa	Saldo
E. F. Morro Agudo	2.711.500	1.296.371	1.365.840	-69,469
E. F. Barra Bonita	350.000	245,698	479,871	-234,173
E. F. Jaboticabal	400.000	292.376	529.935	-237.558
E. F. São Paulo-Goiás	13.000.000	6.176.333	5.955.097	221.236

Fonte: RCP, 27/4/1949, p. 13.

A despeito dos resultados pouco satisfatórios dessas ferrovias, importa salientar mais uma vez que a Paulista vinha controlando o capital acionário delas desde o início dos anos quarenta. Sua participação era tão clarividente que as sedes administrativas das Companhias E. F. Morro Agudo e Jaboticabal, por exemplo, estavam anexadas ao escritório principal da Paulista, situado no centro da cidade de São Paulo na Rua Líbero Badaró nº 54.[23] Exceção feita à Companhia Douradense, a Paulista detinha, em média, cerca de 93,1% do capital acionário dessas ferrovias; a isso, acrescenta-se a propriedade, ao final do ano de 1948, de 29.986 ações nominativas, de um total de 30.000, da CPT. Ou seja, praticamente 100% do seu capital acionário![24]

Essas informações demonstram que a estratégia de negócios da Paulista não se restringia apenas à administração, operação e manutenção de sua malha ferroviária, mas se irradiava também sobre a atividade de um conjunto de empresas que, de uma forma ou de outra, contribuía para o volume de tráfego transportado por suas linhas. Para a diretoria da Companhia era notório que uma das vantagens mais "apreciáveis" advindas dessas incorporações consistia no aumento, para fins contratuais, do montante de capital reconhecido pelo Estado.[25]

Enfim, para encerrar essas notas, convém assinalarmos que ao final do ano de 1960, com a supressão dos ramais de Santa Rita do Passa Quatro e Descalvadense, de bitola de 0,60 m, a Paulista computava exatos 2.146,941 quilômetros de linhas férreas, sendo 1.196,476 quilômetros em bitola de 1,60 m e 950,465 quilômetros em bitola de 1,00 m. O quadro seguinte identifica todas as seções de transporte da Companhia.

---

23 RCP, 1941, p. 11.
24 RCP, 1949, p. 13.
25 *Ibidem.*

Tabela III. 3 – Companhia Paulista: seções de transporte em 1960

Linhas e ramais Bitola de 1,60 m	Extensão (km)	Data de conclusão
Tronco: Jundiaí a Colômbia	506.655	07/01/1929
Tronco: Itirapina a Dracena	497.433	30/12/1959
Ramal de Piracicaba: Recanto a Piracicaba	45.206	29/7/1922
Ramal de Descalvado: Cordeirópolis a Descalvado	106.808	7/11/1881
Ramal de Santa Veridiana: Laranja Azeda a Santa Veridiana	38.922	20/2/1893
Ramal de Baldeação: do Km 33,48 do ramal de Santa Veridiana à Baldeação	1.452	06/01/1913
Soma	**1.196.476**	–
Bitola de 1,00 m		
Guatapará	–	30/12/1901
Ramal de Analândia: Rio Claro a Analândia	40.613	15/10/1884
Ramal de Campos Sales: Dois Córregos a Iguatemi	41.371	25/3/1903
Ramal de Barra Bonita: Campos Sales a Barra Bonita	12.504	15/8/1929
Ramal de Agudos: Pederneiras a Piratininga	57.153	25/1/1905
Ramal de Água Vermelha: São Carlos a Santa Eudóxia	62.976	20/9/1893
Ramal de Ribeirão Bonito: São Carlos a Novo Horizonte	212.477	03/12/1939
Ramal de Jaboticabal: Rincão a Bebedouro	116.916	29/12/1902
Ramal de Luzitânia: Jaboticabal a Luzitânia	25.155	15/3/1916
Ramal de Pontal: Passagem a Morro Agudo	55.400	15/8/1929
Ramal de Terra Roxa: Ibitiuva a Terra Roxa	32.180	01/11/1927
Ramal de Itápolis: Tabatinga a Itápolis	27.066	14/10/1915
Ramal de Dourado: Trabijú a Dourado	14.423	31/12/1899
Ramal de Bariri: Trabijú a Bariri	62.552	01/01/1911
Ramal de Jaudourado: Posto Rangel a Jaudourado	40.535	19/2/1887
Ramal de Nova Granada: Bebedouro a Nova Granada	149.144	junho de 1931
Soma	**950.465**	–
Total	**2.146,941**	–

Fonte: RCP, 1961, p. 86-90.

Nas linhas que se seguem, abordaremos a trajetória da Paulista de 1930 a 1961 à luz dos aspectos que, a nosso ver, são os mais representativos para a análise do setor ferroviário paulista de meados do século XX. A primeira seção discute o serviço de tráfego ou, em outras palavras, o movimento de transporte e seu consequente reflexo nos principais indicadores operacionais da Companhia para, em seguida, nos debruçarmos na segunda seção, sobre a questão de sua capacidade de investimento por meio da avaliação dos diversos contratos de crédito destinados ao financiamento das obras de renovação patrimonial e de melhoria da infra e superestrutura ferroviárias da Paulista. Por fim, discute-se na última seção do presente capítulo a questão da mão de obra, relacionando-a às principais doutrinas políticas que tiveram influência na trajetória de organização e mobilização dos ferroviários da Paulista.

9. Serviço de tráfego e resultado operacional

No despontar dos anos 1930, a Paulista já se caracterizava por um sistema ferroviário vasto e consolidado, ao apresentar uma quilometragem que a qualificava como uma grande ferrovia. Quinze anos depois, em 1945, o Brasil contava com mais 11 grandes redes (ou subsistemas) administradas por diferentes companhias. São elas: Rede de Viação Cearense, com 1.492 quilômetros; Rede Ferroviária do Nordeste, com 1.657 quilômetros; Viação Férrea Federal Leste Brasileiro, com 2.209 quilômetros; E. F. Leopoldina (3.082 quilômetros); E. F. Central do Brasil (3.355 quilômetros); Rede Mineira de Viação (3.985 quilômetros); Companhia Mogiana de Estradas de Ferro, com seus 1.959 quilômetros; E. F. Sorocabana, com 2.215 quilômetros; E. F. Noroeste do Brasil, com 1.539 quilômetros; Rede Viação Paraná-Santa Catarina (2.458 quilômetros); e Viação Férrea do Rio Grande do Sul, com 3.575 quilômetros.[26]

Incluindo a Paulista nessa amostra, nota-se que de um total de 35.280 quilômetros de ferrovias em tráfego, essas 12 grandes redes representavam, em termos de extensão, 82,4% do sistema ferroviário brasileiro. Em 1955, ou seja, dez anos depois, essas ferrovias – com exceção da Leopoldina e da Sorocabana que tiveram pequenos decréscimos e da Mogiana que se manteve estável – aumentaram suas

---

26 DNEF. In: Brasil. IBGE. *Estradas de Ferro do Brasil*. Rio de Janeiro: Conselho Nacional de Estatística, 1956, p. 11.

quilometragens, mesmo que modicamente, acarretando um suave crescimento do sistema ferroviário nacional que alçou-se a um total de 37.092 quilômetros.[27]

De modo a evitar uma investida de análise avessa às especificidades, centraremo-nos na experiência histórica de uma dessas grandes ferrovias, por tratar-se de um caso representativo que nos leva a refutar, do ponto de vista cronológico, a ideia de falência total e irrestrita do sistema ferroviário no Brasil em meados do século XX. Portanto, vale a pena frisar que, no correr deste capítulo, procuraremos aduzir que tal generalização soa como uma excrescência quando se investiga o desempenho econômico-financeiro da Paulista, pelo menos até o primeiro lustro da década de 1950. Propostas de estudo como esta, que focaliza a relação entre uma rede ferroviária e o subsistema ao qual ela se insere, evita o duplo risco de tratar uma ferrovia como se fosse algo isolado e de ignorar a relação existente entre a micro e a macroanálise.

Numa primeira acepção, pode-se afirmar que as linhas férreas da Paulista consistem em estradas pluriaxiais, pois assumem a forma de uma rede, de uma malha que interliga vários ramais. Para fins de análise, ressalva-se, contudo, que, quando nos referimos às linhas ou à rede da Paulista (o que dá no mesmo), fazemos alusão ao subsistema da Paulista, tendo sempre em mente que sua rede é uma das redes que compõem o sistema, mais amplo, de todas as ferrovias paulistas.

Pois bem, de acordo com um consultor técnico contemporâneo ao período aqui estudado, o subsistema férreo da Paulista caracteriza-se por ser uma rede "arborescente", "captante" ou, simplesmente, de "expansão". Isto significa que sua linha principal se subdividia e seus ramais e sub-ramais se multiplicavam, assumindo a rede ferroviária, em planta, a figura esquemática de uma árvore, com tronco, galhos e ramos.[28]

As linhas ou redes ferroviárias podem ser ainda classificadas em: ferrovias penetrantes (ou extensivas) – uniaxial, espinal, captante; ferrovias irradiantes (ou intensivas) – radial, estelar, compósita; e ferrovias divagantes (ou dispersivas) – quadrangular, irregular. Segundo Moacyr Silva, o sistema representado pelo conjunto das estradas de ferro de São Paulo configura uma rede compósita, já que há a combinação de dois ou mais tipos diferentes de subsistemas, ou seja, é quando

---

27 Ibidem.
28 M. M. F. Silva. *Geografia dos transportes no Brasil*. Rio de Janeiro: IBGE. Conselho Nacional de Geografia, 1949, p. 97 e 99.

as linhas-tronco do sistema (radial ou estelar) se tornam espinais ou arborescentes, resultando num conjunto de malhas (retículas) de formas manifestamente triangulares, umas, e trapezoidais, outras.[29]

Em resumo, interessa destacar que, enquanto o subsistema da Paulista corresponde ao caso de uma ferrovia penetrante (ou extensiva), o sistema ferroviário de São Paulo ajusta-se ao modelo chamado irradiante (ou intensivo). A título de comparação com outros exemplos paulistas, temos casos como o da E. F. Sorocabana que é, em tese, uma estrada espinal, haja vista o seu traçado em forma de uma espinha de peixe – uma linha-tronco com ramais para ambos os lados – e o da E. F. Santos-Jundiaí, que se aproxima mais de uma rede radial, ou seja, uma linha que parte de um porto, em poucos sentidos, rumo à região planáltica.[30]

O fato é que o formato dos traçados ferroviários depende do estado evolutivo da região atravessada, das facilidades do terreno e da variedade de oportunidades econômicas oferecida pelo entorno, consoante à localização dos núcleos de população a serem interligados. No caso específico da Paulista, constata-se que sua marcha partiu de uma linha uniaxial simples (linha-tronco a partir de Jundiaí), evoluiu para o tipo espinal e, finalmente, assumiu a forma arborescente (linha de expansão ou captante) com seus vários ramais e sub-ramais. A imagem a seguir reforça nossa explanação.

---

29 *Ibidem*, p. 99.
30 *Ibidem*.

Imagem 1 – Mapa da rede ferroviária da Companhia Paulista

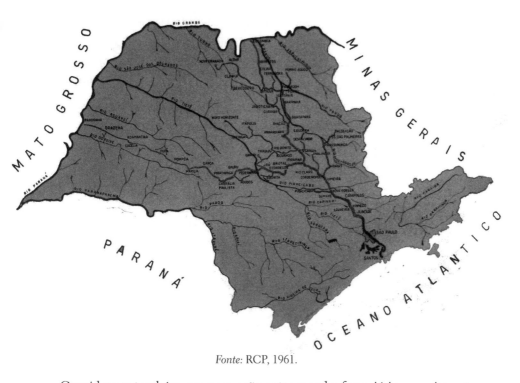

Fonte: RCP, 1961.

Considera-se também que a conexão entre as redes ferroviárias permite outra tipificação dos subsistemas ferroviários. Tendo sempre como foco referencial a Paulista, observa-se que sua rede participava de dois subsistemas que operavam além dos limites territoriais do estado de São Paulo: a rede paulista-matogrossense, que ligava São Paulo ao Mato Grosso do Sul pelo entroncamento com a Noroeste na cidade de Bauru, e a rede paulista-mineiro-goiana, onde os pontos de contato com a Mogiana, em Campinas, Pontal e Guatapará, e com a E. F. São Paulo-Goiás (adquirida pela Paulista em 1950), em Bebedouro, amalgamavam, nessa ordem, São Paulo aos estados de Minas Gerais e Goiás.

Os resultados relativamente satisfatórios do serviço ferroviário da Paulista no período vinculam-se, de modo indubitável, à localização de suas linhas na região central do estado. O engenheiro Francisco Passos, em sua monografia de 1879, já desvelava que a Paulista imergia na zona mais próspera de São Paulo em direção consideravelmente reta e com excelente aparelhamento técnico.[31] Valendo-nos da linguagem metafórica, pode-se dizer que a rede da Paulista detinha uma dupla face: por um lado, funcionava como uma grande artéria que "bombeava" passageiros e mercadorias para todo o sistema paulista – abastecendo-o com o seu volumoso fluxo de tráfego –, por outro, assumia a função de um sugadouro, ao drenar o movimento procedente de outras ferrovias com as quais se conectava. Para ilustrar, a imagem abaixo apresenta o sistema composto pelas ferrovias do estado de São Paulo em 1960.

Imagem 2 – Mapa do sistema ferroviário de São Paulo (1960)

Fonte: C. J. Losnak (coord.). *Trabalho e sentimento: história de vida de ferroviários da Companhia Paulista e Fepasa*. Bauru: Prefeitura de Bauru/Secretaria de Cultura, 2003, p. 32.

---

31 *Apud*. Companhia Paulista de Estradas de Ferro, *op. cit.*, s/d, p. 4.

A análise do movimento de transporte da Paulista demanda, antes de qualquer coisa, uma subdivisão do período de 1930 a 1961, em função da presença de quatro momentos históricos com dinamismos político-econômicos eminentemente distintos. O primeiro momento tem início em 1931 e vai até 1941, um ano antes de o governo brasileiro declarar apoio aos países aliados na Segunda Guerra Mundial; o segundo momento corresponde aos anos de 1942-50, quando há a mudança da moeda brasileira (de réis para cruzeiro) e a Paulista passa a diversificar, com mais frequência, seus investimentos como alternativa para driblar as dificuldades de importação decorrentes do contexto internacional de guerra; o terceiro momento refere-se ao primeiro quinquênio da década de 1950 e se caracteriza pela fase de maior produtividade do serviço ferroviário da Paulista no período; e o quarto momento vai de 1956 e se encerra no ano de 1961, com a desapropriação das ações da Companhia, fruto de uma conjuntura política e econômica que levou ao sucateamento de todo sistema ferroviário nacional.

Tabela III. 4 – Companhia Paulista: movimento de tráfego e produtividade (1931-61)

Anos	Passageiros transportados	Animais transportados	Café (ton)	Outras mercadorias (ton)	Total (ton)	Café/total (%)	TKU
1931	3.225.646	396.706	681.216	1.379.282	2.060.498	33,1	451.459.354
1932	3.008.879	405.337	1.029.506	1.286.724	2.316.230	44,4	482.768.047
1933	3.268.435	439.275	703.854	1.499.350	2.203.204	31,9	489.680.155
1934	3.825.604	535.818	836.467	1.674.981	2.511.448	33,3	566.656.889
1935	4.910.142	573.657	537.024	1.898.906	2.435.930	22	561.432.359
1936	5.521.221	596.963	516.639	2.278.630	2.795.269	18,5	637.937.929
1937	5.793.787	632.365	543.996	2.534.808	3.078.804	17,5	683.049.778
1938	5.819.410	529.501	719.682	2.643.143	3.362.825	21,4	734.069.582
1939	6.135.831	616.163	486.017	2.739.997	3.226.014	15,1	740.915.075
1940	6.449.719	585.942	406.650	2.786.106	3.192.756	12,7	711.184.833
1941	6.092.876	665.972	323.246	2.941.917	3.265.163	9,9	753.005.608
1942	6.190.975	749.993	268.471	3.180.067	3.448.538	7,8	788.662.503
1943	8.087.497	660.689	341.412	3.389.874	3.731.286	9,1	862.737.286
1944	9.562.262	503.281	450.002	3.527.926	3.977.928	11,3	884.080.750

(continua)

Anos	Passageiros transportados	Animais transportados	Café (ton)	Outras mercadorias (ton)	Total (ton)	Café/ total (%)	TKU
1945	10.235.367	624.364	301.192	3.388.148	3.689.340	8,2	868.134.464
1946	11.224.152	665.548	401.073	3.075.349	3.476.422	11,5	862.519.963
1947	11.402.100	716.098	378.453	2.959.344	3.337.797	11,3	856.672.068
1948	11.390.864	669.329	395.777	2.640.248	3.036.025	13	810.729.553
1949	11.149.046	711.303	425.216	2.524.438	2.949.654	14,4	839.587.419
1950	11.776.794	686.905	272.552	2.694.550	2.967.102	9,2	875.142.344
1951	12.236.220	685.014	280.058	3.111.232	3.391.290	8,3	1.035.798.771
1952	12.016.913	605.308	303.269	3.121.106	3.424.375	8,9	1.033.342.944
1953	11.102.784	603.364	240.772	3.122.268	3.363.040	7,2	1.006.391.613
1954	11.183.961	662.488	214.899	3.267.920	3.482.819	6,2	1.020.626.851
1955	13.108.412	659.781	303.662	3.120.900	3.424.562	8,9	1.053.514.987
1956	12.826.630	772.821	261.962	2.677.328	2.939.290	8,9	956.006.777
1957	11.484.884	721.354	259.584	2.434.297	2.693.881	9,6	911.869.197
1958	11.614.644	678.810	271.149	2.707.835	2.978.984	9,1	948.297.522
1959	10.464.885	654.490	463.001	2.410.996	2.873.997	16,1	924.860.251
1960	9.094.104	638.463	265.311	2.492.234	2.757.545	9,6	862.556.648
1961	9.109.033	549.650	312.914	2.462.479	2.774.793	11,3	834.257.255

Fonte: Relatórios diversos da Paulista.

O arrolamento dos dados acima indica um crescimento graúdo do transporte de passageiros, principalmente nos quinze anos entre 1945 e 1959, período no qual a média foi de 1.547.843 passageiros transportados por ano. Esse aumento do fluxo de passageiros nas linhas da Paulista decorreu, em grande parte, dos efeitos do surto expansivo da econômica após a Segunda Guerra que, por sua vez, formou uma mão de obra abundante no setor urbano, pelo estímulo à migração maciça de habitantes das áreas rurais para as cidades, em busca de emprego e rendimentos mais elevados.

Os dados revelam também certa constância do número de animais transportados para todo o período, em contraposição à aguçada variação do volume transportado de café. Verifica-se que a maior participação relativa do café no total transportado foi de 44,4%, em 1932, e a menor, 6,2%, em 1954. Não à toa, o desvio-padrão de 9,25% desse indicador acusa a intensa volubilidade do café ao longo de todo o período que, apesar disso, se beneficiou de preços favoráveis durante a década de 1940 até 1953. Além disso, os dados testemunham que, depois de 1934, o café não representou mais sequer 1/4 da tonelagem transportada pela Companhia, o que, no entanto, não reduz a sua importância para a manutenção da rentabilidade da Paulista, dado o seu alto valor tarifário por unidade de peso.

O traço mais avultado é, sem sombra de dúvidas, a alta tonelagem por quilômetro útil verificada durante os anos 1951-55. Seguramente, havia um flagrante entusiasmo da diretoria da Paulista com respeito à conjuntura econômica que despontava ao iniciar dos anos 1950. O trecho abaixo assume esse matiz.

> O exercício financeiro de 1951 encerrou-se com o saldo líquido de Cr$ 90.834.173,70 [...]. Tal resultado possibilitou à Diretoria distribuir um dividendo de Cr$ 8,00 por ação ao 1º semestre e de Cr$ 12,00 por ação para o 2º semestre, o que representa 10% ao ano; uma gratificação especial aos funcionários, de meio mês de vencimentos, por ocasião do Natal; e uma provisão de Cr$ 4.000.000,00, que serão integralmente aplicados em auxílios aos funcionários e membros de suas famílias, quando enfermos. No correr do ano de 1951, nos meses de Fevereiro e Novembro, o Governo autorizou aumento de tarifas, para ser melhorado o salário dos funcionários da Cia. Paulista. O produto total dos referidos aumentos de tarifa foi aplicado exclusivamente na melhoria de salários.
>
> Mostra o resultado conseguido, a excepcional situação de prosperidade da Companhia, favorecida pelo notável surto que tem tido as forças econômicas do Estado, que encontram em seu aparelhamento ferroviário o apoio de que necessitam para constante progresso e expansão. É para acompanhá-lo que a Companhia não se descuida de seu programa de aparelhamento de material fixo e rodante e de levar avante suas obras de eletrificação.[32]

É de se notar que a política da Companhia costumava bonificar seus funcionários quando da apuração de resultados significativamente satisfatórios, como prova do reconhecimento pelos serviços bem executados. É axiomático, no entanto, que o aumento da produtividade do transporte só poderia advir de um esforço persistente de reaparelhamento do material fixo e rodante da ferrovia. Para isto, era imperioso que a Companhia se mantivesse em condições suficientes de

---
32 RCP, 1952, p. 4-5.

liquidez, de modo a permitir o autofinanciamento ou a contração de volumosas somas em crédito no mercado interno ou externo.

Interessante é verificar que esse aumento de produtividade não foi acompanhado por uma melhora da relação das despesas sobre a receita ferroviária que, no primeiro lustro dos anos 1950, apresentou, em média, o índice de 89,6%. Até então, nos anos precedentes a 1953, a Paulista nunca havia tido um coeficiente de tráfego superior a 90%. Analisando toda a séria histórica, as complicações financeiras só se agravaram entre 1955 e 1961, quando esse coeficiente não mais se apresentou abaixo de 90%, a ponto dos últimos dois anos demonstrarem uma piora significativa das contas da Companhia. Em face dessa situação, portanto, entende-se que não se pode falar em ineficiência econômica da Paulista pelo menos até 1955, já que é somente a partir desse ano que a deterioração de suas finanças, sob a gestão privada, se coloca mais eminentemente, como está demonstrado na tabela abaixo.

Tabela III. 5 – Companhia Paulista: resultado operacional e coeficiente de tráfego, 1930-1961 (valores nominais)

Anos	Receita	Despesa	Coeficiente (%)
1930	85.579.312 mil-réis	57.300.580 mil-réis	67,0
1931	86.516.534	57.422.187	66,4
1932	103.740.473	52.655.463	50,8
1933	93.729.231	53.849.614	57,5
1934	107.481.254	58.021.502	54,0
1935	103.166.790	66.440.902	64,4
1936	116.324.283	71.239.513	61,2
1937	125.522.529	75.093.949	59,8
1938	140.474.919	90.027.137	64,1
1939	140.313.759	89.890.220	64,1
1940	131.098.386	92.117.095	70,3
1941	141.509.147	98.090.448	69,3
1942	Cr$ 158.824.986	Cr$ 110.242.072	69,4
1943	185.226.334	130.614.228	70,5
1944	234.682.396	180.478.793	76,9
1945	284.124.636	231.520.785	81,5

1946	350.524.802	282.904.370	80,7
1947	395.847.206	341.796.368	86,3
1948	399.986.811	340.458.196	85,1
1949	447.271.016	387.333.651	86,5
1950	469.224.087	406.651.463	86,6
1951	581.268.661	490.884.487	84,4
1952	687.750.466	613.442.698	89,2
1953	755.032.211	701.823.111	92,7
1954	910.446.762	817.890.086	89,8
1955	1.121.557.196	1.030.845.467	91,8
1956	1.321.617.702	1.268.590.625	95,9
1957	1.643.093.868	1.571.016.159	95,6
1958	1.797.303.420	1.668.311.273	92,8
1959	2.360.207.497	2.248.999.836	95,2
1960	2.549.413.059	2.502.195.447	98,1
1961	3.546.531.797	4.205.992.466	118,6

Fonte: Relatórios diversos da Paulista.

Uma leitura descuidada dos dados, contudo, pode dar a impressão de que, ao longo do período em apreço, a Paulista foi se deparando, cada vez mais, com dificuldades para aumentar ou, no limite, manter, seu nível de rentabilidade. Não obstante à elevação do coeficiente de tráfego a partir da década de 1950, deve-se aludir como era o desempenho padrão das principais ferrovias de São Paulo em meados do século XX, de modo a se estabelecer um referencial fiável de comparação. Os dados das próximas duas tabelas são parâmetros econômicos adequados para se levar a cabo essa avaliação.

Tabela III. 6 – Densidade média de tráfego das ferrovias paulistas (1955)

Ferrovia	Passageiro (km)	Animais (ton-km)	Mercadorias (ton-km)
Paulista	584,862	43,983	387,243
Sorocabana	384,426	66,476	825,563
Mogiana	194,348	8,025	203,935
Noroeste	141,948	25,044	225,994

Fonte: DNEF. In: Brasil. IBGE, op. cit., 1956, p. 13.

É iniludível o fato de que a Sorocabana era a ferrovia, dentre as acima selecionadas, com um volume de transporte que mais se assemelhava ao da Paulista. No início dos anos 1950 seu coeficiente de tráfego, porém, não se mostrava tão robusto quanto o da Paulista, ou mesmo o da Mogiana (Tabela III. 7), o que nem por isso nos impede de inculcar o caráter titubeante das ideias de ineficiência e falência das ferrovias, pelo menos para o caso específico de São Paulo. Logicamente, não se pretende sustentar aqui a ideia de uma resistência paquidérmica do transporte por trilhos frente ao avanço das rodovias; entretanto, nossa pesquisa empírica alvitra que as ferrovias paulistas, notadamente a Paulista, estiveram longe de sua dissolução até a primeira metade dos anos 1950. Em São Paulo, acrescenta-se que o sistema ferroviário jamais foi vituperado pela demanda por transporte, muito pelo contrário, sua rede foi e vem sendo regularmente adaptada para o tráfego em massa de carga a granel.

Tabela III. 7 – Ferrovias paulistas: resultado operacional e coeficiente de tráfego, 1951 (Cr$, valores nominais)

Ferrovia	Receita	Despesa	Coeficiente (%)
Paulista	581.268.661	490.884.487	84,4
Sorocabana	763.519.908	809.333.284	106,0
Mogiana	238.950.290	211.916.474	88,7
Noroeste	156.870.453	227.517.573	145,0

Fonte: E. F. Sorocabana. Relatório referente ao ano de 1951 (1952), p. xii; RCP, 1955, p. 41; Queiroz, *op. cit.*, p. 196; Cia. Mogiana. Relatório referente ao ano de 1951 (1952), p. 8-9.

A variável-chave para se compreender as marchas e contramarchas das empresas ferroviárias é, sem dúvida alguma, as despesas de custeio. Mais adiante avaliaremos quais eram os principais itens que costumavam inchar as despesas do serviço ferroviário à luz da trajetória da Paulista, que, como se pode entrever, foi, de longe, a ferrovia privada nacional de melhor desempenho econômico-financeiro em São Paulo de meados do século passado.

Existem alguns aspectos do seu desenvolvimento ferroviário que ajudam a embasar essa nossa asserção. Em primeiro lugar – o que não concerne apenas a Paulista –, até o final dos anos 1930, não havia outro meio de transporte que pudesse concorrer efetivamente com as ferrovias, pois elas praticamente monopolizavam o setor de transporte terrestre no país ao apresentarem uma expressiva participação, tanto em termos de volume de cargas transportadas como de passageiros. Em São Paulo, certamente, a Paulista se destacava em relação às outras linhas férreas pelo pioneirismo – como já se aludiu, ela foi a primeira estrada de ferro privada, de capital nacional, a se estabelecer visando o interior de São Paulo –, pelo alto nível técnico e de capacidade gerencial dos chefes de divisões e dos diretores, respectivamente, e pela probidade financeira e reputação conquistada junto aos mercados de crédito no exterior e no Brasil.

Em segundo lugar, estima-se que os planos de remodelação do traçado, de alargamento de bitola e de eletrificação das linhas, perpetrados pela Paulista, produziram ganhos expressivos que se refletiram na melhoria das condições de tráfego de grande parte do sistema ferroviário de São Paulo, dado sua localização privilegiada nas porções leste e centro-oeste do estado. Salienta-se que, a partir de 1912, a Paulista foi gradativamente incumbindo-se da retificação do traçado, indo, aos poucos, atestando as vantagens da bitola larga em relação à bitola estreita, tanto em rapidez e capacidade de transporte como em economia.

Foi justamente em virtude desse empenho da Paulista, de buscar a máxima eficiência de transporte através de reestruturações periódicas de sua via permanente, que ela conseguiu transformar, por exemplo, o primitivo ramal de Jaú (originário da Companhia Rio Claro) numa linha-tronco de bitola larga, de Itirapina a Dracena, e deste, posteriormente, passando por Adamantina até o município de Panorama, no extremo oeste do estado na longínqua fronteira com o estado do Mato Grosso.

Em terceiro lugar, os diversos relatos dos diretores de ferrovias, como os das comissões de estudos conveniadas ao governo brasileiro, indicam que o transporte ferroviário – particularmente ao final dos anos 1940 e início dos 1950 – não conseguia mais produzir resultados benfazejos graças à falta de integração das malhas férreas (ocasionada justamente pela diferença de bitolas) e à falha de coordenação dos fluxos de tráfego entre as companhias. Emblemático a esse respeito é o caso observado na rede paulista-matogrossense (a qual já nos referimos) que tinha, com frequência, seu fluxo de tráfego prejudicado por conta das deficiências apresentadas no trecho paulista operado pela Noroeste. Segundo um dos relatórios elaborados pela Comissão Mista Brasil-Estados Unidos (CMBEU), tanto a Paulista como a Sorocabana perdiam no entroncamento com a Noroeste, em Bauru, cerca de 10% de sua capacidade de transporte. Destarte, para os técnicos dessa Comissão, toda a região do rio Tietê ao rio Paranapanema ficava desprovida de meios de transporte suficientemente eficazes.[33]

Inclinamo-nos a não concordar com esse último comentário, presente no relatório citado por Queiroz, tendo em vista que o domínio geográfico exato que acoimava a carestia de meios eficazes de transporte situava-se entre o Tietê e o rio Aguapeí (região onde operava a Noroeste). Entre o Aguapeí e o rio do Peixe havia o já mencionado Tronco Oeste da Paulista – que, como se disse há pouco, ao final de 1959 de Itirapina alcançou Dracena – e, entre o Peixe e o rio Paranapanema, a ponta de trilho da Sorocabana, unindo com qualidade técnica superior ao da Noroeste importantes municípios agrícolas como Assis e Presidente Prudente.

Queiroz também encontrou nos relatórios da Noroeste críticas a esse respeito, manifestadas pelos próprios diretores da Companhia. Em 1954, o queixume voltava-se para a "longa demora" das composições com destino ao Mato Grosso que, com cerca de 500 vagões carregados, ficavam aguardando tração em Araçatuba, Três Lagoas, Água Clara e Campo Grande, cujos pátios se encontravam quase sempre congestionados.[34] A tabela a seguir dimensiona o descompasso entre os serviços de tráfego da Paulista e da Noroeste.

Tabela III. 8 – Receita e despesa por tonelada-quilômetro útil (Cr$ de 1944)*

Anos	Paulista		Noroeste	
	receita dos transportes por TKU	despesa de custeio por TKU	receita dos transportes	despesa de custeio
1950	0,239	0,207	0,209	0,340
1951	0,224	0,188	0,189	0,275
1952	0,224	0,200	0,185	0,286
1953	0,205	0,190	0,173	0,335
1954	0,195	0,175	0,133	0,276
1955	0,198	0,183	0,133	0,306

* Dados a preços de 1944 corrigidos pelo IGP-DI.
Fonte: RCP, 1955; RCP, 1956, p. 64; Queiroz, op. cit., p. 248.

---

33 "Comissão Mista Brasil-Estados Unidos para Desenvolvimento Econômico. Transportation sub-comission". In: *Report and recommendations covering the Noroeste do Brasil Railroad*. Rio de Janeiro, 1952, p. 3.11 e 5.6-5.7. Apud Queiroz, op. cit., p. 219.

34 Queiroz, op. cit., p. 210.

Como se vê, o confronto entre os indicadores das duas companhias, no decorrer de 1950 a 1955, mostra aspectos reveladores de uma parte do sistema ferroviário paulista. As médias para esse período específico corroboram exatamente o que se assinalou nas linhas acima: enquanto para a Paulista esses valores médios, a preços constantes de 1944, chegam a Cr$ 0,21 e Cr$ 0,19, respectivamente para a receita/TKU e para a despesa/TKU; no caso da Noroeste, as médias se apresentam significativamente menos promissoras, Cr$ 0,17 e Cr$ 0,30, respectivamente. Convém ponderar que, no caso da Paulista, tais cifras são mais fidedignas a sua realidade histórica (desvio-padrão de 1,7 e 1,2, respectivamente para cada indicador), do que as médias da Noroeste (desvio-padrão de 3,1 e 2,9, respectivamente). Se, por um lado, verifica-se certa estabilidade das séries da Paulista, por outro, esse mesmo fenômeno só ocorreu concernente à despesa de custeio/TKU da Noroeste, que, por sinal, se manteve num nível relativamente mais alto em relação às despesas da Paulista. Em face disso, afigura-se bastante problemático o serviço de tráfego da Noroeste que, como sugerem os dados, entravava grande parte do movimento ferroviário de São Paulo que demandava o estado matogrossense.

Outro fator que comprometia a eficiência de transporte do sistema ferroviário paulista relacionava-se à reduzida quantidade de redes eletrificadas. A primazia da Paulista e a diligência da Sorocabana se sobrelevam a esse respeito, ainda mais quando se observa a extensão quilométrica total em tráfego no país para alguns anos selecionados entre 1938 e 1955.

Tabela III. 9 – Brasil: discriminação das redes eletrificadas (km)

Ferrovia	Extensão da rede em tráfego			
	1938	1948	1954	1955
Paulista	286	451	494	494
Sorocabana	–	218	490	490
Central do Brasil	44	135	193	252
E. F. Santos-Jundiaí	–	–	87	87
E. F. Campos de Jordão	47	47	47	47
E. F. Corcovado	4	4	4	4
E. F. Morro Velho	8	8	8	8
E. F. Votorantim	–	14	15	15

(continua)

Rede Mineira de Viação	181	181	333	333
Rede Viação Paraná-Santa Catarina	–	–	36	36
Viação Férrea Federal Leste Brasileiro	–	–	138	194
Total	601	1.089	1.845	1.960
Rede da Paulista/total eletrificado (%)	47,6	41,4	26,8	25,2

Fonte: DNEF. In: Brasil. IBGE, *op. cit.*, 1956, p. 12.

Apesar do número reduzido de linhas eletrificadas, ressalva-se que a maior parte delas se situava em São Paulo, sendo a ferrovia estudada responsável, em 1955, por uma quarta parte de toda a rede eletrificada do país. Já fora do eixo de maior densidade de tráfego (eixo Rio-São Paulo), é possível encontrar apenas dois casos representativos, o da Rede Mineira e o da Viação Leste Brasileiro. Ao findar de 1955, dentre as ferrovias de primeira categoria, apenas a Paulista, a Sorocabana, a Central do Brasil e a Rede Viação Paraná-Santa Catarina possuíam as três formas de tração – vapor, elétrica e diesel – e, dessas, somente a Paulista era de propriedade particular. Dentre todas as companhias particulares do país, ela era a única que possuía linhas de bitola larga. A esse respeito, no entanto, duas ferrovias federais se destacavam, completando assim, ao lado da Paulista, as linhas de bitola larga do país: a própria Central e a E. F. Santos-Jundiaí.[35]

Mais uma vez, vale destacar que os planos de alargamento de bitola e retificação do traçado férreo da Paulista lhe conferiram benefícios jamais granjeados pelas outras ferrovias paulistas, pois, de fato, a ela coube a responsabilidade pela circulação da produção de aproximadamente metade da área do estado de São Paulo, do centro do estado do Mato Grosso (via Noroeste), do Triângulo Mineiro, do estado de Goiás e parte do sul de Minas Gerais (via Companhia Mogiana).[36]

Entre 1930 e 1958, a Paulista substituiu a bitola estreita e, em alguns casos, implantou diretamente a bitola larga. Este tipo de melhoramento, que permitia às linhas suportarem maiores pesos, foi dado ao longo do nosso período aos trechos: Rincão a Colômbia (1930), Itirapina a Pederneiras (1945), Pederneiras a Bauru (1948), Bauru a Marília (1954) e Marília a Adamantina (1958). Desse modo, ela conseguiu estabelecer dois grandes troncos que garantiam um transporte eficaz e

---

35 Cf. DNEF. In: Brasil. IBGE, *op. cit.*, 1956, p. 12.
36 Cf. Companhia Paulista de Estradas de Ferro. *Congresso Panamericano de Estradas de Ferro.* 1960.

a preços relativamente acessíveis de sul a norte do estado de São Paulo (Jundiaí a Colômbia, a margem do rio Grande) e de leste a oeste (Itirapina a Panorama, a margem do rio Paraná).[37]

Adverte-se, todavia, que o benefício social gerado por todas essas melhorias foi superior ao benefício privado obtido pela Paulista, mesmo considerando o fato de que o equilíbrio financeiro da Companhia dependia, pelo menos em parte, da economia gerada pelo programa de eletrificação de suas linhas. O panorama geral do montante de recursos poupados é apresentado na tabela a seguir.

Tabela III. 10 – Companhia Paulista: economia gerada pela eletrificação das linhas e receita líquida, 1930-1959 (valores nominais)

Ano	Extensão eletrificada (km)	Economia sobre o que teria custado em tração a vapor	Receita líquida do serviço ferroviário
1930	286	9.400.543 mil-réis	28.278.732 mil-réis
1931	286	9.426.790	29.094.347
1932	286	8.986.729	51.085.011
1933	286	10.569.996	39.879.617
1934	286	10.460.427	49.459.752
1935	286	15.661.472	36.725.888
1936	286	17.850.734	45.084.770
1937	286	18.731.579	50.428.580
1938	286	21.133.041	50.447.782
1939	286	19.820.677	50.423.538
1940	286	38.752.387	39.981.291
1941	387	42.991.985	43.418.699
1942	387	Cr$ 51.613.288	Cr$ 48.582.914
1943	387	51.176.307	54.612.106
1944	387	53.670.927	54.203.602
1945	387	57.983.615	52.603.851
1946	387	61.766.228	67.620.432
1947	387	68.509.107	54.050.837
1948	451	71.110.138	59.526.615

(continua)

---

37 *Ibidem.*

Ano	Extensão eletrificada (km)	Economia sobre o que teria custado em tração a vapor	Receita líquida do serviço ferroviário
1949	452	72.126.891	59.937.365
1950	452	70.054.519	62.572.624
1951	452	77.326.504	90.384.174
1952	452	79.422.234	74.307.768
1953	452	82.802.688	53.209.099
1954	494	86.342.230	92.556.677
1955	494	91.011.815	90.711.729
1956	494	97.862.750	53.027.077
1957	494	98.305.690	72.077.709
1958	494	100.376.874	128.992.147
1959	494	96.587.968	111.207.661

* Convém prevenir o leitor de que as cifras da Tabela III. 10 não representam os valores realmente poupados pela Companhia, uma vez que se tratam de montantes nominais e, portanto, acabam por incorporar os efeitos inflacionários do período, que não são nada desprezíveis. Todavia, nossa intenção é simplesmente identificar em quais anos a Paulista conseguiu amealhar recursos financeiros, devido a seu programa de eletrificação das linhas.

Fonte: Congresso Panamericano de Estradas de Ferro, 1960, p. 33.

Em 14 de julho de 1922, inaugurou-se a eletrificação dos primeiros 44 quilômetros entre Jundiaí e Campinas. Em seguida, no dia 1º de dezembro de 1928, a eletrificação foi estendida de Rio Claro a Rincão em duas seções: a primeira, de Rio Claro a São Carlos, construída pela Westinghouse Manufacturing Company, e a segunda, de São Carlos a Rincão, que se diferenciava pelo tipo de construção da linha de contato a cargo de outra empresa norte-americana, a General Electric Company.[38] Em 1941, o sistema de tração elétrica foi instalado de Itirapina a Jaú, em 1948, ampliado até Bauru e, deste, se estendeu até o município de Cabrália Paulista, em 1954.

A Paulista adotou o sistema de catenária suspensa com corrente de 3.000 volts que era alimentado por 14 subestações distribuídas ao longo das linhas e equipadas com um ou dois motores de 1.500 a 3.000 kW cada. Tais subestações

---

38   RCP, 1929, p. 16.

eram alimentadas por duas linhas de transmissão trifásicas de 88 kW, cujo suprimento de energia era feito pela central de Pirituba da São Paulo Light.[39]

Ao cotejar os importes da Tabela III. 10 com os coeficientes de tráfego apresentados na Tabela III. 5, infere-se que os anos que apontam para a presença de ganhos privados à Paulista são aqueles nos quais há uma correlação positiva entre a economia gerada e a apuração da receita líquida operacional da ferrovia. Dos 29 anos arrolados, 15 apresentam correlação positiva e, desses, apenas três (1936, 1954 e 1958) denotam ganhos expressivos acarretados pela economia da eletrificação. Ou seja, tomando-se o ano de maior ganho, o de 1936, nota-se que uma diferença, em termos de economia, de 2.189:262$000 em relação ao ano anterior contribuiu para uma redução de cerca de 5% do coeficiente de tráfego; enquanto, em 1954 e 1958, a diminuição dos coeficientes foi da ordem de 3,1% e 2,9%, respectivamente.

A despeito das raras ocasiões em que se verifica a geração de uma real economia à Paulista por conta do seu plano de eletrificação, pondera-se que, para a realidade econômica do setor ferroviário à época, esses ganhos, mesmo que esporádicos, significavam resultados de extrema envergadura para uma Companhia que demonstrava agir de modo organizado em torno do objetivo de prover um serviço de transporte acessível e eficiente aos seus usuários. Além disso, a tabela seguinte atesta as vantagens absolutas das trações elétrica e diesel-elétrica (esta também adotada a partir de 1952) em comparação à tração a vapor, ao apresentar os custos reais de cada tipo de tração.

---

39 Cf. Coverdale & Colpitts Consulting Engineers. *Estudos de Transportes do Brasil. Relatório sobre as estradas de ferro: análise da situação atual*. vol. III-B. Apresentado ao GEIPOT. New York, 1967, p. 277. A respeito da Light, bem como dos conflitos de interesses presentes na história do setor de energia elétrica no Brasil, sugere-se o estudo de A. M. Saes. *Conflitos do capital: Light versus CBEE na formação do capitalismo brasileiro (1898-1927)*. Bauru: EDUSC, 2010.

Tabela III. 11 – Companhia Paulista: custo real de transporte de 1.000 TKU
(Cr$ de 1944)

Anos	Elétrica	Diesel-elétrica	Vapor
1950	6,61	–	33,50
1951	6,48	–	34,41
1952	6,31	8,62	44,35
1953	5,82	7,92	39,60
1954	5,48	7,41	41,39
1955	5,64	7,70	50,13
1956	4,76	7,51	49,05
1957	5,03	10,22	49,07
1958	4,27	10,18	43,63
1959	4,58	10,96	84,09
1960	3,89	9,16	87,73

Fonte: RCP, 1959, p. 82; RCP, 1961, p. 82.

Em face da produção de um serviço de transporte eficaz, a Paulista é com frequência lembrada pelos antigos funcionários e usuários de gerações passadas pela pontualidade dos trens e pelo bom gerenciamento e assiduidade no trabalho dos seus ferroviários. O engenheiro José Ayroza Galvão, em depoimento num dos documentos não datados do Departamento de Engenharia Civil da Companhia, afirma que foram executadas várias experiências visando aumentar a velocidade, tanto no serviço de passageiros como no de cargas. De certo, desde novembro de 1948 e de acordo com os horários dos comboios que vinham da Estrada de Ferro Santos-Jundiaí, os novos trens, chamados trens rápidos, reduziram em uma hora o tempo do itinerário entre São Paulo e Bauru, que passou a ser realizado em seis horas e dez minutos. Os trechos subsequentes, de Araraquara a Barretos e de Bauru a Tupã, também se aproveitaram de melhorias executadas sobre a via permanente e o material rodante da ferrovia. A prova disso é que o percurso de 513 quilômetros entre São Paulo a Barretos, antes feito em aproximadamente 15 horas, realizava-se, a partir de então, em apenas nove horas e 17 minutos. Nas palavras do engenheiro:

> Essas vantagens, é claro, não só foram consequentes da remodelação do traçado e do alargamento da bitola, mas da coordenação de

aperfeiçoamento de todo o aparelhamento e de todos os mais serviços, sobretudo da tração elétrica e da via permanente; não olvidando o adestramento, dedicação e disciplina do pessoal.[40]

O quarto volume dos *Projetos de Transportes* da CMBEU, datado de 1953 e que se refere especificamente à Paulista, constitui-se de uma análise detalhada sobre a atividade econômica e a situação financeira da Companhia durante a década de 1940. Sua finalidade, a nosso ver, era formar um juízo que desse embasamento aos projetos de empréstimos do Eximbank, designado pela CMBEU em conformidade com o governo brasileiro, como forma de financiar a execução dos programas de modernização da ferrovia. Na avaliação dos técnicos da CMBEU, encontra-se a seguinte opinião sobre o quadro gerencial da Paulista:

> A administração da Companhia Paulista de Estradas de Ferro goza de alta e justa reputação como gestora eficiente de empresa ferroviária. A sua política geral tem sido a de manter o equipamento e as instalações em ótimas condições, mediante conservação adequada, substituição do material gasto ou obsoleto por outro moderno e de melhor tipo, e emprego dos mais econômicos métodos de operação.[41]

A visão desses técnicos estrangeiros confirma exatamente o que se está tentando sustentar neste estudo, qual seja, o fato da Paulista constituir uma ferrovia privada nacional distinta das outras estradas de ferro do país, cuja atuação no estado de São Paulo, de 1930 a 1960, se caracterizou pelo ótimo desempenho econômico-financeiro, resultante da gestão bem conduzida de sua diretoria, que procurava zelar pela máxima eficiência na prestação do serviço ferroviário de cargas e passageiros.

Para convalidar esse argumento, é crucial que se analise o nó górdio de toda e qualquer ferrovia: as despesas de custeio. Não que o exame sobre a receita ferroviária tenha pouca relevância analítica; muito pelo contrário, porém, deve-se relativizar tal importância haja vista seu condicionamento às tarifas que, amiúde, eram estipuladas pela política tarifária do Estado e que, logo, não correspondiam direta e exclusivamente às determinações das empresas ferroviárias.[42]

---

40 Companhia Paulista de Estradas de Ferro, *op. cit.*, s/d, p. 14.
41 "Comissão Mista Brasil-Estados Unidos para Desenvolvimento Econômico". In: *Projetos. Transportes.* vol. IV. Rio de Janeiro, 1953, p. 507.
42 A política tarifária do Estado era definida pelo Conselho de Tarifas e Transportes (CTT), órgão colegial que, sob a presidência do Ministro da Viação e Obras Públicas, vinculava-se a Contadoria Geral dos Transportes (CGT). O CTT tinha por missão avaliar as questões relativas

Primeiramente, a título de confrontação, o Anexo D exibe a discriminação das despesas de custeio da Paulista, a preços correntes, nos anos de 1930 e 1940. Elucida-se, a partir da compilação ensejada, que o gasto com pessoal liderou as importâncias despendidas ao representar 57,5% e 52,2% da despesa total, respectivamente. Já com base na contabilidade da Companhia no período, as divisões de trabalho mais dispendiosas, as que juntas participavam em média com 86,2% das despesas totais, eram, em ordem decrescente, a de "Locomoção", a de "Tração" e a de "Linhas e Edifícios". Essas três divisões foram responsáveis, cada qual, por 45%, 22,1% e 19,9% do total de despesas nominais em 1930; e 48%, 23,3% e 14% em 1940.

Estes resultados são perfeitamente coerentes com o que já se frisou no início deste capítulo: os altos e, na maioria das vezes, irrecuperáveis custos com material fixo e rodante. Destarte, a Divisão de Locomoção, responsável pela manutenção dos equipamentos de transportes, de Tração, que realizava o translado através do trabalho de embarque e desembarque nas estações e a de Linhas e Edifícios, mais conhecido como o da via permanente e de obras de arte, representavam a pedra de toque do transporte por trilhos e, por conta disso, além de empregarem um contingente bastante numeroso de mão de obra, demandavam um aporte muito maior de recursos do que as outras divisões do trabalho ferroviário.

Ainda sobre o tema das despesas, examina-se de maneira mais pormenorizada a última década do nosso período, dado a já mencionada ausência de estudos a respeito da Paulista no transcorrer dos anos 1950.

Tabela III. 12 – Companhia Paulista: discriminação das despesas de custeio, 1950-60 (Cr$ de 1944)

Ano	Administração geral	Via permanente e edifícios	Conservação do material rodante	Despesas comerciais	Tráfego e tração
1950	27.577.041	23.167.482	28.452.265	5.288.731	101.000.382
1951	29.279.077	25.778.570	26.923.314	5.453.870	111.855.248

ao sistema tarifário do Regulamento Geral de Transportes e classificar as mercadorias das empresas filiadas, bem como examinar as reclamações e sugestões do público. Já a referida Contadoria foi criada em substituição à antiga Contadoria Central Ferroviária pelo Decreto nº 1.977, de 24 de setembro de 1937. Cf. J. S. P. de Jesus. *Viação e Obras Públicas (elementos para a história do Ministério)*. Rio de Janeiro: Ministério da Viação e Obras Públicas/Serviço de Documentação, 1955, p. 86-87.

1952	30.391.855	32.770.659	27.257.659	4.015.926	115.875.352
1953	29.222.977	31.121.569	25.034.089	3.664.491	105.680.588
1954	27.251.839	36.098.104	25.496.632	2.310.839	95.520.981
1955	28.318.900	30.989.002	27.995.900	2.507.135	105.304.970
1956	27.518.216	30.504.888	25.601.837	1.241.530	107.923.631
1957	28.800.975	34.103.178	33.083.149	1.142.098	118.993.053
1958	24.119.449	31.104.711	30.117.086	1.561.226	99.413.419
1959	24.785.492	31.962.427	31.810.271	2.316.026	89.268.902
1960	23.777.810	27.850.689	23.832.297	487,145	75.794.310

Fonte: RCP, 1955, 1956, 1960 e 1961.

A Tabela III. 12 capta o efeito real sobre as despesas de custeio da Paulista entre 1950 e 1960. Descontado os efeitos da inflação acumulada ao longo desse período, que, devemos mencionar, alcançou índices altíssimos particularmente nos dois últimos anos da série, observa-se nitidamente a prevalência da divisão responsável pela realização do serviço de transporte propriamente dito, denominada "Tráfego e tração". É evidente o fato de que a partir de 1952 o trabalho sobre o material fixo e a infraestrutura ferroviária passou a superar ligeiramente, em termos de montantes gastos, a atividade de reparo do material rodante realizado nas oficinas da Companhia em Jundiaí e em Rio Claro. Isto se deve, muito provavelmente, aos projetos de modernização do aparelhamento ferroviário (que serão discutidos na próxima seção deste capítulo) levados a cabo no despontar da década por meio dos empréstimos externos e internos contraídos pela Paulista. Por ora, cabe fazermos uma breve referência à tabela que consta no Anexo E, para, em seguida, nos debruçarmos sobre a análise da receita e das respectivas mercadorias transportadas pela Companhia em sua última década de gestão privada.

O Anexo E apresenta, para o período de 1948 a 1960, os principais itens das despesas de custeio, isto é, aqueles componentes dos custos ferroviários que mais pesavam sobre o balanço financeiro da Companhia. As informações contidas nele são mais do que suficientes para passarmos a limpo essa questão do custeio ferroviário, pois, pelo que se observa, cerca de 70% das despesas da Paulista, independentemente da divisão departamental, correspondia ao pagamento de salários do pessoal empregado, enquanto os gastos com materiais de diversos tipos e com combustíveis participavam com apenas 16% e 13%, respectivamente. Ressalta-se que, em 1958, os gastos com pessoal chegaram a atingir 3/4 de toda despesa de custeio da ferrovia e, como veremos mais adiante, nunca mais se mostrou abaixo desse patamar. Em contrapartida, os dispêndios com combustíveis sofreram queda a partir de 1952 (excetuando o ano de 1955), como consequência da eletrificação dos trechos Jaú-Bauru, concluída em 1948, e Bauru-Cabrália Paulista, em 1954, além do projeto de substituição da tração a vapor pela tração diesel-elétrica nos 167 quilômetros entre Rincão e Barretos.

Para os técnicos da CMBEU, o que impeliu a diretoria da Paulista a optar pela tração diesel-elétrica foi a limitada disponibilidade de energia elétrica em conjunto com as dificuldades para sua transmissão, que embaraçavam a ampliação do programa de eletrificação das linhas a partir de meado dos anos 1950.[43]

Já a discriminação da receita ferroviária durante o mesmo interregno de 1950 a 1960 indica ter ocorrido transformações de grande vulto na estrutura produtiva do estado de São Paulo, que repercutiram sobremaneira na pauta de transporte da Paulista. De início, convém ressalvar que o café beneficiado continuou liderando isoladamente a geração de receita do transporte de carga da Paulista na maioria dos exercícios da década. Isto decorreu não tanto em função dos volumes embarcados do produto – como é o caso particular de 1959 quando a tonelagem de café chegou à impressionante marca de 16% do total de mercadorias transportadas (Tabela III. 4) –, mas, sim, por conta da estrutura tarifária das ferrovias que, determinada pelo Conselho de Tarifas e Transportes, da Contadoria Geral dos Transportes (CTT/CGT), conferia um valor por peso excessivamente mais alto ao frete do café em comparação aos dos demais produtos.

Tabela III. 13 – Companhia Paulista: discriminação da receita, 1950-60 (Cr$ de 1944)

Ano	Passageiros	Bagagens e encomendas	Mercadorias diversas	Café	Gado	Diversos
1950	64.587.069	14.526.248	90.076.775	17.994.271	12.419.283	13.511.240
1951	70.552.104	15.870.895	106.382.518	19.364.611	12.726.930	11.087.335
1952	68.294.898	14.066.686	111.893.889	21.801.277	10.982.271	8.747.955
1953	64.512.716	10.414.021	101.235.868	17.276.710	9.996.081	6.051.402
1954	59.945.370	9.965.290	98.502.561	14.887.344	10.490.140	6.947.701
1955	58.603.840	10.199.810	102.361.936	23.526.233	10.128.352	7.465.428

---

43   Comissão Mista Brasil-Estados Unidos para Desenvolvimento Econômico, *op. cit.*, 1953, p. 509.

1956	60.700.744	10.160.307	87.245.964	20.998.011	14.496.856	7.246.844
1957	70.446.390	11.658.883	92.007.064	27.956.897	18.144.688	5.824.159
1958	64.066.660	9.533.784	89.156.258	19.083.878	14.070.460	4.810.608
1959	57.270.045	8.509.683	75.218.117	28.653.016	14.725.760	4.674.141
1960	43.817.837	6.198.451	63.793.880	14.246.187	14.424.952	10.196.739

Fonte: RCP, 1955, 1956, 1960 e 1961.

A distribuição das participações relativas de cada um dos itens da receita nesses onze anos de operação ferroviária indica o seguinte resultado: mercadorias diversas (44,7%), passageiros (29,9%), café (9,9%), gado (6,3%), bagagens e encomendas (5,3%) e diversos (3,8%). O ano de 1958 parece apontar para o início de uma tendência de queda da receita relacionada a todos os itens, não obstante, mencionarmos mais uma vez, o expressivo incremento da receita ferroviária proporcionado pelo frete cafeeiro no ano seguinte, em que o acréscimo foi de aproximadamente Cr$ 9.570.000. A esse respeito, a diretoria comentou que:

> A receita do exercício foi favorecida pela arrecadação de fretes adventícios, que resultaram da política econômica pelo Governo Federal, através do Instituto Brasileiro do Café, na movimentação e escoamento das safras cafeeiras de 1958-1959 e 1959-1960. E a origem eventual dessa parte da receita, ajusta-se à sua destinação ao fortalecimento do Fundo de Expansão do Tráfego, sobrecarregado agora com as obras de construção da linha férrea, que avança para a fronteira de Mato Grosso – satisfazendo a uma aspiração nacional de alta relevância econômica e estratégica.[44]

Vê-se claramente no excerto acima o compromisso dos diretores da Paulista em prosseguir, mesmo diante de resultados não tão satisfatórios, com os investimentos na ampliação de sua principal frente de expansão, o já referenciado Tronco Oeste. Cabe ponderar que durante o ano de 1959 a ferrovia foi progressivamente avançando em direção às barrancas do rio Paraná – ao inaugurar, em 15 de maio, o trecho de Adamantina à estação de Pacaembu; em seguida, em 29 de setembro, alcançou-se a estação de Junqueirópolis e, em 30 de dezembro, Dracena. Menciona-se também que esses 58 quilômetros de Adamantina a Dracena fazem

---

44   RCP, 1960, p. 6.

parte do prolongamento do trecho Adamantina à Panorama, cuja construção foi parcialmente financiada com recursos do BNDE.[45]

Nos relatórios da Paulista da segunda metade dos anos 1950, as informações sobre a receita se apresentam mais detalhadas do que em anos anteriores, permitindo assim um exame mais acurado da pauta de transporte da ferrovia ao final do nosso período. O frete cafeeiro, responsável por aproximadamente 12% da receita total entre 1955 e 1960, vinha sendo acompanhado pelo transporte de gado e de derivados do petróleo, cada um com uma participação relativa de aproximadamente 8,5%. Os outros itens que isoladamente também se destacavam em meio à variedade de mercadorias transportadas eram, em ordem de importância: bagagens e encomendas, açúcar, adubo e frutas frescas.[46] A imagem a seguir ilustra a distribuição da receita durante os últimos seis anos de administração privada da ferrovia.

Imagem 3 – Companhia Paulista: distribuição da receita, 1955-1960 (%)

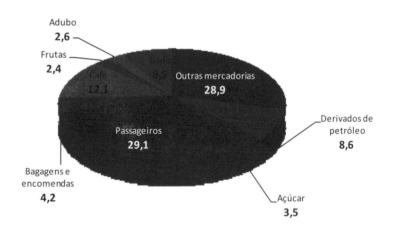

Fonte: RCP, 1955, 1956, 1960 e 1961.

Já se salientou que os diretores da Paulista costumavam praticar uma política de gratificação de salários aos funcionários toda vez em que se apuravam bons resultados do serviço de tráfego. Por meio das informações coletadas, verifica-se que, em 1951, o governo havia autorizado a ferrovia a aumentar suas tarifas com vistas a melhorar o nível salarial dos ferroviários. Em outubro do ano seguinte,

---

45   Ibidem, p. 16.
46   Ibidem, p. 68; RCP, 1961, p. 76.

autorizou-se outro ajuste tarifário para a mesma finalidade e, nessa ocasião, a estimativa do aumento salarial pago pela Companhia foi de Cr$ 69.347.141.[47]

Em julho e outubro de 1953, foram autorizados e efetivados outros dois aumentos de tarifas. A novidade, nesses casos, estava na motivação dos acréscimos: do total arrecadado (Cr$ 112.697.000), cerca de 80% destinou-se ao aumento dos vencimentos dos ferroviários, enquanto o restante, equivalente a Cr$ 22.302.556, a Companhia empregou com o objetivo de acomodar a elevação dos custos com materiais e de proporcionar uma compensação frente à redução percebida no fluxo de tráfego de todas as mercadorias.[48] Esta observação está corroborada na Tabela III. 13, em que se verifica a depreciação das receitas de todos os itens em 1953, inclusive a receita proveniente do transporte de passageiros.

O fato é que as idiossincrasias não paravam por aí. O resultado operacional de 1954 permitiu à diretoria premiar seus funcionários com uma gratificação de meio mês de vencimento. Concomitantemente, foi autorizado e efetivado mais um novo aumento de tarifas em outubro desse ano. Da arrecadação prevista de Cr$ 157.259.975, foi destinada a quantia de Cr$ 107.360.323 a aumentos salariais e Cr$ 28.079.086 a remediar a alta dos custos com materiais. A importância excedente, de Cr$ 21.820.566, foi alocada para contingenciar a possibilidade de redução de tráfego, em decorrência da diminuição da produção agrícola de todo o estado.[49]

A ligeira melhora da receita ferroviária, em 1955, repercutiu como se fosse um suspiro a mais diante dos anos subsequentes que se mostrariam bem menos auspiciosos. Se, em 1957, observa-se uma moderada recuperação do resultado operacional da Paulista, no ano seguinte, a receita ferroviária voltaria a sofrer mais uma queda e não se recuperaria mais.

De fato, a conjuntura da economia agrícola de São Paulo não era muito promissora no correr dos anos 1950 devido, fundamentalmente, aos problemas da escalada desenfreada dos preços e da presença de gargalos que emperravam o aumento da produtividade dos fatores dos diversos segmentos produtivos. Motivada pelo aumento da demanda urbano-industrial, a subida dos preços agrícolas pressionava a baixa dos salários reais, da mesma forma que os custos se elevavam devido à alta de preço dos bens de produção importados que, em geral, era repassada

---

47   RCP, 1952, p. 5; RCP, 1953, p. 5.
48   RCP, 1954, p. 5.
49   RCP, 1955, p. 6.

aos preços internos, dada a excessiva proteção e diminuta competitividade do sistema industrial.[50]

A imagem a seguir evidencia de maneira clara que o serviço de tráfego da Paulista continuou a depender largamente da produção dos complexos agrícolas durante os seis últimos anos do nosso período.

Imagem 4 – Companhia Paulista: volume das principais mercadorias transportadas, 1955-1961 (ton)

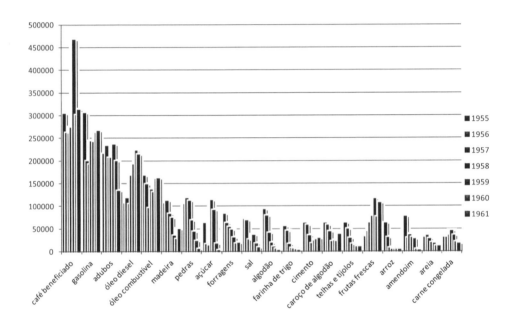

Fonte: RCP, 1955, 1956, 1960, 1961 e 1962.

Se, por um lado, não se pode menosprezar a importância do transporte de café e de sua consequente geração de receita para a ferrovia na passagem dos anos 1950 para os 1960, por outro, deve-se abalizar que a Paulista deixou de se caracterizar como uma ferrovia tipicamente cafeeira, como se pode notar pela imagem acima.

Embora o café continuasse a ser a cultura mais importante do estado de São Paulo, a introdução progressiva, desde os anos 1930, de novas culturas (como algodão, arroz e amendoim) reduziu paulatinamente sua significação econômica.

---
50 Mello, op. cit., 1998, p. 120-121.

O desenvolvimento da policultura ocorreu consoante ao aumento do número de fazendas de pequeno e médio portes, além da difusão de métodos mais modernos de cultivo, como a rotação de culturas, a plantação em curvas de nível, a mecanização e a intensificação do uso de fertilizantes e pesticidas.

De acordo com Negri, a modernização e a diversificação da agricultura paulista estão ratificadas pelos indicadores do censo agropecuário de 1960. No decorrer da década de 1950, a produção de gêneros alimentícios teve um aumento de mais de um milhão de toneladas; as unidades de produção agrícola de São Paulo computavam 27,1 mil tratores (44,3% do total do país); cerca de um quinto de todos os estabelecimentos agrícolas que utilizavam adubação eram paulistas e "45,3% do valor das despesas com adubos, corretivos, inseticidas e fungicidas realizados no Brasil foram feitas no estado".[51]

Ao lado do café, era expressiva a participação no transporte ferroviário de gêneros como os materiais orgânicos para adubo e os derivados de petróleo, notadamente gasolina e óleo diesel. No caso desses dois últimos itens, como também, dado às devidas proporções, no caso do cimento, observa-se uma recuperação das quantidades transportadas a partir de 1958 e de 1959, respectivamente.

Já a intensa oscilação característica dos embarques de açúcar era, muitas vezes, contrabalanceada pelo aumento do volume transportado de frutas frescas, especialmente bananas e laranjas. Em contrapartida, de 1955 a 1961, nota-se a progressiva queda no transporte de vários gêneros, como madeiras, pedras, areia, telhas e tijolos, forragens, algodão, sal, farinha de trigo, arroz e amendoim.

A representatividade do transporte ferroviário de combustíveis, bem como a queda da maioria dos principais produtos que circulavam pelas vias férreas é, sem dúvida alguma, um sintoma da crescente concorrência rodoviária enfrentada pelas ferrovias ao longo do período de nossa análise. Voltaremos a discutir mais detalhadamente esse aspecto no próximo capítulo; por ora, cabe apenas mencionar que, muito provavelmente, o crescente número de automóveis e caminhões que se espalhavam por todo o estado de São Paulo se movimentava graças ao combustível que chegava aos diversos postos de abastecimento por intermédio de estradas de ferro como a Paulista. Nesse sentido, pode-se dizer, que por conta do transporte de combustíveis realizado pelas ferrovias que, dentre outras finalidades, eram utilizados para abastecer os automotores, as próprias ferrovias contribuíram para

---

51   Negri, *op. cit.*, p. 78.

sua gradativa substituição no transporte de grandes volumes a longas distâncias ao terem agido como um setor de insumo/abastecimento dos transportes rodoviários.

10. Créditos de financiamento e concretização dos investimentos

A guinada dos investimentos ferroviários da Paulista só foi possível em função da instituição dos chamados fundos de Renovação Patrimonial e de Melhoramentos, sancionados pelo governo federal ao final da Segunda Guerra Mundial.[52] A esse respeito, vale à pena reproduzir uma passagem de um dos relatórios da diretoria da Paulista que sintetiza a regulamentação desses fundos, bem como a situação em que se encontravam as ferrovias brasileiras em meado dos anos 1940.

> O término da segunda guerra mundial veio encontrar, em nosso país, quase todas as estradas de ferro desaparelhadas, pela deficiência não só de material rodante e de tração, mas também de materiais necessários à execução dos serviços e obras a seu cargo. Capacitado dessa situação, e tendo em vista a urgência de ser solucionado o problema da falta de transportes ferroviários, o Departamento Nacional de Estradas de Ferro fez sentir, então, à Comissão de Planejamento Econômico, anexa à Presidência da República, a necessidade imperiosa de ser facultada às ferrovias, a possibilidade de cuidarem de sua renovação patrimonial e dos melhoramentos de que careciam.
>
> Atendendo às sugestões da Comissão de Planejamento, o Governo Federal expediu o Decreto-lei n° 7.632, de 12 de junho de 1945, por força do qual foram criadas duas taxas adicionais sobre os fretes, de 10% cada uma: uma destinada a constituição do Fundo de Renovação Patrimonial, e outra à do Fundo de Melhoramentos. Estabeleceu o mesmo decreto que as estradas deviam apresentar à consideração do Poder Público um plano compreendendo todas as suas necessidades, dentro do limite previsto na arrecadação das mencionadas taxas num período de 10 anos. Estatuiu ainda que, uma vez aprovado o plano

---

52 Convém lembrar que as ferrovias paulistas já gozavam de uma taxa adicional sobre as tarifas criada pelo Decreto Estadual n° 4.202, de 10 de março de 1927 (Anexo A). Portanto, a partir de 12 de junho de 1945, os recursos originários do Decreto Estadual de 1927 foram transferidos para a conta do Fundo de Melhoramentos chancelado pelo governo federal em 1945. Cf. RCP, 1950, p. 7.

decenal, poderiam as estradas obter financiamento garantido pelas mesmas taxas, de modo a tornar possível o reaparelhamento dentro da maior brevidade.

A Portaria nº 684 de 1945, do Ministério da Viação e Obras Públicas, completou, regulamentando, as providências cabíveis para a realização dos empréstimos, que seriam lançados com base em 80% do produto total da arrecadação de ambos os Fundos.[53]

Em conformidade com as orientações dessa nova legislação, a Paulista apresentou no dia 27 de dezembro de 1945 ao MVOP seu plano decenal de melhoramentos e de renovação patrimonial que, pouco tempo depois, recebeu o aval presidencial por meio do Decreto Federal nº 21.363, de 1º de Junho de 1946. O referido programa compreendia um conjunto de obras e diversas aquisições de material para a via permanente e instalações fixas e o material rodante e de tração, a saber:[54]

I – Aumento do material de tração e rodante, com a aquisição de 26 locomotivas elétricas, 1.500 vagões de vários tipos, 100 carros de passageiros, freios e engates, além da construção, em suas oficinas, de mais 800 vagões;

II – Reaparelhamento e ampliação das oficinas;

III – Reforço da tração elétrica e construção de novas linhas eletrificadas;

IV – Trilhos e acessórios para renovação da estrutura metálica de várias linhas e melhoramento de traçados;

V – Alargamento da bitola entre Pederneiras e Bauru, por variantes de melhores condições de traçado;

VI – Duplicação, em etapas, da linha-tronco principal da Companhia, entre Campinas e Itirapina, e diversos melhoramentos de traçado de outras linhas;

VII – Sinalização eletromecânica e instalação de bloqueio automático;

VIII – Construção de casas operárias e melhorias de instalação para o pessoal e para o público;

IX – Instalação de engates automáticos e freios de ar comprimido no material de bitola de 1,60 m.

As despesas projetadas para a execução do vultoso programa foram orçadas em Cr$ 881.190.279, sendo Cr$ 454.554.531 à conta do Fundo de Renovação, e Cr$ 426.635.748 do Fundo de Melhoramentos. Para fazer face ao plano, foi prevista

---
53 RCP, 1948, p. 7.
54 *Ibidem*, p. 8.

pela Companhia uma arrecadação, no decênio 1946-1955, de Cr$ 950.270.000 –, sendo Cr$ 451.970.000 para o Fundo de Renovação e Cr$ 498.300.000 para o Fundo de Melhoramentos. Ademais, a diretoria da Paulista afirmava que:

> Conforme se verifica do plano aprovado, os materiais nele especificados são de necessidade urgente, e por isso foram encomendados em tempo hábil no estrangeiro, muitos dos quais já foram recebidos pela Companhia.
>
> Em tais condições, e sempre com base no Decreto-lei nº 7.632, de 1945, e na Portaria ministerial nº 684, do mesmo ano, requereu a Companhia ao Ministério da Viação e Obras Públicas – ouvido o Ministro da Fazenda, para o fim de ser fixado o limite da taxa de juros – autorização para contrair um empréstimo de Cr$ 200.000.000,00, garantido por 80% do produto das mencionadas taxas adicionais, para atender as necessidades decorrentes do financiamento do plano decenal. Deferindo o pedido, o Ministro da Viação expediu a Portaria nº 710, de 3 de Outubro de 1947, [...].[55]

O deferimento do empréstimo solicitado pela Paulista e, consequentemente, de suas condições contratuais, configura uma vitória política do setor ferroviário (dado tratar-se de uma legislação federal), que certamente salvaguardou a operação superavitária da Companhia até o final dos anos 1950. Além disso, é de se ressaltar que a realização das obras e as compras de materiais do exterior tinham que ser apresentadas pela Companhia mediante a elaboração de planos bienais a serem sancionados pelo Ministro da Viação e Obras Públicas. Diante dessa normativa, a Paulista submeteu à apreciação do Ministério os valores dos investimentos de três planos: Cr$ 258.739.571 referentes a 1946/47; Cr$ 56.580.826 para 1948/49; e Cr$ 267.606.725 a serem investidos em 1950/51.[56]

O contexto no qual os eventos acima se inserem é o da transição do governo Dutra para o governo Vargas. De acordo com Sérgio Vianna, a política econômica varguista desse segundo mandato articulava-se em duas frentes de ação: na primeira, o governo adotava uma política monetária restritiva que visava solucionar o problema da instabilidade dos preços – herança deixada pelo governo anterior – através, fundamentalmente, do equilíbrio das finanças públicas; e na segunda, a linha mestra consistia no esforço de viabilizar o financiamento dos projetos

---

55 *Ibidem*, p. 9.
56 RCP, 1951, p. 7.

industriais de infraestrutura capitaneada pelo afluxo de capital estrangeiro, principalmente dos Estados Unidos.[57]

Diante desse panorama político e de uma conjuntura econômica propícia a realização de transações com o exterior, a Paulista decidiu oportunamente reformular seu plano decenal que logo recebeu autorização do governo por meio do Decreto nº 27.958, de 5 de abril de 1950. O investimento total estimado do novo plano elevou-se a Cr$ 1.026.977.276; valor que seria custeado pela renda prevista de Cr$ 1.107.838.631, a ser gerada pelas duas taxas adicionais dos fundos de Renovação e Melhoramentos.[58]

Já com respeito ao plano bienal de 1950/51, a Companhia achou conveniente incluir a aquisição e utilização de 12 novas locomotivas diesel-elétricas para o serviço de transporte de passageiros e cargas, cinco locomotivas elétricas para trens cargueiros, 48 carros metálicos de passageiros, materiais para bloqueio automático e controle centralizado de tráfego entre Itirapina e Bauru, quatro máquinas de ferramentas para as oficinas e 1.000 toneladas de cobre eletrolítico. Segundo a diretoria, a importação e a montagem desses equipamentos exigiam pagamentos de grande monta no estrangeiro, cerca de 11 milhões de dólares, porém, parte das rendas dos respectivos fundos poderia gerar os importes necessários com relativa tranquilidade.[59] A seguir apresenta-se a evolução dos montantes desses dois fundos que, decerto, foram cruciais para a concretização dos investimentos da Companhia.

---

57 S. B. Vianna. "Duas tentativas de estabilização: 1951-1954". In: M. de P. Abreu (org.). *A ordem do progresso: cem anos de política econômica republicana, 1889-1989*. Rio de Janeiro: Campus, 1992, p. 123-124.
58 RCP, 1951, p. 7.
59 *Ibidem*, p. 8-9.

Tabela III. 14 – Companhia Paulista: fundos formados a partir das taxas adicionais, 1944-1961 (valores nominais)

Fundo de Renovação Patrimonial						
Anos	Arrecadação	Juros bancários	Arrecadação Total	Despesas	Saldo	
					Credor	Devedor
1944	–	–	14.130.013	6.039	14.123.974	–
1945	–	–	35.154.752	134.375	35.010.376	–
1946	280.800	138,530	63.404.729	90.104.962	–	26.700.232
1947	280.800	176,394	97.697.492	90.103.411	7.594.081	–
1948	280.800	179,668	131.159.080	120.316.874	10.842.206	–
1949	280.800	324,261	171.934.101	147.919.577	24.014.524	–
1950	213.826.124	361,628	214.187.753	200.159.844	14.027.908	–
1951	262.357.270	403,148	262.760.418	200.159.844	62.600.574	–
1952	58.380.302	62,804	321.203.525	250.796.514	70.407.011	–
1953	63.830.499	26,361	385.060.386	250.796.514	134.263.872	–
1954	76.609.378	26,088	461.695.852	347.845.008	113.850.844	–
1955	102.300.982	26,261	564.023.096	353.508.193	210.514.903	–
1956	122.830.714	26,755	686.880.566	504.813.933	182.066.633	–
1957	155.115.948	27,277	842.023.792	611.582.090	230.441.701	–
1958	170.002.759	28,040	1.012.054.591	765.757.899	246.296.692	–
1959	226.212.211	28,364	1.238.295.168	932.547.429	305.747.738	–
1960	228.588.719	42,439	1.466.926.327	1.206.453.529	260.472.797	–
1961	311.012.839	43,534	1.777.982.700	355.543.547	1.422.439.153	–
Fundo de Melhoramentos						
Anos	Arrecadação	Juros Bancários	Arrecadação Total	Despesas	Saldo	
					Credor	Devedor
1945	1.389.571	671,527	226.689.847	198.418.716	28.271.130	–
1946	1.389.571	1.285.190	256.721.614	251.911.406	4.810.207	–
1947	1.391.743	1.336.321	291.030.439	251.905.309	39.125.130	–
1948	1.391.743	1.340.808	324.493.240	322.340.390	2.152.850	–
1949	1.401.644	1.397.034	370.857.783	360.671.777	10.186.006	–
1950	412.760.643	1.398.715	414.159.358	392.131.134	22.028.224	–
1951	461.253.543	1.446.179	462.699.723	392.023.693	70.676.029	–

1952	57.942.354	17,053	520.659.131	445.509.072	75.150.058	–
1953	63.830.499	13,360	584.502.991	445.509.072	139.993.918	–
1954	76.609.378	13,166	661.125.535	609.410.752	51.714.782	–
1955	102.300.982	13,250	763.439.769	619.470.681	143.969.087	–
1956	122.830.714	13,503	886.283.986	827.374.246	58.909.739	–
1957	155.115.948	13,766	1.041.413.700	970.999.695	70.414.005	–
1958	170.267.198	14,151	1.211.695.050	1.067.069.415	144.625.635	–
1959	226.212.211	14,315	1.437.921.577	1.224.207.920	213.713.657	–
1960	228.588.719	21,418	1.666.531.715	1.448.280.309	218.251.405	–
1961	311.012.839	21,971	1.977.566.525	358.194.910	1.619.371.615	–

Fonte: Relatórios diversos da Companhia Paulista.

Diferentemente do Fundo de Melhoramentos, cuja decisão sobre a alocação dos seus recursos ficava a critério das próprias companhias, o Fundo de Renovação Patrimonial, criado pela Portaria nº 231 do MVOP de 2 de março de 1944, tinha por finalidade específica gerar as verbas necessárias ao melhoramento das oficinas ferroviárias e à aquisição de trilhos e material rodante.[60]

As quantias produzidas pelas duas taxas sugerem que a Paulista conseguiu levar a cabo seu plano de reaparelhamento muito em função da boa gestão dos recursos desses dois fundos. Isto porque ela só apresentou saldo devedor com respeito apenas ao Fundo de Renovação Patrimonial no ano de 1946; no restante dos anos, por outro lado, a ferrovia sempre se mostrou credora, o que denota a competência do gerenciamento financeiro da Companhia. É ilustrativo o fato de, em 1961, ano da desapropriação das ações da ferrovia, as despesas provenientes desses fundos terem sofrido uma acentuada redução. Aventa-se a hipótese de que a gestão pública da Companhia deixou de inverter tais recursos ao utilizá-los para outras finalidades, como pagamento de aposentadorias e reajustes salariais aos ferroviários.

É perceptível que, pouco antes de findar o prazo de vigência das duas taxas adicionais, a soma dos saldos credores dos dois fundos alçou-se a Cr$ 3.041.810.768, em 1961. Todavia, ressalva-se que grande parte desse importe sofreu com a forte corrosão do valor da moeda causada pela inflação dos anos 1950 e início dos 1960. Por isso, numa tentativa de remediar tal ilusão monetária, compilamos no Anexo F os dados que representam a efetiva alocação dos investimentos totais da

---

60 RCP, 1945, p. 6.

Paulista a preços de 1944, critério que vimos adotando neste estudo em relação à correção dos valores monetários em cruzeiro. Além disso, deve-se avaliar de que modo esses investimentos se concretizaram e sob quais condições os contratos de financiamento foram entabulados.

Entre os anos 1951 e 1952, a conjuntura econômica era favorável às transações com o exterior em decorrência da manutenção da taxa de câmbio fixa e valorizada e do regime de concessão de licenças para importar. Paralelamente, Vianna comenta que a constituição da CMBEU, em dezembro de 1950, indicou que o governo Truman passara a se interessar mais em colaborar com o programa de equipamento e expansão dos setores de infraestrutura, o qual o governo brasileiro vinha se empenhando desde o término da guerra.[61]

Diante de tais circunstâncias e com base no artigo 2º do Decreto de 12 de junho de 1945,[62] a diretoria da Paulista apresentou, após receber a aprovação do governo, uma proposta de tomada de empréstimo ao Eximbank. Acompanhada de completa documentação da trajetória técnico-administrativa e econômico-financeira da Companhia, a proposta foi aceita mediante o contrato de crédito nº 479 assinado em Washington a 12 de setembro de 1950, com as obrigações contraídas documentadas em promissórias de exclusiva responsabilidade da Paulista. Sumariamente, as condições básicas desse contrato eram:[63]

1. Limite de crédito – US$ 10.843.500;
2. Prazo de utilização do crédito – de 12 de setembro de 1950 a 31 de dezembro de 1951;
3. Prazo de resgate do empréstimo – cinco anos, de 1º de janeiro de 1952 a 31 de dezembro de 1956;
4. Datas de pagamento – último dia de cada semestre dos cinco anos do prazo de resgate;
5. Juros – 4,5% sobre o montante do empréstimo;

---

61 Vianna, *op. cit.*, p. 124-125.
62 O referido artigo diz que: "O produto total ou parcial dessas taxas, relativo ao prazo mínimo de 20 anos, a que se refere o § 1º do artigo anterior, poderá desde logo servir de base ao financiamento, parcial ou total, dos melhoramentos e da aquisição do material fixo ou rodante, de necessidade mais urgente, a serem feitos mediante prévia aprovação do Governo". *Apud.* RCP, 1951, p. 9.
63 RCP, 1951, p. 10.

6. Garantias documentais – série de dez promissórias no valor total de US$ 10.843.500, cada uma no valor de US$ 1.084.350, com vencimentos nos dias 30 de junho e 31 de dezembro dos anos de 1952 a 1956, inclusive os juros de 4,5% sobre os saldos devedores.

Assinala-se que na ocasião da assinatura desse contrato de crédito em Washington, estavam também presentes as principais empresas fornecedoras dos materiais a serem adquiridos. A tabela a seguir mostra como se deu o processo de pagamento e entrega desses materiais.

Tabela III. 15 – Companhia Paulista: contrato de crédito n° 479 com o Eximbank

Tipo de material	Até dezembro de 1951		Até dezembro de 1952		Até dezembro de 1953		Fabricante
	Quantidade recebida	Valor (US$)	Quantidade recebida	Valor (US$)	Quantidade recebida	Valor (US$)	
Locomotiva elétrica	5	999,367	5	1.011.689	5	1.011.689	International General Eletric
Locomotiva diesel-elétrica	12	2.439.887	15	2.556.644	15	3.394.483	American Locomotive
Sinalização e controle de tráfego	–	368,795	–	677.487	–	677.487	Union Switch and Signal
Carro de 1a classe	12	3.396.456	15	5.437.741	15	5.437.741	Pullman-Standard
Carro de 2a classe	–		15		15		
Carro-salão	6		6		6		
Carro-bagagens correio	6		6		6		Car Manufacturing
Carro restaurante	6		6		6		
Cobre eletrolítico e máquinas ferramentas	–	168,578	–	240.300	–	240.300	–
Total	–	7.373.085	–	9.923.862	–	10.761.702	–

Fonte: RCP, 1952, p. 9; RCP, 1953, p. 9; RCP, 1954, p. 8.

Ao que parece, o governo norte-americano, através do Eximbank, encontrou na Paulista o apanágio de uma empresa idônea e exemplarmente escrupulosa, que sempre procurou honrar os prazos dos seus compromissos, principalmente aqueles referentes aos empréstimos de financiamento. Portanto, em função de sua reputação junto às agências financeiras internacionais e logo após o bom andamento dos pagamentos de mais esse contrato de crédito, a Paulista contrairia um novo empréstimo com o mesmo Eximbank, só que agora sob a recomendação e supervisão da CMBEU.

Os técnicos dessa Comissão instruíram os diretores da Paulista sobre a necessidade de se substituir os obsoletos engates de "gancho e corrente" e freios a vácuo pelos modernos engates automáticos e freios a ar comprimido. Além disso, o relatório sobre a concessão desse novo empréstimo para viabilizar a adoção desses equipamentos denota que a Paulista também manifestou interesse em substituir 1.279 vagões de carga por 605 novos vagões dotados de uma capacidade maior de transporte. Para a Subcomissão de Transportes Ferroviários da CMBEU, esse programa de financiamento era perfeitamente factível dentro do prazo de aproximadamente dois anos e meio a contar da entrega das encomendas.[64]

Sobre a CMBEU e o Projeto de Transporte nº 2, que se refere a esse segundo contrato de crédito da Paulista com o Eximbank, a diretoria da ferrovia se manifestava da seguinte forma:

> Essa Comissão, instalada no Rio de Janeiro em 19 de Julho de 1951, reconhecendo a importância fundamental de estradas de ferro bem organizadas e equipadas na vida econômica do Brasil, atacou de início os problemas das linhas de bitola larga – Central do Brasil, Santos e Jundiaí e Companhia Paulista – que realizam 36% da tonelagem quilômetro total do tráfego de carga sobre trilhos, através do Brasil. Dentre esses problemas, a Comissão Mista destacou, como de primordial importância, a uniformização de engate e freios nas três estradas, e, após cuidadoso exame dos elementos técnicos e financeiros apresentados pela Companhia Paulista, estudou e organizou seu Projeto nº 2 para conversão dos freios e engates desta Companhia, e declarou em sua apresentação: "A Comissão Mista chegou à conclusão de que esse projeto é economicamente justificável; enquadra-se no programa geral de desenvolvimento e recuperação ferroviária para o Brasil, que ora está sendo elaborado pela Comissão Mista; e merece prioridade dentro do programa geral brasileiro de desenvolvimento econômico".
>
> Em despacho dado ao processo P.R. 20537/52, publicado no Diário Oficial da União de 5 de Março de 1952, foi o Projeto número 2 da Comissão Mista aprovado por S. Excia. o Sr. Presidente da República,

---

64   Comissão Mista Brasil-Estados Unidos para Desenvolvimento Econômico, *op. cit.*, 1953, p. 493.

que autorizou, também, a importação dos Estados Unidos de equipamentos necessários, nesse projeto relatados.

[...]

Dirigiu-se, então, a Companhia ao Banco de Exportação e Importação de Washington, do qual obteve, após os necessários entendimentos, o crédito de número 524, no valor de US$ 7.000.000,00, pelo contrato assinado em 9 de Setembro de 1952.[65]

As condições básicas do crédito nº 524 eram:[66]
1. Limite de crédito – US$ 7.000.000;
2. Prazo de utilização – de 9 de setembro de 1952 a 15 de junho de 1954;
3. Prazo de resgate – sete anos, de 15 de junho de 1955 a 15 de dezembro de 1961. No período de 9 de setembro de 1952 a 15 de junho de 1955 seriam devidos apenas os pagamentos de juros;
4. Juros – 4,5% ao ano sobre os montantes utilizados;
5. Garantias documentais – série de quatorze promissórias, cada uma no valor de US$ 500.000 e pagáveis nos dias 15 de junho e 15 de dezembro dos anos de 1955 a 1961, inclusive os juros de 4,5% sobre os saldos devedores;
6. Aplicação do crédito – unicamente em equipamentos americanos destinados à execução do Projeto nº 2, com preferência da parte relativa a freios e engates; somente os créditos remanescentes, após essa aplicação, poderiam ser aplicados na aquisição de novos vagões.

As quatorze promissórias desse empréstimo tiveram sua inscrição feita nos registros de prioridade cambial da Superintendência da Moeda e Crédito (Sumoc), ao mesmo tempo em que a licença prévia para as importações dos materiais elencados nesse Projeto nº 2 da CMBEU foi avalizada pela CEXIM do Banco do Brasil. Os pagamentos, por sua vez, foram feitos por cartas de crédito irrevogáveis emitidas pelo National City Bank of New York com a garantia do Eximbank. Novamente, os recursos seriam providos pelos dois fundos formados a partir das taxas sobre as tarifas ferroviárias. Essas rendas, na base da arrecadação de 1952, produziriam, entre o ano de 1953 até o expirar das taxas em 1965, segundo alegação da diretoria da Paulista, o montante aproximado de Cr$ 1.500.000.000, ou

---

65 RCP, 1953, p. 10.
66 *Ibidem*, p. 11.

seja, valor mais do que suficiente para cobrir todos os compromissos externos e internos até então assumidos pela Companhia.[67]

O sistema cambial da época oferecia duas modalidades de taxas de câmbio: uma oficial, que era aplicada às importações consideradas prioritárias (caso dessas importações demandadas pela Paulista), às remessas financeiras do governo, aos rendimentos do capital estrangeiro tidos como de "interesse nacional" e aos juros e amortizações desses tipos de empréstimos; e outra denominada taxa de mercado livre, que incidia sobre o restante das importações. Vianna observa que a Sumoc agia no sentido de alterar a lista de importações prioritárias conforme achasse necessário. Assim, ao liberar as importações em momentos de extrema valorização do câmbio, o governo conseguia estimular os investimentos produtivos, através da importação de bens de capital, e controlar a entrada excessiva de bens de consumo não essenciais, evitando, dessa maneira, possíveis consequências inflacionárias.[68]

Não obstante, o nível geral de preços, medido pelo IGP-DI, saltou de 12% para 20,8% em 1953. A propósito, Vianna destaca que uma das razões desse aumento inflacionário deveu-se ao impacto das desvalorizações cambiais resultantes da Instrução 70 da Sumoc, baixada em 9 de outubro de 1953, que pressionaram os custos de produção de todos os setores da indústria.[69]

Por conseguinte, as despesas com mão de obra e materiais necessários à substituição do sistema de engate e freios dos carros e locomotivas da linha de bitola larga da Paulista foram inicialmente orçadas em Cr$ 51.640.837 e, em seguida,

---

67 RCP, 1953, p. 13-14.
68 Vianna, *op. cit.*, p. 134.
69 *Ibidem*, p. 143. A Instrução 70 da Sumoc restabeleceu o monopólio cambial ao Banco do Brasil, resultando, assim, no fato de que todos os bancos autorizados a operar no mercado cambial tiveram que obrigatoriamente vender ou repassar as divisas decorrentes das exportações ao monopolista. "O controle quantitativo das importações também foi extinto e substituído pelo regime de leilões de câmbio em bolsa de fundos público do país. O sistema de leilões cambiais consistia, na verdade, na negociação de Promessas de Venda de Câmbio (PVC), que eram resgatadas em pregão público nestas bolsas e que davam ao importador o direito à aquisição do câmbio no valor e na moeda estipulados. Após as aquisições das PVC nos leilões, o comprador as levava ao Banco do Brasil no prazo de cinco dias e, em seguida ao pagamento do ágio, recebia o certificado de câmbio, com o qual, depois de verificado os preços das mercadorias a serem importadas, podia obter a licença de importação. De posse da PVC e da licença de importação, o comprador podia adquirir câmbio à taxa oficial em qualquer banco autorizado, no valor da operação licenciada, ficando com o direito à restituição do correspondente à diferença não utilizada. As PVC eram vendidas, em princípio, em lotes de US$ 1 mil, US$ 5 mil e US$ 10 mil". Cf. Vianna, *op. cit.*, p. 139.

revisadas ao atingir a importância de Cr$ 62.295.223. A fim de atender a execução desse trabalho, bem como da montagem de 430 vagões importados de cargas, a Companhia entrou em entendimento com o BNDE, no dia 18 de janeiro de 1955, para assinar um contrato de financiamento de Cr$ 86.713.933 – valor máximo total do orçamento atualizado para a realização dos serviços no intervalo de dois anos, prazo estabelecido pelo Projeto nº 2 da CMBEU. O serviço de amortização, juros e comissões, também seria custeado pelas mesmas taxas de Melhoramentos e de Renovação Patrimonial, cuja cobrança, como já se disse, estava assegurada pelas disposições do Decreto-lei de 12 de junho de 1945, até junho de 1965.[70] Segue o resumo das condições desse empréstimo:[71]

1. Valor total do financiamento – Cr$ 86.713.933;
2. Prazo de utilização – dois anos (1955-56);
3. Taxa de juros – 7%;
4. Comissão de abertura do crédito – 1% sobre o montante do financiamento;
5. Comissão de fiscalização – 1% sobre o montante do financiamento pago em quatro prestações mensais a partir de 18 de fevereiro de 1955;
6. Condições do pagamento – amortização em 12 anos ou 24 prestações semestrais a partir de 30 de junho de 1957. Para assegurar o pontual pagamento das obrigações semestrais a Companhia teria que recolher mensalmente ao BNDE as quantias equivalentes a 1/12 das responsabilidades do principal e dos juros de cada ano. Já sobre os fundos assim constituídos, o Banco creditaria à Paulista os juros de 2% ao ano;
7. Garantia – A Paulista consentiu em dar ao Banco o direito de, em caso de atraso dos seus pagamentos, arrecadar diretamente as importâncias das taxas de Melhoramentos e Renovação Patrimonial.

O programa de melhoramentos da ferrovia ainda estava longe de se encerrar, pois, novamente por recomendação da CMBEU mediante seu Projeto nº 36, a Paulista se regozijava com a possibilidade de eliminar por definitivo a onerosa tração a vapor, de expandir a eletrificação do trecho entre Cabrália e Marília e de instalar o controle de tráfego centralizado nos trechos Bauru-Marília e Campinas-Nova Odessa. Para os engenheiros da Companhia, esses melhoramentos ofereceriam

---

70 RCP, 1953, p. 13; RCP, 1954, p. 10; RCP, 1955, p. 11.
71 RCP, 1955, p. 11-12.

maior segurança e capacidade na movimentação dos trens, além de permitir a redução do pessoal empregado no serviço de tráfego. Seguindo o mesmo padrão das melhorias técnicas predecessoras, a Paulista solicitou um terceiro crédito de financiamento ao Eximbank no montante de US$ 12.800.000, que se destinaria à aquisição, dentre outros equipamentos, de 38 locomotivas diesel-elétricas, 644 toneladas de lingotes de cobre e 26.350 toneladas métricas de trilhos.[72] A formalização desse empréstimo deu-se pelo contrato de crédito nº 902 datado de 25 de junho de 1957. As amortizações, a juros de 5,5% ao ano, deveriam ser pagas em 20 prestações semestrais durante dez anos, a contar do dia 15 de março de 1959.[73]

A relação estabelecida ao longo dos anos 1950 entre a Paulista e o Eximbank assinala uma das principais características da economia brasileira no período do pós-guerra: nossa intensa dependência do crédito externo e do comércio importador de bens de capital. Na realidade, o Eximbank tinha a finalidade precípua de atuar como um dos financiadores oficiais do comércio exportador norte-americano. No momento da abertura dos créditos, o governo dos Estados Unidos exigia das empresas no Brasil que as compras fossem feitas junto às empresas fornecedoras do seu país. Firmavam-se, assim, adiantamentos que o banco fazia às exportadoras norte-americanas, mas que, no limite, eram debitados de empresas brasileiras como a Paulista. Esse mecanismo de financiamento atrelava, portanto, a concessão do empréstimo no Brasil aos ganhos de capital dos Estados Unidos. No fundo, tratava-se de financiar o próprio comércio exportador norte-americano.

Segundo publicação da Paulista elaborada em 1960 para o Congresso Panamericano de Estradas de Ferro, somente o primeiro dos três contratos de financiamento com o Eximbank havia sido liquidado pela Companhia em 26 de dezembro de 1956. Por sua vez, a dívida referente aos outros dois contratos foi consolidada numa única operação, no dia 28 de julho de 1960, ao conformar um saldo devedor de US$ 14.878.940 que deveria ser totalmente liquidado em 15 de dezembro de 1968.[74]

Não obstante, no ano de 1957, a Paulista aumentaria ainda mais seu nível de endividamento por meio de um segundo contrato de empréstimo com o BNDE para a realização dos trabalhos de construção da linha de Adamantina a

---

72   RCP, 1957, p. 11-12.
73   RCP, 1958, p. 10.
74   Companhia Paulista de Estradas de Ferro, *op. cit.*, 1960, p. 15.

Panorama. No valor total de Cr$ 241.300.000, esse empréstimo seria amortizado em 12 anos ou 24 prestações semestrais, a contar do dia 31 de dezembro de 1961, a uma taxa de juros de 8% ao ano, mais a comissão de abertura do crédito de 1% sobre o montante do financiamento. Como garantia, a Paulista caucionou ao Banco as receitas das estações de Adamantina, Lucélia e Tupã, além de ter vinculado 15% do produto da arrecadação das taxas dos Fundos de Melhoramentos e de Renovação Patrimonial.[75]

Em conjunto, todos esses créditos de financiamento com o Eximbank e o BNDE indicam que a Paulista vinha, a cada contração de um novo empréstimo, perdendo sua autonomia financeira. Além dos fundos formados pelas taxas adicionais, a Companhia dispunha da Conta de capital e dos chamados fundos estatutários que, pelo que os dados sugerem, já não conseguiam mais prover a totalidade dos recursos necessários à continuidade dos planos de melhoramentos e expansão ferroviária. O fato que endossa essa impressão é exatamente esse último empréstimo tomado do BNDE para financiar o equivalente a 60% das obras do prolongamento de Adamantina a Panorama.

Em 1958, quando pela primeira vez se ventilou no seio dos aparelhos do Estado a possibilidade de desapropriação do patrimônio da Paulista,[76] a diretoria da Companhia se manifestou, defendendo seus planos de expansão das linhas, de retificação do traçado e de reaparelhamento do material ferroviário, bem como se vangloriou ao clamar que:

> [...] está convencida de que o interesse geral do Estado e o das regiões servidas pelas linhas desta Empresa, como o de seus acionistas e empregados, continuarão perfeitamente amparados, permanecendo a Companhia Paulista de Estradas de Ferro no exercício da concessão que lhe foi outorgada pelo Governo de São Paulo. E que, no decurso de tão dilatado tempo, jamais recorreu – sob forma alguma – a qualquer auxílio do Tesouro do Estado.[77]

---

75   *Ibidem*, p. 11-12.
76   Em fins de setembro de 1958, começaram a circular pelas linhas da Paulista, e nos diversos locais de trabalho, boletins e jornais de São Paulo e do Diário Oficial que traziam em seu conteúdo o projeto de Lei nº 1.744 apresentado à deliberação da Assembleia Legislativa do Estado de São Paulo. De acordo com a pauta do projeto: "ficam declarados de utilidade pública, para o fim de serem desapropriados, as linhas férreas, o equipamento de transportes e os prédios utilizados no serviço ferroviário da Companhia Paulista de Estradas de Ferro". Cf. RCP, 1959, p. 20.
77   *Ibidem*, p. 23.

Assim, a direção da Companhia não via razão para que a Paulista fosse estatizada, pois, de fato, ela, diferentemente da grande maioria das ferrovias brasileiras, até então nunca havia requerido qualquer tipo de ajuda financeira aos cofres públicos. Em toda sua história, foram raras as ocasiões em que ela solicitou capital de terceiros para financiar a expansão de suas linhas férreas. Em geral, seu capital próprio costumava suprir toda demanda de investimento como se pode observar pelos importes, ano a ano, das duas tabelas a seguir.

Tabela III. 16 – Companhia Paulista: emprego da Conta de capital, 1930-1960
(valores nominais)

Anos	Conta de capital	
	Despesas aprovadas pelo governo	Investimento acumulado
1930	1.576.060 mil-réis	425.596.927 mil-réis
1931	653.878	420.905.216
1932	152.923	420.080.049
1933	49,434	418.810.282
1934	530.813	415.464.649
1935	1.167.657	416.440.860
1936	627.723	417.037.962
1937	29.037.586	419.247.307
1938	34.935.650	443.485.035
1939	44.384.545	487.492.753
1940	4.351.334	491.842.497
1941	27.662.785	519.349.949
1942	Cr$ 5.689.489	Cr$ 524.871.921
1943	7.245.596	531.921.266
1944	8.422.287	540.282.783
1945	30.166.050	558.434.360
1946	1.842.616	560.276.976
1947	6.581.796	566.858.772
1948	11.065.350	577.924.122
1949	74.450.125	652.374.247
1950	39.510.647	691.884.894
1951	13.826.003	705.710.898
1952	18.289.341	724.000.239
1953	1.096.053	725.096.292

1954	10.262.808	737.359.101
1955	19.087.014	754.446.115
1956	9.525.832	763.971.948
1957	6.916.962	776.686.515
1958	21.559.476	957.464.497
1959	25.445.426	1.060.107.733
1960	57.458.317	1.117.566.051

Fonte: Relatórios diversos da Companhia Paulista.

A Tabela III. 16 apresenta o histórico dos investimentos em capital realizados, basicamente, para expandir e reestruturar suas linhas férreas. Pondera-se que parte do elevado dispêndio registrado no ano de 1949 corresponde ao valor do capital reconhecido pelo governo da rede férrea da Companhia Douradense, incorporada ao patrimônio da Paulista mediante o Decreto Estadual de 4 de fevereiro de 1949. Já com respeito ao ano de 1960, o valor total investido de Cr$ 1.117.566.051 teve ainda um acréscimo de 8% de juros ao ano, no momento da tomada de contas das despesas do exercício de 1959 pelo governo do estado. Assim, tal apuração fez-se sobre os investimentos realizados no interregno de fevereiro de 1954 a dezembro de 1959 para a construção do prolongamento da linha de Adamantina a Panorama, cujos três primeiros trechos, como já se mencionou, haviam sido inaugurados em 1959.[78] No entanto, reitera-se que o emprego dos recursos da conta de capital da Companhia só foi capaz de atender 40% da demanda de investimento exigida pelo prolongamento Adamantina-Panorama, o que impeliu à diretoria a entrar mais uma vez em negociação com o BNDE para a contratação do segundo empréstimo, ao qual nos referimos há pouco.

---

78 RCP, 1961, p. 19.

Tabela III. 17 – Companhia Paulista: saldos dos fundos estatutários, 1930-1960
(valores nominais)

Anos	Fundo de Previsão*	Fundo de Amortização de Dívidas	Fundo de Expansão de Tráfego	Fundo do Serviço Florestal	Fundo de Reserva
1930	7.000.000 mil-réis	–	–	–	–
1931	7.000.000	–	–	–	–
1932	7.079.686	–	–	–	–
1933	7.225.787	95.697.381 mil-réis	500.000 mil-réis	7.008.062 mil-réis	–
1934	7.676.187	108.938.078	25.059.035	7.138.488	–
1935	7.999.657	108.938.078	25.059.035	7.437.685	–
1936	9.000.000	108.938.078	25.200.000	7.776.611	–
1937	9.825.758	111.124.584	25.200.000	9.597.868	–
1938	10.181.269	111.124.584	25.200.000	12.119.271	–
1939	13.154.196	111.124.584	25.200.000	15.917.033	–
1940	13.650.125	111.124.584	25.200.000	15.917.033	1.526.667 mil-réis
1941	13.915.638	111.124.584	25.200.000	15.917.033	3.362.895
1942	Cr$ 14.248.316	Cr$ 113.324.584	Cr$ 25.200.000	Cr$ 19.413.615	Cr$ 5.492.449
1943	14.992.084	113.324.584	25.200.000	24.608.884	8.092.934
1944	16.502.460	113.324.584	25.200.000	31.048.656	10.903.114
1945	17.821.355	113.324.584	25.200.000	41.048.656	13.433.307
1946	19.533.805	116.577.143	25.200.000	53.599.780	16.714.328
1947	20.969.717	116.577.143	25.200.000	53.599.780	19.416.870
1948	22.127.670	116.600.000	25.300.000	53.700.000	22.393.965
1949	22.809.096	116.640.000	25.340.000	53.740.000	25.390.833
1950	22.849.096	116.680.000	25.280.000	53.780.000	28.569.092
1951	22.889.096	116.720.000	25.420.000	53.820.000	33.298.957
1952	22.929.096	116.760.000	25.460.000	53.860.000	37.360.593
1953	22.969.096	116.800.000	25.500.000	53.900.000	40.339.910
1954	23.009.096	116.840.000	45.520.000	58.920.000	45.438.425
1955	23.049.096	116.880.000	60.540.000	58.960.000	50.456.079
1956	23.089.096	116.920.000	60.580.000	59.000.000	53.589.908
1957	23.120.096	116.960.000	63.620.000	59.040.000	58.051.970
1958	23.169.096	117.000.000	119.640.000	65.060.000	64.831.501

| 1959 | 33.189.096 | 117.000.000 | 149.640.000 | 72.060.000 | 70.692.462 |
| 1960 | 33.309.096 | – | 70.552.783 | 72.100.000 | 73.413.969 |

* Durante os anos trinta, o Fundo de Previsão denominava-se Fundo de Reserva Estatuário. A partir de 1940, com a nova Lei das Sociedades Anônimas, tornou-se obrigatório às empresas a dedução de 5% dos lucros líquidos apurados para a constituição de um Fundo de Reserva, destinado a assegurar a integridade do capital até o limite de 20% deste.
Fonte: Relatórios diversos da Companhia Paulista.

Parte dos importes do antigo Fundo de Reserva (que em 1940 passou a se chamar Fundo de Previsão, em virtude do que determinava o novo estatuto da Companhia) estava aplicada em apólices de dívidas dos governos federal e do estado de São Paulo, além de imóveis na cidade de São Paulo e de ações das companhias de estradas de ferro tributárias da Paulista.

Conforme se observa, em 1933 foram criados outros três fundos estatutários: o Fundo de Amortização de Dívidas, o Fundo de Expansão de Tráfego e o Fundo do Serviço Florestal. O primeiro tinha por finalidade atender às remessas com pagamentos de juros e amortizações referentes aos empréstimos contraídos junto às instituições financeiras estrangeiras, evitando assim a depauperação do capital da Companhia com o custo dessas dívidas; o segundo fundo destinava-se à construção de estradas complementares à rede férrea da Paulista, bem como ao suprimento de recursos às estradas de ferro tributárias; e o terceiro, como o próprio nome diz, provia os recursos necessários à execução dos serviços nos diversos hortos florestais formados e mantidos pela Companhia.

Com respeito ao Fundo de Expansão de Tráfego, havia um constante emprego de parte dos seus recursos na subscrição de ações da Companhia de Agricultura, Imigração e Colonização (CAIC): empresa subsidiária da Paulista que tinha por finalidade o fracionamento de terras e o loteamento de grandes propriedades rurais existentes na zona servida pela ferrovia.

Para encerrar essa seção, convém fazermos um breve comentário sobre o serviço florestal executado pela Paulista. O Horto de Rio Claro (que por muitas décadas foi o maior horto da América Latina) representa mais um exemplo do pioneirismo da Paulista, desta forma, na introdução e no cultivo de eucaliptais no Brasil. Implantado em 1904, pelo engenheiro agrônomo e funcionário da Companhia, Edmundo Navarro de Andrade, o cultivo do eucalipto era estratégico para o abastecimento de lenha, utilizada como combustível – devido à constante escassez de carvão –, e madeira, insumo básico adotado para a fabricação de dormentes, postes, estacas, mobília etc. Em 1959, a Paulista chegou a possuir um total de 18 hortos florestais que ocupavam uma área de 24.387 hectares. Os principais localizavam-se nos municípios de Rio Claro, Tatuí, Sumaré e Cordeirópolis.[79]

11. Movimento operário e os ferroviários da Paulista

A história do operariado em São Paulo está indissociavelmente relacionada à atuação política de anarquistas, socialistas e comunistas, à organização dos partidos de esquerda e à formação dos sindicatos ferroviários. Entre as décadas de 1930 e 1950, o comunismo foi, sem dúvida alguma, o principal alvo da repressão policial posta em prática pelo Departamento de Ordem Política e Social (Dops) que prendeu, torturou e assassinou uma quantidade incomensurável de civis; em geral, militantes políticos ou pessoas simpatizantes das causas em favor de maior justiça social e condições dignas de existência.

Em São Paulo, a prática comunista se efetuava, sobretudo, por meio de greves organizadas em torno da mobilização das classes trabalhadoras e através de comícios em espaços públicos. Grande parte desses atos tinha o apoio dos sindicatos que representavam as categorias mais antigas e numerosas de trabalhadores urbanos, a exemplo dos ferroviários. Decerto, estes, particularmente os ferroviários da Paulista, detêm um papel de destaque no que tange a trajetória do movimento operário de São Paulo, em função de terem sido uma das primeiras categorias a se organizar no combate à exploração e na luta por melhores condições de trabalho.

Entretanto, até a aprovação da Lei de Sindicalização no início dos anos 1930,[80] as reivindicações dos ferroviários, bem como o próprio sentido da causa operária em São Paulo, estavam eivadas por ideologias de nuanças diversas, em especial: o comunismo-stalinista, o comunismo-trotskista, o anarquismo, o anarcossindicalismo e o socialismo.

Sabe-se que o advento das estradas de ferro acarretou mudanças significativas nas relações de trabalho no Brasil. A proibição da utilização de escravos, a necessidade de mão de obra qualificada e a presença maciça de imigrantes nos serviços das diversas ferrovias brasileiras fizeram parte do processo de transição do trabalho escravo ao trabalho assalariado. Cechin pondera que as ferrovias reduziram os

---

79   Companhia Paulista de Estadas de Ferro, *op. cit.*, 1960, p. 6.

80   A respeito dessa Lei, consultar: http://cpdoc.fgv.br/producao/dossies/AEraVargas1/anos30-37/PoliticaSocial. Último acesso em 3/9/2010.

custos com transporte, ampliaram mercados e, além disso, submeteram todas as unidades produtivas situadas em seu raio de ação à mesma lei inexorável da concorrência capitalista.[81]

É importante, contudo, destacar que o caminho trilhado pelos ferroviários de São Paulo assumiu características distintas das experiências vivenciadas pela mão de obra assalariada de outras regiões do Brasil. A propósito, Lamounier afirma que, desde a construção das primeiras ferrovias, muitos trabalhadores provinham da agricultura de exportação e que, nos momentos da entressafra dos plantios, se observava uma relativa abundância de mão de obra livre e nativa que acabava, em muitos casos, sendo empregada no trabalho ferroviário, pelo menos por um período determinado.[82]

Diante de tais circunstâncias, era comum que algumas companhias ferroviárias disputassem pelo recrutamento da mão de obra mais apta ao trabalho rígido e disciplinado. Havia a preferência por trabalhadores nacionais pouco especializados – o que permitia o pagamento de salários mais baixos – ou por trabalhadores imigrantes já acostumados às técnicas mais racionalizadas de trabalho. Aliás, convém ressalvar que há diferenças significativas entre as atividades de construção, manutenção e operação das estradas de ferro. Essas diferenças vão das características dos trabalhadores (como origem, sexo, idade, habilidades etc.) às condições de trabalho (organização, remuneração, tempo de serviço etc.).

Beatriz Brusantin trabalha em seu estudo com a hipótese da existência de uma relação entre o Partido Socialista Brasileiro (PSB) e a Aliança Nacional Libertadora (ANL) com o movimento sindical dos ferroviários da Paulista. Ao analisar os informes e prontuários do Dops, a pesquisadora pontua que para a polícia política do primeiro governo Vargas havia uma inequívoca vinculação do Sindicato dos Ferroviários da Paulista com a ANL, o PSB e as demais organizações de esquerda. De fato, dentre os sindicatos paulistas oficialmente reconhecidos pelo Estado, os sindicatos ferroviários eram os mais ativos e organizados. Consequentemente, as cidades paulistas que apresentavam maior grau de engajamento político em defesa das reivindicações dos operários eram importantes centros ferroviários como Campinas, São Carlos, Araraquara, Piracicaba, Barretos,

---

81 Cechin, *op. cit.*, p. 13-14.
82 Lamounier, *op. cit.*, p. 21.

Bauru, Araçatuba, Bebedouro, Sorocaba, Mogi-Mirim e Ribeirão Preto.[83] Além disso, a autora menciona que:

> Em 1935, a ação política na Zona Paulista teve, sobretudo, o apoio da ANL. Segundo a polícia, os ativistas dos sindicatos ferroviários da cidade de Campinas (SP): "organizaram os 'Comitês pró-ANL' e grupos ou 'brigadas' que tomaram a frente de qualquer movimento (...) estão preparados, aguardando ordens dos dirigentes político-sindicais, para entrarem em ação".
>
> A polícia evidenciava que as ações reivindicatórias operárias, aliadas ao comunismo brasileiro representado pela ANL, se organizavam como guerrilhas em formas de "brigadas", prontas para obedecerem e atacarem sob ordens de um líder político sindical. Para polícia, o movimento sindical ferroviário na Zona Paulista se configurava como "grupos de combate" sob as ordens do "mal vermelho". Antes mesmo da derrocada do movimento revolucionário que iria eclodir em novembro do mesmo ano, articulava-se a imagem da "Intentona Comunista".
>
> A fim de acabar com qualquer tipo de manifestação política, a polícia da região paulista investiu contra os ferroviários e outros tantos profissionais e grupos políticos.[84]

As primeiras tentativas dos ferroviários da Paulista de se organizarem como categoria profissional remontam à passagem do século XIX para o XX e estão documentadas em alguns dos principais jornais operários que circulavam entre as estações da ferrovia por meio da atividade das chamadas Ligas Operárias. Estas podem ser consideradas as organizações precursoras dos sindicatos trabalhistas e, portanto, assumem uma importância histórica arquetípica para aqueles que se interessam pelo estudo do movimento operário no Brasil.

É importante frisar que a maioria desses jornais operários, que datam do período anterior à Primeira Guerra, provinha das cidades de São Paulo e do Rio de Janeiro e possuía um viés editorial de influências fortemente anarquistas ou anarcossindicalistas. Num desses jornais fluminenses, denominado *A Voz do Trabalhador*, seus editores manifestavam explicitamente a necessidade política de sindicalização de todos os trabalhadores. Em 1909, por exemplo, tal jornal

---

83 B. de M. Brusantin. *Na boca do sertão: o perigo político no interior do estado de São Paulo (1930-1945)*. São Paulo: Arquivo do Estado/Imprensa Oficial do Estado, 2003, p. 36-38.

84 *Ibidem*, p. 38-39.

noticiou com grande entusiasmo que os sindicatos da construção civil de Santos "haviam forçado os empreiteiros a admitir somente pessoal sindicalizado".[85]

Já outro jornal intitulado A *Terra Livre* apregoava que o trabalhador sindicalizado absorve mais facilmente a propaganda anarquista e consegue compreender melhor a origem de seus problemas, ao ficar moral e materialmente preparado para conhecer a conclusão lógica do movimento sindicalista: "a expropriação revolucionária da terra e de todos os meios de produção".[86]

Todavia, pontua-se que, a despeito da curta duração editorial de muitos desses jornais, a imprensa operária que surgiu no início do século passado teve uma importância singular para o processo de conscientização da classe trabalhadora no Brasil, bem como para a posterior articulação e sindicalização das diversas categorias profissionais.

De acordo com José Murilo de Carvalho, nas primeiras duas décadas do século XX, a classe operária apresentava uma feição distinta nos dois principais centros urbanos do país. No Rio de Janeiro, onde a industrialização era mais antiga, havia maior diversidade de orientações e o operariado do Estado e de empresas públicas (ferrovias, marinha mercante etc.) era mais numeroso e fortemente vinculado ao governo. Diferentemente do operariado paulista, cuja penetração dos ideais anarquistas vindos do exterior foi bastante expressiva, a classe operária carioca era composta majoritariamente por brasileiros, tendo como principal grupo de estrangeiros trabalhadores portugueses, além de uma presença considerável da população negra, inclusive de ex-escravos. Todavia, para o autor, o movimento operário trouxe consequências importantíssimas, principalmente no que diz respeito à conquista dos direitos civis no Brasil.

> O movimento lutava por direitos básicos, como o de organizar-se, de manifestar-se, de escolher o trabalho, de fazer greve. Os operários lutavam também por uma legislação trabalhista que regulasse o horário de trabalho, o descanso semanal, as férias, e por direitos sociais como o seguro de acidentes de trabalho e aposentadoria. No que se refere aos direitos políticos, deu-se algo contraditório. Os setores operários menos agressivos, mais próximos do governo, chamados na época de 'amarelos', eram os que mais votavam, embora o fizessem dentro de um espírito clientelista. Os setores mais radicais, os anarquistas, seguindo

---

85 A *Voz do Trabalhador*, 1/6/1909, *apud* Maram, *op. cit.*, p. 81.
86 A *Terra Livre*, 11/11/1906, p. 3.

a orientação clássica dessa corrente de pensamento, rejeitavam qualquer relação com o Estado e com a política, rejeitavam os partidos, o Congresso, e até mesmo a ideia de pátria. O Estado, para eles, não passava de um servidor da classe capitalista, o mesmo se dando com os partidos, as eleições e a própria pátria.[87]

Maram observa que os anarcossindicalistas dominavam o movimento anarquista no Brasil. Os primeiros líderes operários definiam suas táticas de ação com base nos livros dos teóricos sindicalistas residentes na França. Tais livros se tornaram populares por volta de 1890 também em outros centros da atividade sindicalista como Itália e Espanha. Com frequência, essas teorias e práticas se espalhavam através da imprensa, panfletos e resoluções dos congressos operários amplamente dominados por anarcossindicalistas. Segundo o autor, houve três desses congressos aqui no Brasil: o primeiro em 1906, o segundo em 1913 e o terceiro em 1920.[88]

A proposta anarcossindicalista concebia o sindicato como o meio mais eficaz para as ações que objetivavam a melhoria das condições de vida aos trabalhadores através do confronto com os detentores do capital. Os sindicatos, portanto, seriam o *locus* de atuação do operariado e teriam como função organizar a resistência contra as várias formas de exploração capitalista e conscientizar os trabalhadores sobre seus direitos e as mudanças em curso no mundo do trabalho. Para os anarcossindicalistas, essa também deveria ser a função das cooperativas e das sociedades beneficentes, ou seja, a de auxiliar voluntariamente os trabalhadores no embate direto com empresas e empresários.

> Supunha-se que a popularidade do anarquismo no Brasil decorresse do fato de que os imigrantes envolvidos no movimento operário brasileiro provinham de países de influência anarquista, nominalmente Espanha, Itália e Portugal. Mas essa suposição não resiste a uma investigação mais profunda. Havia outras formas de sindicalismo bastante influentes naqueles países [...] além disso, o anarcossindicalismo sintonizava mais diretamente com os interesses do proletariado brasileiro que qualquer outra forma de sindicalismo. [...] No anarcossindicalismo, o trabalhador imigrante sentia-se confortável, pois permaneciam seus laços com a terra mãe. O anarcossindicalismo via a si próprio como uma parte

---

87 J. M. de Carvalho. *Cidadania no Brasil: o longo caminho*. 6ª ed. Rio de Janeiro: Civilização Brasileira, 2004, p. 60.

88 Maram, *op. cit.*, p. 78.

do movimento internacional. Tentava desenvolver entre os trabalhadores um sentimento de solidariedade internacional, especialmente para com os italianos, portugueses e espanhóis, irmãos nacionais da grande parte de nossos imigrantes. Os socialistas insistiam em que o imigrante adotasse a cidadania brasileira para poderem votar nas eleições. Já os anarquistas não exigiam tal atitude. O nacionalismo e, em especial, a participação no processo eleitoral eram considerados uma maldição pelos libertários.[89]

Entre 1902 e 1905, anarquistas e socialistas atuaram juntos na formação de algumas organizações de trabalhadores, dentre elas a Federação Operária de São Paulo (FOSP). Logo após o primeiro congresso operário de 1906, os trabalhadores da Paulista haviam desencadeado a greve a qual mencionamos no Capítulo I e que, segundo Maram, serviu como um teste de força à organização do operariado em São Paulo. Já sob o controle dos anarcossindicalistas, a FOSP agiu energicamente organizando manifestações de apoio e enviando outros sindicalizados para os locais de paralisação. Todavia, tal estratégia não foi suficiente, pois, como se viu, a greve foi rapidamente reprimida pela ação violenta da polícia.[90]

Mais uma vez, Maram informa que os anarquistas organizaram uma série de protestos que culminaram na greve geral de 1917, realizada em São Paulo. Esta greve, a revolta de 18 de novembro de 1918 e os supostos planos insurgentes de 1919, transformaram esse período na fase áurea do movimento anarquista no Brasil. Ao mesmo tempo, a repressão do governo contra os militantes aumentava vertiginosamente através da invasão e fechamento de alguns sindicatos. Diversos líderes operários foram presos ou deportados. Por fim, em 1920, os anarcossindicalistas colocaram em xeque todo o vigor do movimento operário, que já vinha se arrefecendo, ao deflagrarem mais uma série de greves em São Paulo, Santos e Rio de Janeiro, todas fracassadas. Para o autor, esse foi o último ano de significativa força do anarcossindicalismo em território brasileiro.[91]

A partir dos anos 1930, a repressão imposta pela polícia política voltou-se particularmente contra outras duas vertentes do movimento operário, representadas pela atuação dos integrantes do Partido Comunista Brasileiro (PCB) e do PSB. A política de segurança pública do Estado havia se convencido de que qualquer

---

89 *Ibidem*, p. 84.
90 *Ibidem*, p. 90-91.
91 *Ibidem*, p. 93 e 97.

agitação envolvendo piquetes em fábricas, reivindicações populares ou movimentos grevistas de trabalhadores tinha relação direta com a atuação dos comunistas que, filiados a um sindicato ou infiltrados no movimento sindical, exerciam forte influência sobre o operariado.

Brusantin afirma que as articulações políticas de esquerda eram frequentemente descritas pela documentação policial como atos clandestinos, subversivos, malignos e causadores de desordem e que, sendo assim, suas práticas tinham sempre por objetivo desestabilizar o governo. O discurso policial estereotipava as atividades comunistas ao associá-las à imagem do "perigo oculto". A retórica presente nos relatórios do Dops construía um ambiente de embate caricato no qual, de um lado estavam a ordem, o progresso, a pátria e a família e do outro, a desordem, a baderna, o "mal vermelho" e o antipatriotismo. Em contrapartida:

> As estratégias de luta por parte da resistência podem ser constatadas através da produção de boletins de propaganda comunista, intensa em todo o interior paulista. O discurso comunista não apenas combatia o integralismo como também incentivava os operários a participarem de reuniões sindicais, greves e comícios, além de lutarem contra o imperialismo e a burguesia. A maioria deste material sedicioso arquivado junto aos prontuários do DEOPS pertencia aos sindicatos ferroviários. Os boletins foram encontrados pela polícia nos trens das ferrovias paulistas, confirmando o modo pelo qual as ideias circulavam de forma a cumprir com seu objetivo imediato: informar de forma rápida e precisa, ainda que clandestina. Os propagandistas valiam por seu grau de inventividade e rapidez ao propagar a mensagem. Em São Carlos, na Zona Paulista, por exemplo, verificamos a circulação dos boletins O *Trilho* e A *Farpa*. Em São Roque, Zona Sorocabana, o cidadão Itauty Carneiro de Magalhães, presidente do Sindicato da Sorocabana, foi apontado pela polícia como um dos "cabeças" do movimento ferroviário, principalmente por ser um grande produtor de boletins comunistas.[92]

O trecho acima faz alusão a três elementos sociais que explicam sobremaneira a função histórica desempenhada pelas ferrovias e pelos ferroviários em relação à organização do movimento operário em São Paulo: primeiro, a interface existente entre a ideologia comunista e a atuação dos sindicatos ferroviários; segundo, o papel das ferrovias como propagadoras das mensagens e ideias comunistas contidas nos boletins que circulavam por todo o interior do estado; e terceiro, o

---

92 Brusantin, *op. cit.*, p. 54-55.

caráter aglutinador da liderança exercida pelos presidentes sindicais na mobilização política dos ferroviários em favor do engajamento comunista.

Brusantin qualifica o movimento ferroviário como forte, organizado e extremamente coeso, haja visto que muitas reuniões ocorriam de forma conjunta ao congregar trabalhadores de cidades e companhias distintas. Bauru era o exemplo típico desse apontamento da pesquisadora, pois havia a confluência de três ferrovias na cidade: a Noroeste, a Sorocabana e a Paulista.[93] A ação política do sindicato da Noroeste, a propósito, não influenciava apenas a mentalidade dos ferroviários bauruenses; pelo contrário, acreditava-se na ideia de uma *Frente Única Operária*, cujo enlace ideológico se daria através de uma série de alianças com outras cidades do interior, na intenção de mobilizar diferentes camadas sociais e organizações políticas para a luta contra o governo.[94]

Em suma, observa-se que o movimento dos ferroviários se caracterizava por ser um movimento organizado de repúdio à política autoritária e repressora, particularmente do primeiro governo Vargas, que atuava mediante os sindicatos sediados nas principais cidades interioranas de São Paulo ao propalar a doutrina comunista/socialista entre as estações através das próprias composições ferroviárias.

Há de se enfatizar também que durante o período abarcado nesta pesquisa, a década de 1930 configura o momento histórico de maior agitação e contestação política dos ferroviários da Paulista. No entanto, nos relatórios da diretoria da Companhia não há praticamente informações sobre qualquer queixa ou manifestação promovida pelos ferroviários. A esse respeito, os diretores sequer mencionam a greve desencadeada pelos funcionários das oficinas da Paulista em Jundiaí no ano de 1934.

Nesse ano de 1934, um artigo do periódico *O Dia* divulgou que o Sindicato dos Ferroviários da Paulista, na figura do seu presidente Nuncio Soares da Silva, estava organizando um movimento grevista que paralisaria as atividades de todas as seções da Companhia. Nascido na cidade de Rio Claro, Nuncio Soares era considerado pela polícia o "grande líder" do movimento sindical da Companhia e que, em 1935, acabou sendo demitido da Paulista segundo a alegação de envolvimento com atividades "subversivas". No ano seguinte, em 15 de julho, ele foi condenado a seis meses de detenção por ter causado danos nas linhas telegráficas

---

93   *Ibidem*, p. 56.
94   *Ibidem*, p. 49.

e telefônicas da Companhia (prática comum de greve), quando da sublevação ocorrida na noite de 18 de janeiro de 1934. Nuncio ficou preso até 12 de junho de 1937 e em 1947 seu nome apareceria numa lista de filiados do PSB.[95]

De fato, o Sindicato dos Ferroviários da Paulista, com sede em São Carlos, foi um dos mais atuantes durante os anos 1930. Seu tesoureiro, o português Domingos Teixeira Pinto, era tido como prestigiado *agitador do movimento* e principal *elemento de ligação* do PSB com o movimento sindical. Já José Maurano atuava como informante do sindicato na região dos arredores da cidade de Bebedouro. E, em 1933, o maquinista da Companhia, João Soares Pinheiros, fez parte, como representante do Sindicato, da Comissão de Reivindicação da Lei de Pensões e do Regulamento do Trabalho Ferroviário, ao lado de Jurandyr Bueno (representante dos ferroviários da Noroeste) e José Antunes de Oliveira (da São Paulo Railway).[96]

Pelo que se depreende dos prontuários policiais inventariados por Brusantin, a repressão ao movimento dos ferroviários no estado de São Paulo foi se acentuando progressivamente a partir de 1932, quando o Dops confiscou um conjunto de boletins com mensagens comunistas no Sindicato em São Carlos. Seguindo a cronologia dos fatos, em abril de 1933 a polícia política monitorou uma reunião, também ocorrida em São Carlos, com os representantes dos ferroviários das principais estradas de ferro paulistas; em junho, apreendeu-se um exemplar do jornal *O Trilho*, editado pelos ferroviários, e constatou-se a realização do Congresso dos Ferroviários, no qual se discutiu os planos de reivindicação e melhorias para a classe; em outubro, uma nova reunião com o mesmo propósito realizou-se em Bebedouro; em novembro, a polícia apertou o cerco à articulação política dos ferroviários ao cercear a movimentação sindical em São Carlos, Bauru e Rio Claro com a prisão preventiva de alguns dos principais líderes locais; no mês de dezembro, a polícia espionou uma reunião dos sindicatos dos ferroviários paulistas, constatando que estes planejavam um "golpe" em conjunto com a Legião Cívica 5 de Julho.[97]

Em 1934, o Dops elencou os nomes de cerca de 20 presos políticos envolvidos com o movimento ferroviário. Vigiados sistematicamente pelas delegacias regionais, os sindicatos e as delegações ferroviárias foram sendo paulatinamente

---

95 Cf. Dops/SP, DAESP. *Prontuário nº 2345 – Nuncio Soares da Silva*. Apud Brusantin, *op. cit.*, p. 199.

96 Brusantin, *op. cit.*, p. 38.

97 Dops/SP, DAESP. *Prontuário nº 2432, vol. 1 – Ferroviários*. Apud Brusantin, *op. cit.*, p. 172-173.

desmobilizados como consequência do crescente controle policial. A eclosão da greve dos ferroviários da Paulista, na madrugada do dia 19 de janeiro, produziu a justificativa que faltava ao governo varguista para ensejar uma onda ainda mais acentuada de repressão e violência contra os trabalhadores que lutavam pela garantia e ampliação dos direitos da categoria.[98]

Sob a presidência de Antonio de Padua Salles, que exerceu o cargo de 19 de março de 1936 a 27 de abril de 1949, a diretoria da Paulista oferecia o equivalente a meio ou, eventualmente, um mês de salário aos seus funcionários como forma de gratificação pelo trabalho realizado no decorrer de cada ano fiscal. Não por acaso, durante todo esse interregno, não se encontra informação alguma sobre qualquer tipo de manifestação ou levante grevista por parte dos ferroviários da Companhia. Diante da política coercitiva praticada pela ditadura do Estado Novo e, em seguida, pela "democracia intolerante"[99] do governo Dutra e da administração Adhemar de Barros em São Paulo, parece que de fato a fase das grandes agitações políticas de esquerda do movimento ferroviário da Paulista havia minguado.

O presidente seguinte a Salles, Jayme Pinheiro de Ulhôa Cintra, interrompeu a política de gratificações de cunho paternalista e, em função da obrigatoriedade imposta por uma nova legislação trabalhista, instituiu as contribuições aos institutos de previdência e assistência social. Logo no seu primeiro ano de mandato, em 1950, a diretoria viu-se obrigada a repassar periodicamente determinadas cotas em dinheiro às seguintes instituições: Caixa de Aposentadoria e Pensões dos ferroviários da Paulista (depois chamada de Instituto de Aposentadoria e Pensões), Fundo Único de Previdência Social, Legião Brasileira de Assistência, Serviço Social Rural e Serviço Nacional de Aprendizagem Industrial (Senai).[100]

A despeito da notória falta de informações sobre a questão da mão de obra ferroviária nos relatórios dos diretores da Paulista, em meado dos anos 1950, a Companhia se deparou com uma situação de flagrante descompasso entre os planos de previdência dos ferroviários das ferrovias estatais (de propriedade do

---

98 *Ibidem*, p. 173.
99 Tomamos de empréstimo o termo que dá nome ao título do livro de Pedro Pomar sobre a política de repressão ao PCB na segunda metade da década de 1940. P. E. da R. Pomar. *A democracia intolerante: Dutra, Adhemar e a repressão ao Partido Comunista (1946-1950)*. São Paulo: Arquivo do Estado/Imprensa Oficial do Estado, 2002.
100 RCP, 1951, p. 15-16.

governo de São Paulo) e seu sistema de contribuições previdenciárias. Como alternativa para remediar tal discrepância, a diretoria se comprometia a:

> Assegurar, mediante resolução da Diretoria, aos empregados cujo vencimento médio – calculado na base de 12 meses que vigora atualmente ou de outra que a legislação venha a instituir – for superior ao limite máximo estabelecido para efeito de concessão de aposentadoria:
>
> 1. Aos que contarem mais de 35 anos de serviço ferroviário e mais de 65 anos de idade, uma aposentadoria complementar fixa, igual à diferença entre a concedida pela Caixa de Aposentadoria e Pensões e aquela calculada na base do vencimento médio percebido.
>
> 2. Aos que se invalidarem e contarem mais de 30 anos de serviço ferroviário, uma aposentadoria complementar fixa, correspondente à diferença entre a concedida pela Caixa de Aposentadoria e Pensões e aquela calculada na base do vencimento médio percebido.
>
> 3. Aos herdeiros do empregado (esposa, filhos menores e filhas solteiras que não provejam à própria subsistência) uma pensão correspondente a 50% da aposentadoria complementar, ordinária ou por invalidez, a que o empregado fizer jus, ou estiver percebendo.
>
> 4. Essas medidas são extensivas aos empregados que, por força de mandato eletivo e sem solução de continuidade, passarem a fazer parte da Diretoria da Companhia, calculadas na base média dos honorários e proventos do cargo que estiverem exercendo observados os prazos estabelecidos na legislação para o cálculo do vencimento médio nas aposentadorias dos empregados.
>
> Essas medidas não terão aplicação imediata, tendo a se considerar o tempo de serviço, a idade dos empregados e, ainda, o limite máximo atual de aposentadoria dos ferroviários, estabelecido, pela legislação vigente, em Cr$ 24.000,00 mensais.
>
> Mesmo que esse limite máximo de aposentadoria venha a ser reduzido, diminuto será o número de empregados que se beneficiarão das vantagens estabelecidas, acarretando, inicialmente, despesas de pequeno vulto.[101]

Depreende-se do trecho citado que esse complemento no plano de aposentadoria beneficiou uma quantidade diminuta de ferroviários: os mais velhos, as vítimas de invalidez devido aos acidentes de trabalho e os membros da diretoria.

---

101 RCP, 1955, p. 17-18.

O fato é que a Paulista, desde 1952 e mediante acordo estabelecido na Justiça do Trabalho, manteve o nível salarial do seu pessoal equivalente ao dos ferroviários da Estrada de Ferro Sorocabana. No entanto, em 1955, o governo do estado determinou um aumento de salários aos funcionários desta ferrovia, desfazendo, assim, a equiparação antes observada, o que forçou a Paulista a conceder novo aumento salarial, na base uniforme de Cr$ 700 mensais.[102]

Esse aumento, por sua vez, exigia uma cobertura anual estimada de Cr$ 175.000.000 e, mais uma vez, a Paulista demonstrou ter poder de barganha junto à Contadoria Central dos Transportes e o DNEF – órgãos estatais responsáveis pela definição das tarifas e execução da política federal de transporte – pois, de fato, a Paulista seguia solitária como a única empresa ferroviária privada do país que ainda conseguia exercer certa influência no interior dos aparelhos do Estado ligados ao setor de transporte. Ademais, a postura de sua diretoria sobre a questão salarial era a seguinte:

> Acontece, porém, que o Governo Federal e Estadual estabeleceram, nas estradas de ferro de sua propriedade ou por eles administradas, remunerações extraordinárias, sob a forma de adicionais por tempo de serviço e salário-família, criando, assim, salários individuais não previstos em nossa legislação trabalhista. Da adoção dessa medida resultou o estabelecimento de remunerações totais superiores às pagas pela Companhia e, por isso, os seus empregados pleitearam fossem as mesmas também aqui adotadas. Como concessionária de serviços públicos, a Companhia não pode deixar de acompanhar, na medida do possível, a orientação do Estado, relativa aos salários nas ferrovias sob sua administração. E, sopesados esses motivos, se viu na contingência de aceitar essa orientação, **desde que lhe fossem assegurados os necessários recursos**, concedendo também aos seus empregados, em caráter provisórios, aquelas formas adicionais de remuneração.[103]

É notório que, neste ponto, a Paulista não deixou de fazer a critica à política salarial das ferrovias estatais sem, no entanto, ressaltar o caráter público dos serviços de transporte e de conduzir a formação de um consenso dentro do Estado em torno do aumento das tarifas. Sua estratégia conseguiu contemplar a demanda

---

102 RCP, 1956, p. 18.
103 *Ibidem*, p. 18-19 (grifo nosso).

dos ferroviários por melhores vencimentos, ao mesmo tempo em que transferiu o ônus desse acréscimo aos consumidores usuários do serviço ferroviário.

Concedida a autorização governamental, a Paulista aumentou todos os seus preços ao adotar o mesmo regime tarifário praticado pela Sorocabana, de propriedade do governo do estado. Desse modo, seus diretores decidiram conceder aos funcionários duas gratificações extras, uma em razão da família e outra como prêmio de frequência em proporção ao tempo de serviço efetivo prestado pelo ferroviário. Em conjunto, o total do aumento de salários e das gratificações convencionadas produziu o dispêndio de Cr$ 303.000.000 à Companhia, em 1955.[104]

Segundo o informe dos diretores, em agosto de 1956, entraram em vigor os novos níveis de salários mínimos estabelecidos pelo Decreto Estadual nº 39.604-A. Dos pisos salariais estabelecidos para os diversos municípios atendidos pelas linhas da Paulista, o maior era o de Campinas no valor de Cr$ 3.600 para 240 horas ou 30 dias de trabalho. A Companhia, prontamente, adotou o reajuste exigido por lei. Em janeiro de 1957, o governo concedeu novo aumento salarial aos funcionários das ferrovias sob sua responsabilidade e os desdobramentos foram exatamente os mesmos do ano anterior: a Paulista aumentou o pagamento de salários na mesma proporção mediante mais uma elevação das tarifas ferroviárias. Entretanto, a diretoria alertava que: "As sensíveis reduções das safras agrícolas e a crise econômica e financeira verificadas em 1956 provocaram sensível redução dos saldos da operação ferroviária da Companhia, não havendo, assim, margem para a concessão a seus empregados de gratificação de Natal".[105]

Nesse contexto, era evidente o crescente acúmulo de problemas que a Paulista passou a enfrentar de maneira ainda mais acintosa ao longo de toda a segunda metade da década de 1950. A pressão dos ferroviários por sucessivas elevações salariais, o crescente endividamento ocasionado pelas diversas tomadas de empréstimo (além da crise cambial da época) e as intempéries climáticas ocorridas nas várias zonas do estado, que acarretaram sensíveis diminuições dos gêneros transportados, notadamente cereais e algodão, tudo isso contribuía para o agravamento da situação financeira da Companhia.

A nova rodada de aumento dos salários mínimos nos serviços públicos estaduais foi aprovada pelo Decreto nº 45.106-A, de 24 de dezembro de 1958. Em

---

104 *Ibidem*, p. 19.
105 RCP, 1957, p. 20.

vista do grande número de reivindicações dos ferroviários – que, grosso modo, pleiteavam a perfeita equiparação com as remunerações oferecidas aos servidores da Sorocabana –, a Paulista se viu impossibilitada, dado o limite de sua geração de receita, de atender a esse conjunto de reivindicações que, de acordo com a diretoria, mesmo aquelas que mereciam um exame mais cuidadoso, demandavam cobertura adicional de despesas por meio de novos aumentos tarifários considerados "inconvenientes, se não de resultados negativos", frente à crescente concorrência com os transportes rodoviários que, por sinal, vinham aumentando exponencialmente sua participação na matriz de transporte do país.[106]

Foi em decorrência desse cenário periclitante que o Sindicato dos Ferroviários da Paulista deflagrou uma greve com duração de três dias entre 14 e 16 de abril de 1959. Rapidamente, o governo do estado intercedeu com a proposta de se firmar um acordo entre as partes, que imediatamente foi ratificado pelo Tribunal Regional do Trabalho. Os termos desse acordo postulavam:[107]

1. Fixação do salário mínimo de Cr$ 5.800 para as cinco regiões do estado de São Paulo;
2. Restabelecimento da gratificação de assiduidade de 10%, incorporada ao salário, a pedido dos ferroviários em janeiro;
3. Concessão de licença prêmio, sem efeito retroativo;
4. Contribuição da Paulista para a Caixa de Aposentadoria e Pensão relativa aos prêmios concedidos aos seus funcionários, visando beneficiar suas aposentadorias.

Para que a Paulista tivesse condições de fazer jus a tais termos, o governo concedeu mais dois aumentos tarifários: um da ordem de 9,6%, que entrou em vigor a partir de maio de 1959, e outro de 6%, aprovado pelo Decreto Estadual nº 36.020 de 22 de dezembro de 1959.[108]

De fato, no pano de fundo dessa questão da equiparação dos salários pagos pela Paulista e pela Sorocabana estava o crescente aumento do custo de vida dos trabalhadores no Brasil, causado pelo surto inflacionário característico do final dos anos 1950. Dentre as principais reivindicações feitas pelo Sindicato dos Ferroviários da Paulista estavam: aumento de 30% dos salários correspondentes a 30 dias ou 240

---

106 RCP, 1960, p. 21.
107 *Ibidem.*
108 *Ibidem.*

horas de trabalho; aumento do abono familiar de Cr$ 300 para Cr$ 600; abono de Natal de 100 horas para todos os ferroviários; incorporação do prêmio de assiduidade de 10% ao salário-base; e regulamentação da licença-prêmio.[109]

A Companhia respondeu argumentando, dentre vários pontos apresentados, que a licença-prêmio já havia sido regulamentada e que a incorporação do prêmio de assiduidade não era factível em função das condições e consequências da incorporação do mesmo abono feita anteriormente. Não satisfeito, o Sindicato informou publicamente que promoveria no dia 11 de março de 1960 uma greve, caso não fosse atendido de imediato o pacote de aumento salarial e benefícios reivindicado.[110]

Dito e feito, à meia noite do dia 11, inicialmente em solidariedade à greve que já estava em curso na ferrovia Santos-Jundiaí (de administração do governo federal), os funcionários da Paulista paralisaram suas atividades. A greve durou até o dia 16 de março, quando o Tribunal Regional do Trabalho julgou favoravelmente ao dissídio coletivo instaurado pela Procuradoria do Trabalho. Além disso, ficou decidido que a Paulista pagaria, a partir de maio de 1960, um abono de 10% sobre os salários vigentes, mais Cr$ 450 referente ao auxílio-família.[111]

Na prática, o dinamismo dos fatos seguia sempre o mesmo encadeamento, a cada reajuste salarial concedido aos servidores públicos pelo governo, os ferroviários da Paulista exigiam o mesmo e a Companhia, como única estratégia disponível, requeria novo aumento tarifário aos poderes competentes de modo a subsidiar a elevação de custo sobre sua folha de pagamento. Tanto em 5 de abril como em 16 de outubro de 1960, o governo autorizou aumentos no regime tarifário da Paulista.

Todavia, a pressão dos ferroviários estava longe de terminar. Em novembro de 1960, o Sindicato voltou a fazer reivindicações à Paulista ameaçando encabeçar uma nova greve a partir da meia noite do dia 11 de novembro, caso não fosse atendidas as exigências. Estas consistiam em: abono de Natal, reajuste salarial geral de 60%, compensando os aumentos feitos a partir de janeiro de 1960, e ajuda de custo ao pessoal da equipagem, também na base de 60%.[112]

---

109 RCP, 1961, p. 27.
110 *Ibidem*, p. 27-28.
111 *Ibidem*, p. 28.
112 *Ibidem*.

Diante da gravidade da situação, que também havia se estendido a outras ferrovias de São Paulo, a Justiça do Trabalho instaurou o dissídio coletivo *ex-oficio*, enquanto o governo do estado se dispôs a encontrar uma solução consensual entre as partes. O acordo logrado estabeleceu, mais uma vez mediante aumento tarifário, a concessão, por parte da Paulista, da gratificação de Natal; de um abono mensal aos ferroviários de 30% – segundo o modelo adotado nas ferrovias do estado – para os salários até Cr$ 12.000 mensais; e acréscimo de Cr$ 200 para cada Cr$ 1.000 dos salários acima de Cr$ 12.000, sendo que para os salários já majorados em função dos novos níveis do salário mínimo, o abono corresponderia à diferença necessária para se atingir os 30% estipulados.[113] A visão da diretoria da Paulista a respeito da conjuntura econômica, e de suas consequências à Companhia, resume bem a realidade social do Brasil no início dos anos 1960:

> O regime inflacionário em que vivemos há longos anos e a constante elevação do custo de vida tem agravado sensivelmente os problemas sociais, exigindo aumentos e reajustes salariais frequentes – anualmente e, às vezes, duas vezes num mesmo ano. Haja vista a fixação dos níveis de salário mínimo, que, por disposição legal, deve normalmente ser feita de 3 em 3 anos, e que nos últimos anos – por imperativos sociais – o foram em Agosto de 1956, Janeiro de 1959 e Outubro de 1960.
>
> Em consequência dessa constante elevação de salários e do preço dos materiais, a Companhia tem sido compelida a elevar suas tarifas, no mesmo ritmo, para cobrir os encargos que daí decorrem. **Assim, seus usuários vêm sendo obrigados a pagar maiores fretes e a Companhia vê agravar-se, em seu prejuízo, a concorrência rodoviária**.[114]

O dia 1º de junho de 1961 assinalaria a eclosão da chamada grande greve dos ferroviários da Paulista e, consequentemente, o malogro em definitivo da intenção de diretores e acionistas de manter a Paulista sob a égide do capital privado. Em resumo, entende-se que o movimento dos trabalhadores ferroviários, em conjunto com a política salarial e tarifária do governo do estado de São Paulo, foram os principais elementos responsáveis por desencadear o processo que culminou na estatização da última ferrovia privada do país no período anterior ao regime militar de 1964. Seria, então, o desfecho de uma história empresarial de sucesso?

---

113 *Ibidem*, p. 29.
114 *Ibidem*, p. 30 (grifo nosso).

CAPÍTULO IV

O fim de uma era: a estatização da Companhia Paulista

> A Companhia Paulista, no meu entender, o maior erro, não resta a menor dúvida, foi o governador Carvalho Pinto ter encampado a Companhia Paulista de Estradas de Ferro. Porque nós estávamos numa greve tremenda, queria aumento de ordenado, e não chegava num acordo, o sindicato e nem a empresa chegava num acordo. E ficou uns 15 dias, chegou a enferrujar os trilhos, que barbaridade, viu, a greve. Então, o Jânio Quadros era presidente da República. E eles eram do mesmo partido, UDN e PDC, e unidos, porque quem fez o Carvalho Pinto ser eleito foi o Jânio Quadros, né? Aí diz que foi ele que comunicou pro Jânio Quadros: o quê que podia fazer? "Ah, se a Estrada", o Jânio Quadros falou – dizem que ele falou – "Se ela não entrar num acordo e dar um aumento pra eles, você encampa".
>
> (*Depoimento de Alberto Bianconsini In* Trabalho e sentimento: história de vida de ferroviários da Companhia Paulista e Fepasa. *Coordenado por Célio José Losnak. Bauru-SP: Prefeitura de Bauru/Secretaria de Cultura, 2003, p. 80-81).*

A EPÍGRAFE DESTE CAPÍTULO É O DEPOIMENTO de um antigo ferroviário da Paulista. Ele narra como se deu o processo de estatização da Companhia, ocorrido no contexto em que se insere a grande greve realizada pelos trabalhadores da ferrovia em 1961. O depoimento de Bianconsini simboliza a concepção que, em geral, povoa o imaginário de muitas pessoas interessadas no tema das ferrovias, além daquelas vinculadas diretamente ou não à história da Paulista, a respeito da estatização da última ferrovia privada do Brasil no período anterior ao golpe militar de 1964. Há um emaranhado mais denso de questões sobre a estatização da Paulista que não se restringe apenas às disputas políticas entre esferas governamentais, mas se articulam também às contradições internas da Companhia envolvendo a relação capital-trabalho.

Sendo assim, é importante notar que a Paulista não foi, como muitos acreditam, encampada. Na verdade, ela teve suas ações desapropriadas pelo governo do estado de São Paulo, processo que discutiremos neste capítulo em conjunto com o exame sobre os principais desdobramentos verificados na área de transporte, a partir da implementação do Programa de Metas do governo Kubitschek, que, por meio de incentivos que atraíram o capital estrangeiro da indústria automobilística, passou a privilegiar sistematicamente o transporte rodoviário no país.

12. A Paulista e o seu projeto de transporte

Esta seção se propõe a lançar a ideia de que, historicamente, a Paulista simboliza muito mais do que uma empresa de transporte como tantas outras de que se tem conhecimento. Em outros termos, ela não foi uma companhia ferroviária convencional, pois, a nosso ver, sua estratégia empresarial conseguiu projetá-la para além da produção do serviço ferroviário durante todo o período entre as décadas de 1930 e 1950. O fato é que o quadro diretor da Paulista buscou obstinadamente implementar um amplo projeto de transporte que não se restringia somente ao serviço ferroviário.

Quando se tem em conta o desenvolvimento histórico dos transportes no Brasil, é importante ressaltar a trajetória de empresas da envergadura da Paulista dentro do quadro institucional forjado entre as edições dos dois planos nacionais de viação. A Paulista se destacou como um importante ator político nacional em matéria de transporte, por defender uma proposta coerente de serviço de utilidade pública em benefício de passageiros e produtores do estado de São Paulo, bem como de parte da produção e da locomoção de indivíduos de outros estados que fazem fronteira com São Paulo.

Com frequência, a direção da Companhia agia no sentido de se articular às associações da sociedade civil e aos aparelhos estatais, visando converter questões específicas de transporte em questões mais amplas de bem-estar social e desenvolvimento econômico, promovendo, assim, a subsunção de interesses particularistas imediatos em interesses nacionais futuros, pois, de acordo com Gramsci:

Todo grupo social, nascendo no terreno originário de uma função essencial no mundo da produção econômica, cria para si, ao mesmo tempo, organicamente, uma ou mais camadas de intelectuais que lhe dão homogeneidade e consciência da própria função, não apenas no campo econômico, mas também no social e político: o empresário capitalista cria consigo o técnico da indústria, o cientista da economia política, o organizador de uma nova cultura, de um novo direito etc. Deve-se observar o fato de que o empresário representa uma elaboração social superior, já caracterizada por uma certa capacidade dirigente e técnica (isto é, intelectual): ele deve possuir uma certa capacidade técnica, não somente na esfera restrita de sua atividade e de sua iniciativa, mas também em outras esferas, pelo menos nas mais próximas da produção econômica (deve ser um organizador de massa de homens, deve ser um organizador da "confiança" dos que investem em sua empresa, dos compradores de sua mercadoria etc.). Se não todos os empresários, pelo menos uma elite deles deve possuir a capacidade de organizar a sociedade em geral, em todo o seu complexo organismo de serviços, até o organismo estatal, tendo em vista a necessidade de criar condições mais favoráveis à expansão da própria classe; ou, pelo menos, deve possuir a capacidade de escolher os "prepostos" (empregados especializados) a quem confiar esta atividade organizativa das relações gerais exteriores à empresa. Pode-se observar que os intelectuais "orgânicos" que cada nova classe cria consigo e elabora em seu desenvolvimento progressivo são, na maioria dos casos, "especializações" de aspectos parciais da atividade primitiva do tipo social novo que a nova classe deu à luz.[1]

Portanto, e à luz dessa reflexão de Gramsci, para se pensar a disputa entre projetos ou planos de transporte como estando-os na dependência da capacidade que sujeitos políticos, aclamados pelo mundo do trabalho, têm para se tornarem hegemônicos, deve-se reconhecer que o poder capaz de promover melhorias no bem-estar da sociedade não depende apenas, nem sobretudo, da força (da coação, dos aparelhos legais de coerção ou das armas), mas necessita, essencialmente, de consensos, da capacidade dos grupos fixar parâmetros, estipular metas e obter adesões consistentes no intuito de orientar e conduzir determinadas políticas.

De 1930 até por volta de 1954, a Paulista se manteve relativamente próspera, do ponto de vista econômico, pelo fato de seus dirigentes e engenheiros mais destacados terem conseguido produzir lealdades e adesões, congregar forças,

---

1 A. Gramsci. *Cadernos do cárcere*. vol. 2. Trad. 5ª ed. Rio de Janeiro: Civilização Brasileira, 2010, p. 15-16.

deslocar, em favor da empresa, orientações políticas e torná-la a principal referência de qualidade técnica no setor ferroviário. É por tudo isso que os atores políticos que vislumbram ocupar uma posição de destaque no cenário nacional precisam atuar como intelectuais coletivos, capazes de se organizar para, fundamentalmente, produzir e transformar a cultura, ou seja, a visão de mundo sobre determinados segmentos da vida social. Assim procurou agir a Paulista por meio da defesa do seu projeto de transporte em massa de pessoas e mercadorias.

Todavia, a incessante tarefa de defender "projetos públicos" nunca fica imune ao conflito de interesses e, ocasionalmente, ao dissenso, uma vez que na disputa política há, irremediavelmente, o confronto de ideias, o diálogo, a presença de propostas antagônicas, a assimilação de valores, ou seja, o embate cultural. Não obstante, por meio da atuação de seus principais diretores, a Paulista adquiriu grande prestígio perante o Estado, como também em meio a uma série de organismos da sociedade civil de São Paulo.

Dentre seus membros da diretoria mais atuantes estavam os senadores Antonio de Lacerda Franco e Antonio de Padua Salles, que se sucederam na presidência da Companhia; o presidente posterior a Padua Salles, o engenheiro Jayme Pinheiro de Ulhôa Cintra; o industrial Luiz Tavares Alves Pereira; o jurista José Carlos de Macedo Soares (que chegou a ser interventor federal em São Paulo, em meados da década de 1940); e os engenheiros João Domingues Sampaio e Durval Lourenço de Azevedo.

A trajetória de homens públicos como Lacerda Franco, Padua Salles e Macedo Soares corrobora uma das hipóteses iniciais deste trabalho de que a Paulista conseguiu, por diversas ocasiões, ter seus interesses representados junto aos aparelhos estatais. Diplomado bacharel em ciências jurídicas e sociais, em 1884, pela Faculdade de Direito de São Paulo, Padua Salles, por exemplo, foi eleito deputado federal para a legislatura de 1894 a 1896, mas optou por atuar no Congresso Legislativo do estado, mais especificamente na Câmara dos Deputados, entre 1897 e 1899 e de 1900 a 1902. Em 1901-02, elegeu-se presidente da Câmara e, em 1903, esteve à frente do Senado do estado, onde permaneceu até 1908. Na presidência de Albuquerque Lins, Padua Salles foi nomeado Secretário de Estado dos Negócios da Agricultura, Viação e Obras Públicas, cargo que exerceu durante o quatriênio de 1908 a 1912, para depois retornar à função de senador de 1913 a 1918.[2]

---

2 Cf. RCP, 1961, p. 3-4.

O início do envolvimento de Padua Salles com a Paulista data de 1907, quando do seu ingresso como suplente no Conselho Fiscal da ferrovia; em 1917, ele passou a membro efetivo do Conselho e, em 1928, a diretor vice-presidente da ferrovia. Quase dez anos depois, foi eleito presidente da Companhia, posto no qual se manteve por sucessivas reeleições até 1949, quando decidiu renunciar ao cargo devido à sua idade avançada. Com o falecimento de Rodrigues Alves – que morreu antes de assumir seu segundo mandato como presidente da República –, e a consequente subida ao poder do vice-presidente Delfim Moreira, Padua Salles ocupou, por um breve período, o cargo de Ministro da Agricultura em 1918. No ano seguinte, em função das conturbações políticas que marcaram os anos 1920, ele acabou se exonerando, em virtude da eleição de Epitácio Pessoa à Presidência da República. Ao voltar para o Senado paulista, lá permaneceu até o fim de sua carreira pública encerrada em 1930.[3]

Na gestão do senador Lacerda Franco, antecessor de Padua Salles na presidência da Paulista, o governo da União e a Companhia entraram em negociação no intuito de criar a "Sociedade Melhoramentos Estrada de Ferro Noroeste do Brasil Limitada". Em assembleia geral extraordinária, realizada no dia 10 de dezembro de 1931, estabeleceu-se que a Companhia participaria da referida Sociedade: uma sociedade por cotas com o governo do estado de São Paulo, destinada a executar obras de melhoramentos na Noroeste, mediante seu arrendamento. Com esse propósito, os acionistas aprovaram nessa mesma assembleia a elevação do capital social da Paulista de 300.000 contos de réis para 350.000:000$000.[4]

Por razões de ordem estritamente política, que escapam a nossa análise, não foi possível ratificar o contrato de arrendamento da Noroeste, haja vista que, com a mudança de governo em São Paulo, houve o cancelamento do acordo informal anteriormente feito pelo ex-governador Laudo Ferreira de Camargo em parceria com o governo federal e a Paulista. Em troca do arrendamento, o contrato que se estabeleceu para a constituição da Sociedade garantia o pagamento anual de 20% da receita bruta da Noroeste à Paulista, além das participações por cotas de 75% para a Paulista e 25% para o governo do estado, levado a efeito por escritura pública em 10 de agosto de 1934.[5]

---

3 *Ibidem.*
4 RCP, 1935, p. 15.
5 *Ibidem*, p. 16.

A constituição da dita Sociedade conferia à Paulista a responsabilidade de melhorar o transporte ferroviário da Noroeste através do desenvolvimento de condições técnicas mais eficientes para os fluxos de tráfego com o estado do Mato Grosso e com alguns centros comerciais de outros países, em particular, a Bolívia. Frente à impossibilidade da administração federal da Noroeste realizar tal programa de melhoramentos, diretores e acionistas da Paulista se convenceram de que o aperfeiçoamento das redes férreas – especialmente daquelas de propriedade estatal – que se conectavam à rede da Paulista dependia quase que exclusivamente de seus interesses e da mobilização de seus próprios recursos.

O plano das principais obras, bem como o fornecimento de materiais à Noroeste se resumia a:[6]

1. Concluir no prazo de dois anos a construção da variante de Araçatuba a Jupiá;
2. Melhorar o trecho compreendido nos pantanais matogrossenses no prazo de seis meses;
3. Substituir progressivamente todas as pontes provisórias que não ofereciam segurança, aproveitando ao máximo o material da antiga ponte sobre o rio Paraná, no prazo inferior a cinco anos;
4. Aquisição de material rodante e de tração, além de materiais para as oficinas necessários ao desenvolvimento do tráfego, até a importância máxima de 22.000 contos de réis;
5. Fornecimento de trilhos, acessórios e superestruturas metálicas no valor máximo de 5.500 contos de réis, dentro do prazo de cinco anos.

Para a realização das obras, reparos e aquisições, a Sociedade, pela cláusula 10ª do contrato, foi obrigada a abrir uma conta para serem lançadas, a débito do governo, as quantias efetivamente investidas. Com vencimentos de juros anuais de 6% e prazo máximo de amortização de 20 anos, tais quantias seriam pagas pelo governo mediante o repasse à Sociedade do correspondente a 20% da receita bruta da Noroeste.[7]

Decorridos onze anos, a contar da assinatura do seu contrato de origem até sua dissolução (no dia 14 de agosto de 1945), após cumprir com todo o programa de melhoramentos, a Sociedade resultou da articulação entre a intenção da Paulista

---

6 *Ibidem*, p. 18-19.
7 *Ibidem*, p. 21-22.

de melhorar seu fluxo de tráfego com a Noroeste, visando inclusive o transporte internacional com a Bolívia e a provável incapacidade técnica do governo federal de atacar, em seu conjunto, todas as obras que a ferrovia demandava.

Nota-se que esse arranjo institucional montado pelo Estado permitiu à Paulista executar os melhoramentos na Noroeste sem incorrer em prejuízo financeiro algum, uma vez que o governo quitou pontualmente o pagamento do valor integral do financiamento das obras na proporção de 75% à Paulista e 25% ao governo do estado de São Paulo, respectivos cotistas da Sociedade. Nesse sentido, há fortes indícios de que, por meio do seu prestígio e influência no interior dos aparelhos estatais, a Paulista conseguiu concretizar com êxito mais um dos seus objetivos empresariais.

Passando agora à questão do envolvimento da Paulista com a sociedade civil, o diretor incumbido de representar os interesses da Companhia, no interior da ascendente classe dos industriais de São Paulo, era Luiz Tavares Alves Pereira. Figurando entre os diretores desde o final dos anos 1920, Alves Pereira tornou-se diretor vice-presidente da Paulista após o falecimento de José de Paula Leite de Barros, no dia 7 de outubro de 1939.[8] Para se entender a atuação de Alves Pereira como líder do empresariado paulista e intrépido defensor das associações patronais de classe, deve-se contextualizar o surgimento de entidades como a Federação das Indústrias do Estado de São Paulo (Fiesp) e a Confederação Nacional da Indústria (CNI).

Logo após a criação do Ministério do Trabalho, Indústria e Comércio em novembro de 1930, o governo Vargas propôs a sindicalização patronal e dos trabalhadores, através do Decreto nº 19.770, segundo o qual as associações de classe denominadas *sindicatos* (âmbito local), *federações* (âmbito estadual) e *confederações* (âmbito nacional) deveriam receber a aprovação do ministro do Trabalho para se instalarem, submetendo-se ao controle estatal. Desse modo, a entidade "oficial" de classe ganhava um lugar no interior do Estado, como "orgão consultivo e técnico" deste em questões que dissessem respeito aos seus interesses privados de classe.[9]

O Centro Industrial do Estado de São Paulo (Ciesp) foi a primeira associação industrial a se sindicalizar, pois seus líderes viram no sistema sindical a

---

8   RCP, 1940, p. 3.
9   Cf. M. A. P. Leopoldi. *Política e interesses na industrialização brasileira: as associações industriais, política econômica e o estado.* São Paulo: Paz e Terra, 2000, p. 76.

oportunidade de terem acesso ao Estado numa conjuntura de intensa crise econômica, típica dos anos 1930, que implicava na necessidade de alguma espécie de tutela protecionista do Estado. Em 1931, três meses após o sancionamento do Decreto nº 19.770, formava-se a Fiesp, em substituição ao organismo privado criado em 1928, o Ciesp.[10]

Antes mesmo do advento do Estado Novo, surgiria a primeira entidade de representação dos industriais de cunho "nacional" ou, mais precisamente, supra-regional: a Confederação Industrial do Brasil (CIB). Esta entidade congregava a própria Fiesp, além da Federação das Indústrias do Estado do Rio de Janeiro (FIRJ), do Centro Industrial de Juiz de Fora (CIJF) e do Centro das Indústrias do Rio Grande do Sul (CIFRS), isto é, as quatro associações industriais regionais que existiam até então no país. A CIB manteve um caráter semioficial de 1933 a 1938, quando se transformou em órgão sindical oficial, passando a denominar-se Confederação Nacional da Indústria (CNI). Os representantes regionais na entidade eram proprietários, acionistas ou diretores de grandes empresas do país. De acordo com os apontamentos de Maria Antonieta Leopoldi, Alves Pereira esteve à frente da presidência da Fiesp, desde sua criação até 1934, quando passou a presidir a CIB; ou seja, no decorrer de toda década de 1930, ele foi uma das principais lideranças dos industriais paulistas tanto regional como nacionalmente.[11]

Segundo a mesma autora, a Fiesp e a CNI tiveram um papel-chave contra a pretensão do governo estadonovista de "corporativizar" os interesses de classe dos industriais. Se, por um lado, estes (o que incluem os diretores e muitos dos principais acionistas da Paulista) vinham auferindo vantagens decorrentes da estrutura corporativista anterior que urdia a representação das associações industriais nos órgãos do Executivo e na bancada classista do Legislativo; por outro, havia a estratégia de tentar barrar a ação controladora do Estado sobre os organismos da sociedade civil representativos do setor. Por conseguinte, foi intenso o confronto entre tais organismos e os formuladores das políticas de sindicalização do Ministério do Trabalho no tocante à discussão do regulamento para estruturar de forma corporativa os interesses econômicos (Decreto-lei nº 1.402 de 5 de julho de 1939).

---

10   *Ibidem*, p. 77.
11   *Ibidem*, p. 80.

Esse Decreto procurava condicionar o sistema de representação de empresários e trabalhadores às orientações expressas na Constituição de 1937.[12]

Em paralelo à representatividade junto a organismos como a Fiesp e CNI, a Paulista, sempre por intermédio dos seus diretores, exercia um domínio absoluto sobre algumas outras empresas. A esse respeito, são emblemáticos os casos das já citadas CPT e CAIC, além da "São Paulo" – Companhia Nacional de Seguros de Vida.

Como já se assinalou, a Paulista era proprietária de praticamente o total das ações da CPT, que tinha em sua presidência mais um membro da diretoria da ferrovia, o engenheiro Durval Lourenço de Azevedo. Ao iniciar suas operações, em 1935, com alguns poucos caminhões que realizavam o serviço de transporte rodoviário e de entrega a domicílios, a CPT chegou a possuir uma frota de 70 veículos em dezembro de 1956: 52 caminhões Ford; 15 caminhões Chevrolet; duas caminhonetes, uma da Ford e outra da Dodge; e um carro de passeio da Chevrolet.[13]

A finalidade da CPT era complementar o transporte ferroviário em São Paulo. Na zona da Paulista, a Companhia possuía agências nas seguintes estações da ferrovia: Americana, Araraquara, Bauru, Campinas, Descalvado, Limeira, Piracicaba, Pirassununga, Rio Claro e São Carlos. A CPT mantinha também unidades de construção e conservação de trechos rodoviários, realizava o serviço rodoviário combinado com o transporte ferroviário, além de estabelecer tráfego mútuo com congêneres de outras estradas de ferro, a saber: Rodoviário Estrada de Ferro Santos a Jundiaí, Companhia Mogiana de Transportes, Estrada de Ferro Araraquara, Estrada de Ferro de Monte Alto, Rodoviário Estrada de Ferro Noroeste do Brasil, Companhia Estrada de Ferro Itatibense, Estrada de Ferro Bragantina, Rodoviário Estrada de Ferro Central do Brasil, Agência Pestana de Transportes e Rodoviário Rede Mineira de Viação.[14]

Já a propósito de outra empresa subsidiária da Paulista – a CAIC –, a CMBEU comentou, em 1953, que:

> A Companhia Paulista de Estradas de Ferro, na execução de seu programa econômico, entendeu ser conveniente a criação de um órgão com personalidade jurídica própria, mas, que lhe ficassem assegurados o controle e a direção, a fim de promover o desenvolvimento da pequena

---

12 Ibidem, p. 82.
13 Relatório da diretoria da Companhia Paulista de Transportes. 1957.
14 Cf. Comissão Mista Brasil-Estados Unidos para Desenvolvimento Econômico, op. cit., 1953, Anexo 7, p. 553.

propriedade agrícola e, por via de consequência, o aumento da produção, visando garantir o maior volume de carga a transportar.

Por essa razão, em 1934, foi fundada a "CAIC" Companhia de Agricultura, Imigração e Colonização, com sede em São Paulo, e escritórios instalados no mesmo prédio onde funciona o escritório central da Companhia Paulista de Estradas de Ferro.

Inicialmente, o capital social da "CAIC" foi de Cr$ 2.000.000,00 (dois milhões de cruzeiros). Entretanto, em face do êxito da iniciativa, o capital foi sucessivamente aumentado, atingindo, hoje, a cifra de Cr$ 20.000.000,00 (vinte milhões de cruzeiros), sendo certo, porém, que o seu patrimônio se eleva a mais de Cr$ 100.000.000,00 (cem milhões de cruzeiros), como faz certo o seu último balanço, constante do relatório apresentado pela Diretoria à Assembleia Geral Ordinária de 23 de abril do corrente ano de 1951.

Sendo a Companhia Paulista de Estradas de Ferro a principal acionista da "CAIC", a diretoria desta tem sido, sempre, formada de três diretores da primeira.[15]

Os exemplos dessas duas empresas endossam a ideia de que o projeto de transporte da Paulista extrapolava os interesses econômicos mais imediatos vinculados à ampliação e ao melhoramento do material fixo e rodante da ferrovia. Mais uma vez, em relação à CPT, é de se realçar o objetivo da "intelectualidade" da Paulista de produzir um serviço de transporte que ia além das possibilidades apresentadas pelas vias férreas. Ao perceber que, em algumas regiões, a instalação de uma nova linha ou ramal férreo não se justificava economicamente, a direção da Companhia não hesitou em formar sua própria transportadora rodoviária.

Ademais, e não obstante às mudanças que marcaram os transportes terrestres no Brasil a partir do segundo decênio do século XX, não se pode afiançar, pelo menos até o término da Segunda Guerra Mundial, que o transporte por estradas de rodagem consistia num modelo concorrente ao ferroviário. Na realidade, pode-se argumentar exatamente o contrário, haja vista que muitas das principais companhias ferroviárias do país incentivaram a propagação do transporte rodoviário ao investirem na construção e manutenção de rodovias e na aquisição de veículos automotores com o objetivo de oferecer um serviço de transporte mais flexível característico desse modal. De certa forma, é válido sustentar que o próprio setor

---

15   *Ibidem*, Anexo 6, p. 551.

ferroviário, principalmente em São Paulo, colaborou de modo decisivo para a difusão dos automotores a partir da década de 1930.

Essa flexibilidade, aliás, permitia às companhias executarem um transporte de porta a porta, ou seja, de um estabelecimento comercial ou armazém do remetente diretamente para a residência ou armazém do consignatário. Este é, sem dúvida alguma, um dos aspectos mais vantajosos dos autoveículos em comparação ao elevado grau de rigidez estrutural presente nas ferrovias. Voltaremos a essa questão mais adiante neste capítulo, por ora, convém fazer mais algumas considerações sobre a outra companhia que integrava o amplo projeto de transporte da Paulista, a CAIC.

Envidando esforços no sentido de fomentar a introdução de técnicas mais modernas de cultivo, de estimular a policultura, de melhorar as condições do mercado de gêneros agrícolas e de aumentar a população rural em sua região tributária, a Paulista logrou, através da CAIC, desenvolver a atividade agrária em São Paulo e em parte do estado do Mato Grosso. Desde o início de suas atividades, em 1935, até dezembro de 1950, a CAIC adquiriu aproximadamente 740.000 hectares de terra, dos quais 303.648 hectares (cerca de 90 propriedades rurais) foram retalhados e distribuídos no interior do estado de São Paulo a 7.561 novos proprietários – uma população volante de pequenos agricultores que foi transformada em sitiantes por obra da referida Companhia.[16] Seu diretor-presidente era João Domingues Sampaio, acionista e membro efetivo do Conselho Fiscal da Paulista desde 1932. Sampaio foi convocado a integrar a diretoria da ferrovia para preencher a vaga deixada por Antonio Prado Jr., falecido em 17 de novembro de 1955.[17]

Nesse mesmo mês de novembro, saía do quadro de diretores da Paulista o jurista João Carlos Macedo Soares, em função de sua nomeação para o cargo de Ministro das Relações Exteriores do governo Nereu Ramos. Empossado no dia 12 de novembro de 1955, Macedo Soares se manteve a frente dessa pasta ministerial até o final do governo seguinte, de Juscelino Kubitschek. Entretanto, sua saída da diretoria não interrompeu por completo seu relacionamento com a Paulista, dado que, segundo o depoimento que nos concedeu o historiador Célio Debes, Macedo Soares detinha uma expressiva influência junto aos acionistas da ferrovia, tendo

---

16   *Ibidem*, p. 552.
17   RCP, 1956, p. 3.

em vista o fato dele ter sido presidente da "São Paulo" – Companhia Nacional de Seguros de Vida, a maior acionista da Paulista ao final dos anos quarenta.[18]

Tabela IV. 1 – Companhia Paulista: 25 maiores acionistas ao final de 1939 e 1949

	Em 31 de dezembro de 1939	n° de ações	Em 31 de dezembro de 1949	n° de ações
1	Espólio de Olympia Meirelles de Carvalho	52.200	"A São Paulo" – Companhia Nacional de Seguros de Vida	92.484
2	Banco Alemão Transatlântico	24.263	Fundação Armando Álvares Penteado	35.111
3	Armando Álvares Penteado	21.600	Companhia Agrícola e Industrial Cícero Prado	24.611
4	Westminster Bank Limited (Londres)	20.087	The Chase National Bank of the City of New York	20.944
5	Equitable Trust Company of New York	18.403	Alice de Barros Souza Aranha	18.082
6	Maria Engler Guimarães	12.968	Celso Torquato Junqueira	18.031
7	Carlos Antonio Dick	11.466	Rita Meirelles Cintra	17.900
8	Ana Leonísia do Amaral Camargo	11.136	Brasital – Soc. Anôn. para a Indústria e o Comércio	15.000
9	Edith de Barros Freire	11.088	Vitor Martins de Almeida	15.000
10	Carlos Paes de Barros Jr.	10.867	Anésio Augusto do Amaral	13.901
11	Companhia Brasileira de Cimento Portland S.A.	10.000	Raul Ramos de Araújo	11.779
12	Companhia Itaquerê	10.000	Alice Martins de Almeida	11.462
13	Bank of London and South America Ltd.	9.719	Antonieta Penteado da Silva Prado	10.728
14	Banco Holandês Unido	9.287	Ana Lebre Guimarães	10.398
15	The Royal Bank of Canadá	9.114	Davina de Lara Nogueira	9.860
16	Espólio de José de Paula Leite de Barros	9.009	Albertina Bierrenbach de Castro Prado	9.000
17	Francisco Soares de Camargo	9.000	Thomaz Henriques, Ferragens S.A.	8.305
18	José de Souza Queiroz	8.417	Companhia Adriatica de Seguros	8.088
19	Maria de Campos Mello	8.125	Segurança Industrial, Companhia Nacional de Seguros	8.000

---

18   Entrevista realizada pelo autor com Célio Debes em 5/11/2010.

20	"A São Paulo" – Companhia Nacional de Seguros de Vida	8.001	Oscarina do Nascimento Lima Brito	7.850
21	Companhia Paulista de Seguros	8.000	José Alves Barreto	7.820
22	Vitor Martins de Almeida	6.850	Soc. Protetora das Famílias dos Empregados da C. P.	7.500
23	Companhia Adriatica de Seguros	6.000	Soc. Agrícola e Imobiliária "P. Roversi"	7.030
24	Santa Casa de Misericórdia de SP – Patrimônio do Asilo S. Antonio – de Araras	5.171	Stella Penteado	7.020
25	Companhia Segurança Industrial	5.000	Governo dos Países Baixos – Holanda	6.835

Fonte: RCP, 1940 e 1950, Lista dos acionistas.

É notável o aumento da quantidade de ações adquiridas pela "São Paulo", que da vigésima posição, em 1939, passou a liderar o quadro de acionistas da Paulista dez anos depois. Ademais, é de se notar a presença marcante de grandes acionistas do sexo feminino, além do movimento de repatriação das ações da Paulista como consequência da atenuação da participação dos bancos estrangeiros no capital social da ferrovia – de um total de seis instituições bancárias, dentre os 25 maiores acionistas em 1939, só restou o The Chase National Bank de Nova York como quarto maior acionista da Paulista em 1949.

Expressivo também foi o aumento do portfólio acionário da Fundação Armando Álvares Penteado, que certamente herdou as 21.600 ações que seu patrono detinha em 1939. A exemplo dos Penteado, é de se frisar a grande monta de ações, observada para o ano de 1949, de outras famílias historicamente vinculadas à cafeicultura, como os Martins Almeida e os Prado, além de três outros acionistas que individualmente possuíam mais de 15.000 ações nesse mesmo ano: Alice de Barros Souza Aranha, Celso Torquato Junqueira e Rita Meirelles Cintra. Este breve exame sobre o capital social da Paulista sugere o retorno de algumas famílias tradicionais ao seleto grupo dos principais "donos da Companhia".

A grande variedade de acionistas da Paulista é mais um indicativo da credibilidade que a ferrovia possuía entre as pessoas físicas e jurídicas que costumavam investir no mercado acionário. Bancos, companhias de seguros, santas casas, sociedades assistenciais, agrícolas e imobiliárias, empresas de cimento, de ferragens, de papel e celulose, e até o governo dos Países Baixos, figuravam entre os principais acionistas da ferrovia. Esse fato vem se somar ao conjunto de evidências encontradas à luz da história que apontam para o prestígio da Companhia no seio da sociedade civil paulista e na esfera estatal.

Tal credibilidade, no entanto, resultava do *know-how* e da qualidade técnica adquiridos ao longo de décadas de operação ferroviária superavitária. A maior parte dos melhoramentos técnicos sobre o material fixo e rodante da ferrovia, listados no capítulo anterior, que permitiu a concretização de bons resultados, ocorreu graças ao empenho e à dedicação do engenheiro Jayme Pinheiro de Ulhôa Cintra, que, de simples operário das oficinas da Companhia em Jundiaí, foi galgando postos até ocupar o cargo mais insigne da ferrovia em 1950. Discípulo dedicado do engenheiro Francisco Paes Leme de Monlevade, Cintra tornou-se, primeiro, engenheiro do setor de Tração e, em seguida, alçou-se à chefia da Locomoção até ser indicado por seu tutor, em 1932-33, à Diretor da Inspetoria Geral – cargo hierárquico mais importante que um engenheiro pode alcançar numa ferrovia. Ao demonstrar extremo conhecimento técnico da área de engenharia ferroviária, Cintra foi rapidamente ganhando notoriedade como membro permanente da diretoria até ser eleito, em 1950, presidente da Companhia.

Com efeito, a condição elementar que transformou a Paulista num símbolo altivo de eficiência como empresa de transporte foi, em primeiro lugar, a formação de um grupo executivo que, por meio do seu papel capital na condução dos negócios da Companhia, verteu os interesses corporativos da ferrovia – antes baseados no desenvolvimento constante das forças produtivas e na apropriação privada do lucro – em interesses mais universais a favor também de outros segmentos da sociedade paulista há pouco referenciados, como a colonização de algumas regiões do estado, o desenvolvimento de novas culturas agrícola, a mecanização da agricultura e o próprio estímulo ao transporte rodoviário.

Em segundo lugar, o prestígio social que tal conduta lhe acarretava baseava-se na convergência dos interesses ferroviaristas com os interesses de outros importantes grupos formados por distintas classes sociais. Esse processo de universalização dos interesses engendrado por uma fração de classe de caráter progressista (representada pelos diretores da Paulista e outros grupos empresariais) simboliza a disposição de parte do empresariado em assumir as tarefas de organização do Estado e da sociedade com respeito a determinadas áreas sociais.

A universalização de interesses de um determinado grupo social se funda através do estabelecimento do que Gramsci chama de "equilíbrios instáveis" de compromissos entre um grupo econômico e os demais grupos. Ancorados pelas concessões materiais e culturais feitas por uma determinada fração de classe, tais equilíbrios de compromissos constituem a base sobre a qual se formam os consensos que viabilizam as alianças entre as classes, mas que dependem sobremaneira da eficácia dos canais utilizados para persuadir os outros grupos ideologicamente rivais, do grau de abrangência dos interesses envolvidos e, consequentemente, da força e amplitude dos compromissos firmados.

É a partir desse prisma teórico gramsciano e em conformidade com a observação de Carlos Coutinho que se pode afirmar que as transformações políticas no Brasil foram sempre produto do deslocamento da função hegemônica de uma para outra fração das classes dominantes.[19] O incentivo estatal ao transporte rodoviário e à indústria automobilística que se verifica durante a segunda metade da década de 1950 desvela exatamente a formação de um novo bloco de poder, no qual a fração de classe ligada à Paulista, ou se preferirmos, ao ferroviarismo de São Paulo, se enfraqueceu frente aos interesses das grandes montadoras multinacionais de autoveículos.

Multinacionalidade que, diga-se de passagem, e segundo Werneck Sodré, significa mais um pseudônimo para os grandes monopólios internacionais, já que as empresas multinacionais não se definem pelo fato de possuir unidades de produção em diversos países, além daquelas que possuem em seu país de origem; consiste, em verdade, na exploração intensiva em áreas nacionais distintas de meios de produção, particularmente, mão de obra e recursos naturais. Ademais, a multinacionalidade cria distorções profundas na estrutura econômica de países ainda em etapa atrasada de desenvolvimento, porque acabam por agigantar determinados setores, em sua proporção ou significação, completamente em disparidade com o restante da economia nacional.[20]

Nesse passo é legítimo perguntar: a que classe o Estado brasileiro serviu no decorrer dos anos cinquenta? Antes de responder, importa mencionar que a concepção dialética de Gramsci sublinha o protagonismo histórico do Estado

---

19 C. N. Coutinho. "As categorias de Gramsci e a realidade brasileira". In: C. N. Coutinho e M. A. Nogueira (orgs.). *Gramsci e a América Latina*. Rio de Janeiro: Paz e Terra, 1988, p. 113.

20 N. W. Sodré. *Capitalismo e revolução burguesa no Brasil*. 2ª ed. Rio de Janeiro: Graphia, 1997, p. 126.

ao concebê-lo enquanto lugar de uma hegemonia de classe ou momento em que se inscreve:

> [...] uma contínua formação e superação de equilíbrios instáveis (no âmbito da lei) entre os interesses do grupo fundamental e os interesses dos grupos subordinados, equilíbrios em que os interesses do grupo dominante prevaleçam, mais até um determinado ponto.[21]

> O Estado sempre foi o protagonista da história, já que é em seus organismos que se concentra a potência da classe proprietária; é no Estado que a classe proprietária se disciplina e se constrói como unidade, acima dos dissídios e dos conflitos gerados pela concorrência, com o objetivo de manter intocada a condição de privilégio na fase suprema da própria concorrência, ou seja, na fase da luta de classe pelo poder, pelo predomínio na direção e no disciplinamento da sociedade.[22]

Sob esse olhar dialético a respeito do Estado, cumpre deslindar por que, entrementes, o "compromisso ferroviarista" da Paulista em São Paulo – o último bastião do capital ferroviário nacional – se arrefeceu diante da concorrência com as rodovias e os veículos automotores. Vê-se, contudo, que a especificidade do exemplo da Paulista nos impele a contextualizar melhor as dificuldades vivenciadas pelas ferrovias, no sentido de enquadrá-las num espaço e tempo determinados: o estado de São Paulo na segunda metade dos anos 1950.

13. O Programa de Metas e a constituição do GEIA

O acelerado processo de industrialização da economia brasileira no período de 1951 a 1964 foi acompanhado de uma série de mudanças estruturais. As indústrias manufatureiras, especialmente os ramos produtivos tidos como "pesados", expandiram-se a taxas mais elevadas que nas décadas anteriores, devido ao aumento generalizado da demanda por recursos relativamente escassos como mão de obra especializada, capital e tecnologia. De 1949 a 1959, como resultado do processo de substituição de importações, a produção industrial no país cresceu a uma taxa média anual de 8,5% e, entre 1959 e 1964, elevou-se a 9,7%.[23]

---

21 Gramsci, *op. cit.*, 1975, nº 13, p. 1584.
22 A. Gramsci. "A conquista do Estado" In: *Escritos Políticos*. vol. 1. Rio de Janeiro: Civilização Brasileira, 2004, p. 258.
23 Cf. C. Furtado. *A hegemonia dos Estados Unidos e o subdesenvolvimento da América Latina*. Rio de Janeiro: Civilização Brasileira, 1973, p. 139.

Indubitavelmente, tal expansão industrial deu-se com maior intensidade no estado de São Paulo. Dados compilados por Negri indicam que o estado já participava com 48,9% do valor total produzido pela indústria brasileira em 1949 e, dez anos mais tarde, chegava a 55,7%.[24] Parcela grande desses investimentos era estatal ou foi induzida por facilidades de crédito e privilégios cambiais oferecidos, em especial, às empresas estrangeiras. Assim, durante os anos 1950, observa-se uma mudança significativa da função econômica do Estado no Brasil, manifesta na adoção de um conjunto de incentivos aos investimentos do capital estrangeiro e nacional, além da instalação de empresas estatais, financiadas em grande parte por meio de emissões monetárias e que, em sua maioria, eram pioneiras ou modelares nos respectivos ramos: empresas hidrelétricas e de distribuição, construção e pavimentação de rodovias, produção de ferro e aço, banco de investimento etc.

Portanto, com vistas a sustentar uma elevada taxa de investimento industrial em proporção ao PIB, o Estado fez uso amplo do financiamento inflacionário e de orçamentos desequilibrados, notadamente a partir de 1956. Esse ciclo prolongado de crescimento da indústria acentuou a deterioração do balanço brasileiro de pagamentos, principalmente a partir de 1957. Uma deterioração que se fazia acompanhar de um aumento das transações de capital na conta de capitais. Essa foi a tendência histórica da segunda metade dos anos 1950 que assinala o despontar de um país que iniciava um estágio mais complexo de industrialização e que, por isso, necessitava cada vez mais importar mercadorias e serviços do exterior.[25]

Na base dessa transição é necessário compreender o momento exato em que ocorreu o acirramento das contradições que a própria substituição de importações encerrava, pois, tornados agudos seus paradoxos, esgotavam-se as possibilidades de perpetuação desse movimento substitutivo e, por conseguinte, deflagrava-se a crise.

A esse respeito, Werneck Sodré pontua que tal crise comportava duas etapas: uma primeira preparatória, na qual a melhora qualitativa era ofuscada por dados quantitativos de crescimento econômico que pareciam dar continuidade ao que já estava fadado a se exaurir; e uma segunda etapa de acabamento, quando se delineou o que o autor chama de "modelo brasileiro de desenvolvimento".[26]

---

24 Negri, op. cit., p. 86 e 117.
25 Cf. Cohn, op. cit., p. 310-312.
26 Sodré, op. cit., 1987, p. 84. Sobre essa ideia, ver também a concepção furtadiana de "modelo brasileiro do subdesenvolvimento", cf. C. Furtado. O mito do desenvolvimento econômico. São Paulo: Círculo do Livro, 1974, p. 97-112.

Seja como for, o que se verifica nesse período é a intensificação da subordinação de nossa estrutura econômica aos capitais internacionais. Os mecanismos de dominação foram se perpetuando, sendo engendrados e aperfeiçoados de 1945 até 1956. A partir daí, o governo Kubitschek elaborou o Programa de Metas: um plano de ações composto por 30 metas distribuídas entre cinco setores – energia, transportes, alimentação, indústria de base e educação –, no qual o fomento à instalação da indústria automotiva (Meta nº 27) foi o objetivo mais ansiado e propagandeado. Tratava-se, em essência, de conciliar o objetivo do governo de nacionalizar a produção de veículos automotores com os interesses das grandes montadoras transnacionais; em outras palavras, intentou-se consolidar um ambiente econômico favorável à atração das inversões estrangeiras, de modo a lhes garantir um vasto mercado consumidor de caminhões, ônibus, tratores e carros de passeio.

A deposição e, em seguida, o suicídio de Vargas pertencem aos preliminares da fase que, segundo Werneck Sodré, corresponde à série de medidas que marcaram os governos subsequentes, a exemplo da aprovação da Instrução 113 da Sumoc, idealizada pelo Ministro da Fazenda, Eugênio Gudin, e assinada, no dia 17 de janeiro de 1955, pelo então diretor da Superintendência, Otávio Gouvêa de Bulhões.

> Essa Instrução liberava de cobertura cambial as empresas estrangeiras que desejassem importar máquinas para as instalar no Brasil. Como os empresários nacionais, para importá-las, estavam na dependência da disponibilidade de divisas, criava-se, desde logo, privilégio descomedido, em favor dos investidores estrangeiros. Apregoando a busca de uma misteriosa 'verdade cambial', aquele dispositivo acobertava onerosíssimas condições impostas pelos interesses externos ao desenvolvimento brasileiro. Incorporada à Lei de Tarifas regulamentada em dezembro de 1957, a Instrução 113 assinala a opção deliberada e firme, ostensiva e audaciosa, por uma política que seria acabada adiante, com os mesmos tecnocratas que, atravessando regimes diferentes, governos diferentes, golpes de Estado diferentes, permaneciam no controle do aparelho de Estado. Ela constituiria a base da orientação adotada, a partir de 1956, quando o Governo formulou um Plano de Metas destinado, segundo a propaganda, a fazer o país avançar cinquenta anos em apenas cinco.[27]

O próprio Gudin admitiu, em 1960, que: "A indústria automobilística entrou no Brasil através da Instrução 113, de minha autoria, quando Ministro da

---

27 *Ibidem*, p. 85.

Fazenda".²⁸ Ademais, cerca da metade dos investimentos estrangeiros avalizados pela Instrução 113 foi alocada no setor automotivo: US$ 200,7 milhões de um total de US$ 419 milhões, sendo US$ 114,7 milhões o montante investido pelas montadoras e US$ 86 milhões pelo setor de autopeças.²⁹

Entende-se, portanto, que, num intervalo de três anos, de 1955 a 1957, o Executivo federal, através do seu Conselho do Desenvolvimento – constituído em 1956 e responsável pela execução do Programa de Metas –, forjou, de maneira tecnicamente planejada, a subserviência de parte significativa do nosso parque industrial aos interesses externos. Em uníssono com Helga Hoffman, Werneck Sodré não deixou de bradar sobre a perda de soberania nacional do Estado brasileiro, que, em sua avaliação, capitulou irrestritamente aos ditames impostos pelos grandes trustes internacionais.³⁰ Uma de suas justificativas é a de que:

> A indústria nacional, em 1955, abrangia mais de 1.000 fábricas e estava em condições de produzir mais de 50% das peças e partes do automóvel – e a Fábrica Nacional de Motores já produzia mais de 70% delas, para o caminhão que fornecia – quando a solução governamental foi imposta. Assim, no momento em que a indústria nacional atingia a etapa em que a produção de automóveis surgiria, naturalmente, e a custo social razoável, o planejamento à base da submissão aos interesses externos reservava aos monopólios estrangeiros o mercado nacional: eles passaram a produzir dentro do país aquilo que, antes, lhe vinham fornecendo do exterior, e às vésperas de perder o mercado. O Plano estabeleceu uma série de favores, dos mais escandalosos, aos monopólios estrangeiros, representando a canalização, para eles, de dezenas de milhões de cruzeiros, com os privilégios de câmbio, de comércio e de remessa de lucros, além daqueles ligados à tributação. Mais do que isso: o Governo brasileiro emprestou aos monopólios estrangeiros os cruzeiros para a compra de divisas e lhes concedeu financiamentos oficiais, a longo prazo, para instalação e ampliação de suas fábricas.³¹

---

28 E. Gudin. "A grande palhaçada". In: O Globo, 3/11/1960, apud Sodré, op. cit., 1987, p. 85. Para Werneck Sodré, Gudin agia como um "empregado de empresas estrangeiras no Brasil". Ibidem, nota de rodapé n° 86, p. 86.
29 Cf. S. A. Latini. A implantação da indústria automobilística no Brasil: da substituição de importações ativa à globalização passiva. São Paulo: Alaúde Editorial, 2007, p. 141.
30 Sodré, op. cit., 1987, p. 86.
31 Ibidem, p. 87.

Por outro lado, há quem defenda que o Programa de Metas representou um avanço extraordinário, e até então inigualável, do planejamento estatal em seu esforço de "racionalizar" os processos de formulação e manejo das políticas econômicas.[32] Maria Victoria Benevides, por exemplo, chega a enaltecer a habilidade de Kubitschek em criar instrumentos extraconstitucionias como forma de burlar *"os caprichos de um Legislativo inorgânico e indisciplinado pela pluralidade da representação partidária"*. Desse modo, o Executivo federal criava condições que lhes permitia delegar os poderes diretamente aos grupos de trabalho e aos órgãos executivos para a realização do Programa de Metas, "que jamais teria sido possível se tivesse que passar pelos tradicionais processos de tramitação legislativa, caracterizados pelas longas negociações, entraves oposicionistas etc".[33]

Com respeito à meta formulada para a indústria automobilística, o Conselho do Desenvolvimento procurou fundamentar sua política de incentivo ao apregoar que:

> As importações brasileiras de veículos automóveis e seus componentes e peças, nos últimos anos, vinham num crescendo cujo impacto no Balanço de Pagamentos contribuía seriamente para o desequilíbrio das finanças externas do País.
>
> Cruciante se apresentava o problema, no particular, bastando que se considere que no período 1950/56, apesar de todas as restrições quantitativas e cambiais, a média anual do dispêndio em divisas com a importação de veículos e peças alcançou a cifra de US$ 131,7 milhões, constituindo um dos mais onerosos itens do nosso balanço internacional de contas, ao lado das importações de petróleo, trigo e pagamento de serviços, sobretudo fretes e seguros.
>
> [...]
>
> É de consignar-se que no Brasil o transporte rodoviário concorre para o escoamento da produção com, aproximadamente, 70% da tonelagem total transportada.
>
> As deficiências do transporte ferroviário, fluvial e marítimo não poderiam ser corrigidas a curto prazo. A alternativa restante, para permitir o

---

32 Essa ideia é defendida nos seguintes estudos: C. Lafer. *The planning process and the political system in Brazil: a study of Kubitschek's target plan*. Universidade de Cornell: Tese de doutorado, 1970; M. V. de M. Benevides. *O governo Kubitschek. Desenvolvimento econômico e estabilidade política, 1956-1961*. Rio de Janeiro: Paz e Terra, 1976.

33 Benevides, *op. cit.*, p. 225-226.

escoamento da crescente produção nacional, era prover os meios necessários para assegurar maior capacidade no transporte rodoviário.

Por outro lado, o surto da industrialização do país no após-guerra, e o advento da grande siderurgia, criavam algumas condições básicas para a implantação de uma verdadeira produção de veículos, em vez da simples montagem, totalmente dependente de suprimentos externos de peças e partes.[34]

Em tese e à primeira vista, as justificativas do Conselho ressoam coerentes, mas, ao se empregar um exame mais meticuloso, desanuvia-se um discurso matizado por pura retórica. Em primeiro lugar, não há dúvidas de que o modal rodoviário vinha cada vez mais absorvendo parte do fluxo de transporte que originalmente circulava pelas ferrovias, no entanto, sua participação sobre o movimento total de cargas no país só se aproximou dos 70% aventado pelo Conselho nos anos 1966-67, segundo dados do Ministério dos Transportes. A propósito, convém esclarecer que as participações do modal ferroviário foram de 29,3%, 21,2% e 18,8%, respectivamente para os anos de 1950, 1955 e 1960, enquanto o transporte rodoviário obteve sucessivos aumentos nesses mesmos três anos de 38,2%, 52,9% e 60,6%.[35]

Em segundo lugar, observa-se que o Conselho não interpela sobre as causas das deficiências dos transportes ferroviário, fluvial e marítimo. Dentre elas, e particularmente no tocante às ferrovias, podemos citar o crescente sucateamento e empreguismo[36] das inúmeras estradas de ferro administradas pelo Estado que vinha, como já se disse, entabulando uma série de encampações; além da expressiva redução dos incentivos aos investimentos das poucas ferrovias que ainda eram controladas pelo capital privado, a exemplo da Paulista. Ou seja, a opção do Estado por uma política perdulária dedicada às ferrovias comprometeu definitivamente

---

34 Brasil. Conselho do Desenvolvimento, *op. cit.*, p. 311.

35 Cf. E. C. Rodrigues. *Crise nos transportes*. São Paulo: Editoras Unidas, 1975, p. 94.

36 Apesar de reconhecer a frequente influência do fator político na escolha dos diretores das ferrovias administradas pelo Estado, Julian Duncan relativiza a questão do excesso de pessoal empregado, por exemplo, na estatal Central do Brasil, que havia passado por uma profunda reorganização administrativa, em 1931, com a demissão de 967 funcionários. Duncan, *op. cit.*, p. 142. Se, por um lado, o número de trabalhadores por quilômetro de linha era maior na Central (9,33, em 1928) comparativamente à Paulista (7,34, em 1927), há de se considerar que a extensão quilométrica da primeira era mais que o dobro da extensão da segunda no ano de 1945 (3.355 quilômetros para a Central contra 1.536 quilômetros para a Paulista). Cf. IBGE, *op. cit.*, p. 11.

a situação financeira do setor, em termos nacionais, que procurava resistir a duras penas desde o período do pós-guerra.

Todavia, há indícios, como os apontados por Sydney Latini (secretário-executivo do GEIA de 1957 a 1963), de que entre 1945 e 1955 a evasão de divisas causada pelas importações de automóveis havia realmente suplantado os importes gastos com os artigos mais tradicionais da pauta brasileira de importação, como petróleo e trigo.[37] Assim, pouco a pouco, verifica-se uma redução da importação desses veículos motivada exatamente pelo déficit da balança comercial e de pagamentos, já logo após o ano de 1947. Porém, dados do Ministério da Fazenda revelam que, no interregno de 1950-52, a situação do balanço de pagamentos havia sofrido uma piora sensível devido à abrupta elevação das importações: no ano de 1951 foram gastos US$ 276,5 milhões (ao câmbio de Cr$ 20,00/US$) só com a compra de automotores e autopeças de outros países. Somente com as primeiras iniciativas de nacionalização da produção de veículos, associadas às medidas de restrição às importações impostas pelo governo Vargas, que tal conta pôde ser minorada entre 1953 e 1955.[38]

A esse respeito, Helen Shapiro menciona o Aviso 288 da CEXIM, de 19 de agosto de 1952, que proibia a importação de 104 grupos de componentes automotivos sucedâneos produzidos internamente; o Aviso 311, expedido em 28 de abril de 1953 pela Carteira de Comércio Exterior do Banco do Brasil (CACEX) – que substituiu a CEXIM –, foi ainda mais severo ao proibir a importação de carros montados a partir de julho de 1953; e, logo no início de 1954, as importações ficaram restritas apenas à compra dos *kits* completos que não continham peças produzidas no país e que, portanto, não respondiam às restrições do Aviso 288.[39]

Dilma de Paula esquadrinhou arguciosamente a evolução histórica da montagem do parque automotivo no Brasil. Ainda no governo Vargas, criou-se, em primeiro lugar no ano de 1952, a Subcomissão de Jipes, Tratores, Caminhões e Carros;[40] no ano seguinte, a Volkswagen, a Mercedes-Benz e a Willys-Overland

---

37 Latini, *op. cit.*, p. 132.
38 Serviço de Estatística Econômica e Financeira do Ministério da Fazenda, cf. *Ibidem*, Anexo II, p. 342.
39 H. Shapiro. "A primeira migração das montadoras: 1956-1968". In: G. Arbix e M. Zilbovicius (orgs.). *De JK a FHC: a reinvenção dos carros*. São Paulo: Scritta, 1997, p. 28.
40 Subordinada à Comissão de Desenvolvimento Industrial (criada pelo Ministério da Fazenda através do Decreto 29.806/51), essa subcomissão ficou encarregada da questão da industrialização de veículos automotores no Brasil como forma de resolver o problema já apontado da

instalaram suas montadoras na região do ABC Paulista, provavelmente devido à pressão gerada pelas medidas restritivas à importação de veículos automotores há pouco mencionadas; em 1956, inauguravam-se as primeiras unidades de produção da Mercedes e da Vemag; em 1957, seria a vez da Ford e da General Motors. Além disso, a pesquisadora considera que a instalação das fábricas alemãs representou um forte impulso à atração das empresas automobilísticas norte-americanas que, compelidas pela concorrência, reviram suas estratégias de negócio, passando a cogitar as potencialidades dos mercados de países subdesenvolvidos em consonância aos incentivos e às garantias estatais, como as oferecidas pelo governo brasileiro.[41]

Nesse contexto, o governo, pelo Decreto nº 39.412, de 16 de junho de 1956, instituiu o GEIA, grupo executivo que tinha a sua frente, na presidência, o ministro da Viação e Obras Públicas, Lúcio Martins Meira, e mais quatro membros efetivos: o diretor-executivo da Sumoc, José Garrido Torres, o diretor-superintendente do BNDE, Roberto de Oliveira Campos e os diretores da CACEX e da Carteira de Câmbio do Banco do Brasil, Ignácio Tosta Filho e Paulo Pook Correia.[42]

Pode-se dizer que o GEIA foi o principal aparelho do Estado responsável por propalar o ideário rodoviarista no Brasil, pois, a ele, coube atrair o capital das empresas estrangeiras e coordenar as atividades de implantação da indústria automotiva no Brasil, entre as empresas nacionais de autopeças e as montadoras multinacionais. Segundo Latini, o Ministério da Guerra e o recém criado Conselho de Política Aduaneira passaram a integrar o Grupo após seu primeiro ano de funcionamento. Em seguida, aprovados os planos de fabricação de tratores agrícolas e máquinas rodoviárias, sua formação incorporaria também representantes do Ministério da Agricultura, da Carteira de Crédito Agrícola e Industrial do Banco do Brasil e do DNER.[43]

Esse aparelho estatal consubstanciava a formação de um novo bloco de poder que iria dominar ideológica e operacionalmente as políticas públicas da área

---

deterioração do balanço de pagamentos, em virtude do excessivo dispêndio de divisas com a importação desses veículos. Cf. B. H. Nascimento. *Formação da indústria automobilística brasileira. Política de desenvolvimento industrial em uma economia dependente*. São Paulo: IGEOG-USP, 1976, p. 33.

41 Paula, *op. cit.*, p. 144 e 147.
42 Cf. Latini. *op. cit.*, p. 139 e Anexo III, p. 343.
43 *Ibidem*, p. 139.

de transporte no país até a ascensão da ditadura militar em 1964. Isso porque todas as agências governamentais que poderiam exercer algum tipo de ingerência sobre os transportes – com a evidente exclusão estratégica do DNEF – estavam representadas no GEIA. Sobre essa ideologia denominada rodoviarismo, Paula esclarece que:

> [...] significou a ascensão de uma camada da burguesia nacional às arenas decisórias do setor de obras públicas, através da crescente intervenção nas estruturas principalmente do DNER e DER's, pregando a sua autonomia frente ao Ministério da Viação e Obras Públicas (depois Ministério dos Transportes) e das decisões do Poder Legislativo. Assim, foi se formando uma verdadeira arquitetura político-institucional-clientelista, que ao mesmo tempo solidificava a proposta rodoviária e enfraquecia as demandas ferroviárias. Fruto dessas pressões, o DNER passou por profundas reformas administrativas, ganhando agilidade e autonomia na implementação das metas rodoviárias.[44]

Por trás das ações do GEIA havia a expectativa de que a indústria automotiva desempenhasse um papel de setor líder dentro do novo padrão de acumulação adotado no país, além de gerar efeitos indiretos de estímulo a outros setores também contemplados pelo Programa de Metas, como a pavimentação asfáltica e a construção de rodovias (metas 8 e 9) e a produção e refino de petróleo (metas 4 e 5). A estratégia do programa automobilístico era assegurar que as montadoras multinacionais se comprometessem com o objetivo do governo de nacionalizar de 90% a 95% do processo de fabricação dos veículos no prazo de cinco anos.[45]

Contudo, não é nossa intenção avaliar o GEIA no que tange ao alcance dos seus objetivos. Cabe mais enfatizarmos que a roupagem institucional-clientelista incorporada pelo Estado para atrair o investimento direto estrangeiro dos grandes oligopólios automobilísticos gerou um custo indissolúvel à economia nacional.

O PIB, que crescera 5,6% no período 1950-55 e 7% no período 1957-61, teve sua relação *per capita* evoluída, nesses mesmos dois períodos, de 2,5% para 3,8%.[46] Produzindo mitos e ambiguidades, esse robustecimento da economia brasileira – produto do programa "50 anos em 5" de Kubitschek – parecia demonstrar que o país estava, enfim, se desenvolvendo. E, de fato, estava, pois houve nesse período

---

44 Paula, *op. cit.*, p. 152-153.
45 Cf. Shapiro, *op. cit.*, p. 36.
46 Cf. Sodré, *op. cit.*, 1987, p. 90.

a definição de um modelo de desenvolvimento do país baseado na consolidação do capital industrial, como o carro-chefe do processo de acumulação, e no aumento da dependência de alguns setores produtivos ao capital estrangeiro. Assim, a adoção desse modelo pelo Estado carreou um *trade-off* que se pode caracterizar pela galopante elevação da dívida externa brasileira.

Diante desse fato, observa-se que de 1955 a 1959, 63,3% dos recursos externos que entraram no país na forma de investimento e financiamento às indústrias se destinaram ao setor automobilístico.[47] Em termos mais gerais, Werneck Sodré informa que o afluxo de investimento estrangeiro atingiu, entre 1956 e 1961, a média de US$ 112 milhões e, entre 1962 a 1967, recuou para US$ 58 milhões. Quase a metade dos capitais de empréstimos chegou ao Brasil entre 1954 e 1961. Assim, o percentual que avalia a relação entre a dívida externa e a receita das exportações cresceu de 55,3, em 1947, para 251,3, em 1962, enquanto a dívida externa total que, em 1954, era de US$ 1 bilhão e 600 milhões ascendeu a US$ 2 bilhões e 700 milhões em 1961. Consequentemente, o serviço da dívida, cerca de US$ 180 milhões, em 1954, passou a mais de US$ 440 milhões em 1961, tendo alcançado seu ápice em 1960, quando atingiu US$ 516 milhões.[48]

À luz de todas essas evidências, o cenário macroeconômico nacional ao final da administração Kubitschek não era tão promissor. De um lado, com os preços em queda, as exportações não conseguiam atender às necessidades de importação do país, muito menos cobrir, em termos razoáveis, o serviço da dívida externa. Por outro, a demanda interna por produtos manufaturados esbarrava nas limitações de consumo dos trabalhadores, que viram suas condições materiais de subsistência se deteriorarem como consequência da contínua redução dos salários reais. Pressionado, o Estado recorria às sucessivas emissões monetárias como forma de amortecer os efeitos da crise aos exportadores agrícolas: o meio circulante que, em 1955, alcançou pouco menos de Cr$ 70 milhões quase triplicou ao elevar-se para mais de Cr$ 200 milhões, em 1960; enquanto o dólar, que valia aproximadamente Cr$ 74, em 1955, chegou a Cr$ 190, em 1960, e a Cr$ 280, em 1961, praticamente quadriplicando seu valor em relação à moeda brasileira.[49]

---

47   Cf. R. F. Rabelo. "Plano de Metas e consolidação do capitalismo industrial no Brasil". In: *E & G Economia e Gestão*. vols. 2 e 3, (4) e (5). Belo Horizonte, dez. 2002/jul. 2003, p. 51.
48   Sodré, *op. cit.*, 1987, p. 89-90.
49   *Ibidem*, p. 91.

Ademais, a situação da indústria de transformação também não inspirava muito ânimo. Com dificuldades no processo de acumulação, os diversos setores industriais (inclusive a própria Paulista) barganhavam subsídios estatais diretos e indiretos ou apelavam para o mecanismo inflacionário de aumento de preços e tarifas, quando não para uma combinação dessas duas medidas. Contudo, estava claro que havia limites para a continuidade dessas políticas, tendo em vista que elas não poderiam financiar, por longos períodos e concomitantemente, os setores nacionais da economia, os grupos estrangeiros e a massa de assalariados. Estes, sem sombra de dúvidas, acabaram sendo os mais prejudicados pela intensa escalada da inflação.

14. A greve e o fim da gestão privada

Até a eclosão da Segunda Guerra Mundial, a relativa inelasticidade-preço da demanda por transporte garantia certo nível de lucratividade às ferrovias, como resultado do monopólio dos transportes terrestres no Brasil. Além do mais, a essa época, a economia brasileira ainda se caracterizava basicamente por produzir gêneros agrícolas tanto para a exportação como para o abastecimento interno, mercadorias estas que consistiam na maior parte do volume de carga transportado pelas estradas de ferro.

Com o aprofundamento da industrialização substituidora de importações, a estrutura econômica do país se transformou e, dentre essas transformações, tivemos o surgimento de novos centros de produção e distribuição de produtos manufaturados que, por sua vez, demandavam fluxos de tráfegos com origens e destinos diferentes daqueles que as vias férreas atendiam até então. Seja pelos atributos desses novos manufaturados ou pela rigidez estrutural típica das ferrovias, os usuários dos meios terrestres de transporte passaram a optar pelo modal rodoviário em detrimento do ferroviário, dado a já apontada maior flexibilidade dos automotores.

Na avaliação de Josef Barat, a natureza da maioria dos traçados férreos ligando o interior aos portos marítimos contribuiu pouco para a integração dos mercados interestaduais, inclusive daqueles correspondentes às fronteiras agrícolas em expansão. A diferença de bitolas entre as ferrovias, de um lado, e os altos custos fixos aliados aos longos períodos de maturação dos investimentos, de outro, transferiram para as rodovias a função de sedimentar um novo mercado nacional na passagem dos anos 1940 para os 1950.[50]

Consoante às modificações estruturais da economia, o Estado foi, progressivamente, ampliando seus investimentos na construção e conservação de estradas de rodagem. No ano de 1954, havia aproximadamente 2.000 quilômetros de estradas pavimentadas em todo o Brasil, ao final do período deste estudo, em 1961, somente em São Paulo, a extensão das rodovias pavimentadas alcançou a marca de 4.578 quilômetros.[51]

A propósito, Paula destaca que a partir de meado dos anos 1940, o Estado, através do DNER, assumiu a vanguarda das construções de rodovias, "pois as empreiteiras apenas 'engatinhavam'". Conforme os contratos públicos se avolumavam, as construtoras de estradas de rodagem iam adquirindo equipamentos, se capitalizando, melhorando sua produtividade e, logo, puderam aumentar seu poder de influência e barganha junto à burocracia estatal.[52]

Célio Debes acrescenta ainda que além das principais rodovias terem sido construídas em paralelo às estradas de ferro, estas tinham que obedecer a uma legislação muito rígida que estabelecia a obrigatoriedade de se transportar toda e qualquer mercadoria que lhes fossem entregue. À medida que o fomento estatal às rodovias progredia, o transporte rodoviário, que não estava sujeito a nenhuma norma específica, ganhava cada vez mais impulso. A isso, soma-se o fato de que as ferrovias tinham que manter em condições adequadas de uso não apenas a via permanente, mas também todo o material rodante que incluía locomotivas, carros de passageiros e vagões de carga. De modo diametralmente oposto, "as estradas de rodagem eram todas construídas pelo Estado a fundo perdido, já que ninguém sabia ao certo quanto havia custado essa ou aquela rodovia".[53]

Destarte, os serviços rodoviários eram realizados por transportadores individuais que utilizavam um contingente mais reduzido de mão de obra a um custo consideravelmente menor se comparado à remuneração dos ferroviários que, há décadas sindicalizados, costumavam pressionar o Estado e as companhias

---

50   J. Barat. "O setor de transporte na economia brasileira". In: *Revista de Administração Pública*. vol. 7, n° 4, out./dez. 1973, p. 125.
51   Cf. M. E. Garcia, P. Cipollari e H. C. E. Carmo. *Emprego, salários e produtividade nas ferrovias brasileiras*. Brasília: Ministério do Trabalho, 1978, p. 28 e 30.
52   Paula, *op. cit.*, p. 155.
53   Entrevista realizada pelo autor com Célio Debes em 5/11/2010.

privadas em favor de melhores salários. Mais uma vez, de acordo com Paula, a fragmentação, a dispersão e a diminuta remuneração da categoria dos rodoviários faziam da concorrência entre os transportes algo absolutamente favorável ao setor que, consequentemente, oferecia um preço muito abaixo aos seus fretes, comparado aos fretes ferroviários.[54]

Diante de tais circunstâncias, o Estado iniciou, ao final de 1955, sua ofensiva política contra os trechos ferroviários considerados antieconômicos. Mais precisamente em 27 de dezembro desse ano, o Congresso Nacional aprovou a Lei federal nº 2.698 que, em seu artigo 5º, instituía a criação de um Fundo Especial a ser aplicado exclusivamente "na construção, no revestimento ou na pavimentação das estradas que se construirão ou se aproveitarão para substituir os trechos de ferrovias reconhecidamente deficitárias". A formação desse Fundo se deu através do cálculo sobre a diferença de preços dos combustíveis e lubrificantes líquidos derivados do petróleo, entre os importados e os de fabricação nacional.[55]

Por força da referida Lei, a Paulista fez um levantamento dos trechos de sua rede que deveriam ser erradicados. Primeiro, em 1960, foram suprimidos os ramais de bitola de 0,60 m de Santa Rita e Descalvadense. Logo em seguida, frente à iniciativa da Secretaria de Viação do estado que vinha realizando estudos visando construir rodovias em áreas de influência da Paulista, esta se sentiu compelida a elaborar um programa mais detalhado de erradicação dos seus ramais que apresentavam baixa densidade de tráfego, a saber: ramal de Água Vermelha (São Carlos-Santa Eudóxia); ramal de Dourado (Trabijú-Dourado); ramal de Terra Roxa (Ibitiuva-Terra Roxa); ramal de Analândia (Rio Claro-Analândia); ramal Campos Salles-Barra Bonita (Dois Córregos-Barra Bonita); e ramal Jaú-Dourado (Jaú-Dourado-Posto Rangel). De posse desse programa da Paulista, o governo do estado de São Paulo o aprovou pelos Decretos 37.960 e 37.965, de 14 de janeiro de 1961.[56]

Consoante a supressão dos ramais de Santa Rita e Descalvadense, a Paulista continuava com seus trabalhos de melhoramento ao substituir os trilhos de 55 kg/m por trilhos mais longos, de 57 kg/m, em sua linha tronco de Campinas a Itirapina e de Jundiaí a Campinas. Além disso, prosseguiu-se com as melhorias,

---

54 Paula, *op. cit.*, p. 161.
55 RCP, 1961, p. 21.
56 *Ibidem*.

iniciadas em 1959, nos ramais de Nova Granada e Ribeirão Bonito através do lastreamento da via e da substituição dos trilhos de 32 kg/m pelos de 25 kg/m.[57]

A essa época, isto é, às vésperas de sua estatização, a Paulista mantinha uma diversidade de investimentos representada pelas empresas subsidiárias, CPT, com um capital representado em ações de Cr$ 12.000.000, e CAIC, da qual possuía 112.430 ações no valor de Cr$ 18.361.620. Além dessas, a Companhia tinha participações em outras organizações, tais como:[58]

- Cobrasma, 2.550 ações no valor de Cr$ 2.560.016;
- Viação Aérea São Paulo (VASP), 800 ações no valor de Cr$ 272.560;
- Sociedade Cooperativa dos Empregados da Companhia Paulista, 585 cotas no valor de Cr$ 58.500;
- Telefônica de Jundiaí Ltda., 13 ações no valor de Cr$ 117.000;
- Grace Paulista S.A. – Polpa e Papel, 994 ações no valor nominal de Cr$ 1.000 cada uma, porém com apenas 10% realizado;
- Telefônica Central Paulista S.A. de São Carlos, 225 ações escrituradas por Cr$ 45.000;
- Companhia Telefônica de Vinhedo, uma ação no valor nominal de Cr$ 25.000, porém realizados apenas Cr$ 8.000;
- Petrobrás – Petróleo Brasileira S.A., 273 obrigações escrituradas por Cr$ 143.800.

Não obstante à variedade de participações em cotas, obrigações e ações de organismos públicos e privados, o que levou ao fim a gestão privada da Paulista, foi o acirramento das contendas de sua diretoria com o sindicato dos ferroviários e o Estado. Há tempos, desde meado dos anos 1950, capital ferroviário e trabalho andavam às turras como consequência do descompasso entre a exigência da realização de um serviço eficiente e o imperativo de se concretizar os lucros, por um lado, e a necessidade de vencimentos mais condizentes com o custo de vida do trabalhador, por outro. No limite, pode-se advogar que a *causa mater* da estatização da última companhia ferroviária privada do Brasil foi o aumento expressivo da inflação combinado com a recusa do governo federal em subvencionar financeiramente a Companhia.

---

57   *Ibidem*, p. 22.
58   *Ibidem*, p. 25.

Renato Colistete pontua que, em 1960, o "salário-consumo" foi inferior em -0,2% do registrado no início do governo Kubitschek, em 1956, enquanto, do ponto de vista das empresas, o "salário-produto" foi ligeiramente favorecido por um aumento de 1,5% nesse mesmo intervalo de tempo.[59] Essa análise de Colistete assume validade ainda maior quando se considera que a inflação desse período tinha o condão de incentivar os investimentos produtivos, ao transferir parte da renda dos trabalhadores aos lucros dos empresários, de tal forma que a modernização tecnológica daí resultante gravava a tendência do setor industrial de privilegiar o aumento da produtividade em troca da diminuição de sua capacidade de absorver mão de obra.

Diante do exposto, assevera-se que a inflação foi o elemento catalisador que insuflou os ferroviários a pressionar ainda mais, por intermédio do Sindicato, a diretoria da ferrovia por aumento de salários e outras benesses equivalentes às oferecidas aos funcionários das ferrovias administradas pelo governo de São Paulo. Esse nosso argumento está respaldado pelo trecho do relatório dos diretores da Paulista, referente ao ano da estatização da ferrovia, que perpassa por todos os condicionantes históricos atinentes a essa questão do fim da gestão privada da Companhia.

> Visando a equiparação do pessoal da Companhia Paulista ao das estradas de ferro administradas pelo governo do estado, o Sindicato dos Trabalhadores em Empresas Ferroviárias da Zona Paulista, voltou, em abril de 1961, a movimentar campanha para a obtenção de equiparação ao plano de salários e outros benefícios concedidos ao pessoal da Estrada de Ferro Sorocabana.
>
> Estudando a petição que lhe foi dirigida, respondeu a Diretoria de então, que a Companhia estava materialmente impossibilitada de atender a equiparação plena de salários e benefícios em vigor na Sorocabana, não podendo, também, cogitar da elevação de suas tarifas, pois estas haviam sido recentemente e por duas vezes fortemente majoradas, e

---

59 Colistete esclarece que utilizados para deflacionar os salários, os índices de preços ao consumidor estabelecem o chamado "salário-consumo" real, que é uma medida que avalia o poder de compra dos salários. Já, ao se utilizar o Índice de Preços ao Atacado (IPA-DI) como deflator, tem-se o "salário-produto" real, "que é a variável relevante para as firmas em suas decisões de contratar trabalho". R. P. Colistete. "Salários, produtividade e lucros na indústria brasileira, 1945-1978". In: *Revista de Economia Política*. vol. 29, n° 4, São Paulo, outubro-dezembro/2009. Disponível em: http://www.scielo.br/scielo.php?script=sci_arttext&pid=S0101--31572009000400005&lng=en&nrm=iso. Último acesso em: 20/10/2010.

também, por ser medida desaconselhável e prejudicial aos interesses da população e dos usuários da estrada.

Pelo impasse surgido e, ante a ameaça de greve marcada para o dia 16 de maio, foi instaurado dissídio ex-ofício pela Delegacia Regional do Trabalho que, após as diversas démarches, resolveu, apesar da Secretaria do Trabalho, da promessa do Exmo. Sr. Governador do Estado, de conceder uma subvenção de 220 milhões de cruzeiros e de conseguir, junto ao Governo Federal, mais uma subvenção de idêntica parcela, determinar um aumento salarial de 30%, calculado sobre os vencimentos de 1º de maio de 1960, e, a partir da data do julgamento, bem como a elevação do auxílio-família de Cr$ 450,00 para Cr$ 1.000,00 por filho.

À vista dessa decisão, dirigiu-se a Companhia ao Exmo. Sr. Secretário da Viação em 17 de maio, solicitando o valioso apoio de S. Excia. para o fim de concretizarem-se, com urgência, as medidas de caráter financeiro que foram consideradas no julgamento.

Sendo insuficientes ao cumprimento da decisão da Justiça do Trabalho as verbas totalizando Cr$ 440.000.000,00, que seriam subvencionadas pelos Governos Federal e de São Paulo, uma vez que as despesas estimadas eram de cerca de Cr$ 800.000.000,00, e, ainda, com a declaração do Governo Federal de que não concederia subvenção alguma, não teve a Paulista outra alternativa se não a de recorrer da decisão da Justiça do Trabalho, aliás, aconselhada pelo próprio Governo do Estado, com o que voltou nova ameaça do Sindicato que culminou com a eclosão da greve à zero horas do dia 1º de junho.

Na situação criada, tomou o Estado, a bem do serviço público, a iniciativa da desapropriação das ações, o que fez pelo Decreto nº 38.548, de 1º de junho de 1961, [...].[60]

Vê-se claramente pela opinião da Diretoria que não houve alternativa possível à Paulista que pudesse livrá-la da estatização. Tal fato foi semelhante ao que ocorreu com a Companhia Mogiana quando, pela lei nº 1598 de 1952, o governo do estado de São Paulo ficou autorizado a adquirir o valor nominal de suas ações, tornando assim a Companhia uma sociedade anônima de economia mista.[61]

---

60 RCP, 1962, p. 3.
61 Cf. M. H. Zambello. "A história do sindicalismo ferroviário paulista (1930-1961)". In: S. M. Araújo, M. A. Bridi e M. Ferraz (orgs.). *O sindicalismo equilibrista: entre o continuísmo e as novas práticas*. Curtiba: UFPR/NUPESPAR/Gráfica Popular, s/d, p. 15. Disponível em: http://sindpaulista.org.br/arquivos/historia_sindicalismo_ferroviario_por__marco_henrique_zambello.pdf. Último acesso em 23/11/2010.

À Paulista coube o mesmo destino nove anos depois. A propósito, adverte-se que não se tratou da encampação da ferrovia como é comum se pensar, mas o que verdadeiramente ocorreu foi a desapropriação de suas ações por parte do governo do estado. Juridicamente e conforme o Decreto 38.548 de 1º de junho de 1961, as ações da Paulista passaram a ser de utilidade pública para fins de desapropriação, isto é, o governo não se apropriou do patrimônio da Companhia, ele passou a administrá-la, em troca do pagamento gradativo aos acionistas, de um valor pré-fixado às ações, que, segundo Debes, levaram 22 anos para serem indenizados em sua totalidade.[62]

Sobre as adversidades vividas pela diretoria da Paulista ao final dos anos 1950, pondera-se que a grande greve iniciada em junho de 1961 expressava sintomaticamente o impasse gerado entre a Companhia e os ferroviários, que parecia não ter solução naquela conjuntura. Restava apenas ao Estado subsidiar financeiramente a Paulista ou a greve continuaria por tempo indeterminado. Em vista de tal impasse, o governador de São Paulo à época, Carvalho Pinto – que tinha estreitos laços políticos com o presidente Jânio Quadros –, entrou em negociação com o governo federal para que fosse aprovado um subsídio de Cr$ 440.000.000 à ferrovia, em que cada governo arcaria com metade desse valor. Em função de Quadros ter se dissuadido do acordo que, num primeiro momento, ele havia consentido, Carvalho Pinto não hesitou e rapidamente desapropriou as ações da Paulista numa estratégia de mantê-la como patrimônio de São Paulo frente à intenção do governo federal de incorporá-la à RFFSA.

Cabe notar também que mesmo antes, em abril de 1959, o presidente do Sindicato dos Ferroviários da Paulista, Harry Normanton, já havia encaminhado um documento aos acionistas da Paulista, no qual se manifestava a favor de um projeto de lei do deputado estadual Cássio Ciampolini do Partido Social Democrático (PSD), apresentado à Assembleia Legislativa, propondo a desapropriação das vias férreas, dos equipamentos de transportes e dos prédios utilizados pela Companhia. Nesse documento, Normanton frisava, no entanto, que os acionistas da Paulista continuariam proprietários dos outros bens não diretamente relacionados à estrada de ferro.[63]

Por outro lado, não se pode negligenciar determinados compromissos trabalhistas assumidos pela Paulista. Por exemplo, antecipando-se às normas legais que

---

62 Em entrevista realizada pelo autor no dia 5/11/2010.
63 *Correio Paulistano*, 15/04/1959. Apud Zambello, *op. cit.*, p. 17.

seriam sancionadas bem posteriormente pelo Ministério do Trabalho, Indústria e Comércio, a Paulista já havia adotado, em 1917, a jornada de trabalho de seis e oito horas, além de ter sido a primeira ferrovia a pagar horas extras de serviço aos seus funcionários. Além disso, ela colaborou decisivamente na elaboração da lei de aposentadorias e pensões, que começou a vigorar em abril de 1923, e, também, ao ser convocada, participou ativamente do estudo que serviu de embasamento à Consolidação das Leis do Trabalho relacionada ao setor ferroviário.[64]

Contudo, esse conjunto de medidas não foi suficiente para frear as insatisfações que vinham crescendo no seio do Sindicato. A concatenação dos episódios acima narrados nos permite aludir que o elemento histórico que conduziu a Paulista à estatização foi a sublevação dos seus ferroviários que, influenciados pelo espectro do funcionalismo público, imaginaram que a transferência da administração da ferrovia ao poder público lhes garantiria uma condição material de vida melhor.

---

64 RCP, 1961, p. 29.

Conclusão

COMO SE VIU, O QUADRO SÓCIO-HISTÓRICO em que se insere a Companhia Paulista neste estudo associa-se ao processo de modernização capitalista no Brasil. As sucessivas mudanças da estrutura social se fizeram "pelo alto", mediante o protagonismo das elites políticas e econômicas sem a participação efetiva das forças populares. Por um lado, a grande propriedade latifundiária, regida por relações semicapitalistas, transformou-se gradativamente em empresa capitalista agrária; por outro, com a internacionalização de nosso mercado interno, a presença marcante do capital estrangeiro permitiu ao Brasil converter-se num país industrial moderno, com uma expressiva taxa de urbanização e uma complexa estrutura social caracterizada pela desigualdade regional em termos de renda.

A transformação de uma economia agroexportadora em uma economia urbano-industrial se processou de maneira espasmódica condicionada pelas frequentes justaposições dos projetos encabeçados pelas frações de classes economicamente dominantes e que, em geral, encontravam-se amparados pelos aparelhos repressivos e pela intervenção econômica do Estado. Todas as oportunidades históricas concretas que se apresentaram ao país se vincularam, de uma forma ou de outra, à ideia de uma modernização conservadora – desde a independência política, em 1822, até a concepção do modelo de Estado "nacional-desenvolvimentista", passando pelo golpe militar que proclamou o regime republicano e pela Revolução burguesa de 1930, o resultado foi sempre o mesmo: uma solução elitista "pelo alto" de caráter eminentemente antipopular.

Semelhante ao que ocorreu com a oligarquia cafeeira paulista durante o triunfo da Revolução de 1930, a eleição de Kubitschek, em 1956, levou à formação de um novo bloco de poder, formado por membros partidários de sua base aliada (PSD/PTB), no qual a fração de classe adepta do ideário ferroviarista, portanto diretamente ligada à Paulista, foi gradualmente sendo colocada numa posição secundária em relação às decisões estatais voltadas à área dos transportes. Vimos, ao longo do trabalho, que esse movimento assinalou o enfraquecimento político no interior dos aparelhos estatais dos representantes do ferroviarismo e, particularmente, da Paulista, dado seu inquestionável papel de destaque no setor ferroviário de São Paulo.

Nosso objetivo não foi o de propor um amplo debate sobre as causas da derrocada do ferroviarismo no Brasil ou, em outras palavras, sobre o "fim da era ferroviária". De maneira mais restrita, procurou-se demonstrar que, no caso de São Paulo, mais especificamente no caso da principal rede ferroviária do estado formada pelas linhas da Paulista, a propalada decadência ferroviária só ocorreu ao final da década de 1950 devido, fundamentalmente, à orientação política do Estado de incentivo maciço ao modal de transporte que passou a concorrer mais intensamente com as estradas de ferro. Dentro do Programa de Metas do governo Kubitschek, as ações implementadas pelo GEIA fizeram alterar substancialmente a matriz de transporte no país, que viu crescer a participação dos transportes rodoviários tanto em termos de carga como de passageiros.

Adverte-se que nossa intenção não foi a de minimizar as causas econômicas do fracasso das ferrovias ante o avanço dos automotores. Buscamos mostrar que, no caso da Paulista, as disputas no seio do Estado entre os atores que disputavam o apoio do poder público com respeito aos transportes, têm um caráter explicativo que supera os determinantes econômicos desse ou daquele modal. É sabido, no entanto, que, historicamente, muitas ferrovias brasileiras apresentavam problemas como o excesso de pessoal empregado ou a má gestão financeira que, como pudemos notar, não se aplicam à experiência da Paulista. Por outro lado, um dos fatores que explicam o declínio da rentabilidade do transporte ferroviário é a necessidade de se produzir economias de escala, uma vez que seu custo varia de maneira inversa à densidade de tráfego. Assim, com a evasão de tráfego para as rodovias, era natural que o custo médio das ferrovias aumentasse, comprometendo cada vez mais a possibilidade de se reduzir os déficits.

Outro aspecto importante é que, entre 1930 e 1945, as rodovias não chegaram a configurar uma opção que pudesse concorrer com o transporte ferroviário realizado em São Paulo, tendo em vista a diminuta quantidade de rodovias pavimentadas, o estado precário da maioria dessas vias, bem como o porte dos caminhões que não favorecia o traslado a longas distâncias. Por outro lado, nos anos 1950, mais intensamente a partir de 1956 com os incentivos estatais à implantação da indústria automobilística, a situação se alterou substancialmente. Vimos que, concomitante às medidas sancionadas para reaparelhar as ferrovias logo após a Segunda Guerra, o Estado lançou mão de um amplo programa de construção de rodovias que objetivava solucionar a crescente demanda por serviços de transporte gerada pela ação "desenvolvimentista" do governo Kubitschek.

Construídas com recursos públicos, as rodovias começaram a se tornar mais atrativas aos usuários dos meios de transporte, na medida em que as empresas transportadoras não precisavam financiar a totalidade dos custos com construção e manutenção das estradas de rodagem, mas apenas uma parcela destes, representada pelo imposto sobre combustíveis e pedágios, cujas receitas também eram direcionadas a investimentos em rodovias. Subsidiadas, as empresas rodoviárias passaram a oferecer fretes significativamente mais baixos do que as tarifas ferroviárias, o que contribuía sobremaneira para a evasão do tráfego ferroviário. Soma-se a isso a maior flexibilidade dos automotores, em comparação à rigidez estrutural das ferrovias na entrega de mercadorias aos centros distribuidores e de abastecimento.[1]

A análise sobre os fluxos de transporte de mercadorias que corriam pela rede ferroviária da Paulista apontou para dois aspectos relevantes: primeiro, o tráfego da ferrovia permaneceu, durante todo o período examinado, fortemente dependente da produção dos complexos agrícolas; em segundo lugar, constatou-se uma expressiva transformação da estrutura produtiva agrícola do estado de São Paulo. O desenvolvimento da policultura, a partir dos anos 1930, que introduziu ou aumentou progressivamente o cultivo de algodão, arroz e amendoim (para citar apenas alguns exemplos) ocorreu por conta da simbiose que se processou entre o aumento do número de fazendas de pequeno e médio portes e a difusão de métodos mais modernos de cultivo, como a rotação de culturas, a plantação em curvas de nível, a mecanização e a intensificação do uso de fertilizantes e pesticidas. Com essa diversidade de cultivos, a pauta de transporte da Companhia alterou-se

---

1 "O fato da construção da rodovia estar desvinculado das empresas transportadoras constitui uma vantagem extremamente importante para o setor, uma vez que este não precisa incorrer nos custos de administração, nos investimentos, bem como nas despesas de financiamento da estrada. Já as ferrovias apresentam problemas diversos. São elas que fiscalizam, administram e investem, tanto em novas vias, quanto na manutenção das já existentes, onerando as despesas não-operacionais ao longo do tempo". Garcia, Cipollari e Carmo, *op. cit.*, p. 3.

significativamente, apesar da importância fundamental que o café beneficiado continuava tendo para a geração de receita do transporte de carga da Paulista.

Além do café, era expressiva a participação no transporte de carga da Paulista dos materiais orgânicos para adubo e dos derivados de petróleo, notadamente gasolina e óleo diesel. Já a intensa instabilidade observada nos embarques de açúcar era, muitas vezes, compensada pelo aumento eventual do volume transportado de frutas frescas, em especial bananas e laranjas. De qualquer forma, comparada às outras ferrovias paulistas, o relativo bom desempenho econômico-financeiro da Paulista, no período 1930-1960, resultou das constantes melhorias efetuadas em suas condições de tráfego, através dos investimentos na retificação de parte do traçado, na eletrificação de alguns trechos e no alargamento de bitola das linhas com maior densidade de tráfego.

Com esta análise histórica, buscou-se corroborar, neste trabalho, a acepção de que a Paulista foi a ferrovia privada nacional mais bem sucedida do país, seguramente de 1930 até meados da década de 1950, período no qual a Companhia deteve um papel de destaque como representante do ferroviarismo entre os aparelhos estatais e outros organismos da sociedade civil interessados como produtores ou usuários no setor de transporte. Ao recuarmos consideravelmente no tempo, como fizemos no Capítulo I, percebemos que esse protagonismo, exercido por alguns dos principais diretores, funcionários e acionistas da Paulista, tem suas raízes nos antepassados de alguns dos fundadores da Companhia que, desde os primórdios do estabelecimento da infraestrutura de transporte em São Paulo, possuíam influência e prestígio junto ao governo imperial.

O caso do barão de Iguape, tio-avô de Antonio da Silva Prado (um dos fundadores da Paulista), é sobejamente emblemático. Além de grande fazendeiro e negociante da venda de açúcar, ele foi um dos maiores arrematantes de contratos de impostos durante o primeiro quartel do século XIX. Na qualidade de agente fiscal da burocracia imperial, o barão de Iguape passou a investir em atividades altamente rentáveis de modo a engrossar seus cabedais, particularmente por meio do comércio de gado e do transporte por muares. Essa riqueza acumulada, sem sombra de dúvidas, foi transferida a seus descendentes e herdeiros e continuamente multiplicada, em particular por Martinho Prado e seu filho primogênito, acima referido, Antonio Prado.

Presidente da Paulista de 1892 até 1928, Antonio Prado foi sucedido no cargo por Antonio de Lacerda Franco (gestão 1928 a 1936) e Antonio de Padua Salles (gestão 1936 a 1949). Além de terem representado a ferrovia, que era símbolo de qualidade operacional e eficiência administrativa em São Paulo, a carreira pública desses homens indica que a Paulista foi, durante a maior parte do período estudado, uma empresa líder na área de transporte e que detinha uma expressiva força ideológico-cultural no interior dos aparelhos estatais. Os exemplos da constituição da Sociedade Melhoramentos Estrada de Ferro Noroeste, do papel exercido pela Fiesp durante a presidência do diretor da Paulista, Luiz Alves Pereira, da atuação das companhias subsidiárias CAIC e CPT, além da envergadura das empresas que lideravam a lista de acionistas da Paulista no decorrer do período, denotam que a Paulista tinha um projeto empresarial que transcendia a questão do ferroviarismo ao vazar para outras áreas sociais.

É possível, em certas passagens deste estudo, associarmos a trajetória empresarial da Paulista e sua relação com o Estado brasileiro entre os anos 1930 e 1960 ao conceito gramsciano de hegemonia. Em termos gerais, a noção de hegemonia em Gramsci compreende o de direção e domínio de uma classe social (ou fração de classe) sobre as outras classes, através de um organismo da sociedade civil (organizações privadas, como empresas, sindicatos, fundações etc.) capaz de conquistar alianças e fornecer uma base social ao Estado. Assim, nossa conclusão indica que a Paulista adquiriu prestígio social mediante a convergência dos seus objetivos ferroviaristas com interesses mais abrangentes vinculados a outros segmentos da sociedade paulista. É justamente esse aspecto que, para nós, simboliza a disposição da intelectualidade da Paulista em assumir as tarefas de organização de parte do Estado e da sociedade com respeito a determinadas áreas sociais.

A propósito, compreendendo o conceito gramsciano de hegemonia como "uma elaboração e um enriquecimento do conceito linguístico de prestígio",[2] entende-se que, enquanto a Paulista se manteve prestigiosa junto aos aparelhos estatais, ou seja, enquanto seus representantes encontravam-se na posição de um importante grupo de pressão e influência sobre os aparelhos do Estado, logo, na condição de levar a cabo o seu programa de transporte, a ela foi possível manter um plano de expansão dos prolongamentos ferroviários e de reaparelhamento do material fixo e rodante por meio de créditos de financiamento previamente

---

2 Cf. F. Lo Piparo. *Lingua intellettuali egemonia in Gramsci*. Roma-Bari: Laterza, 1979, p. 145.

aprovados pelo governo. Não obstante, vimos, no Capítulo IV, que a década de 1950 marcou o início do processo de realocação de forças no interior do Estado, que acabou por reduzir o peso político da Paulista no setor de transporte de grandes volumes a longas distâncias.

Praticamente olvidada pelo Programa de Metas do governo Kubitschek – que privilegiou em demasia os automotores – e constrangida pela política salarial do funcionalismo público de São Paulo, em conjunto com o surto inflacionário do final dos anos 1950, a Paulista começou a se deparar com problemas com os quais, segundo sua história evidencia, ela não estava familiarizada. Dentre eles, destacamos a pressão dos ferroviários por equiparação aos salários praticados pela Estrada de Ferro Sorocabana, de propriedade do governo do estado.

Ponderamos que a grande greve, iniciada em junho de 1961, que paralisou todo o serviço ferroviário da Paulista, era o sintoma de uma relação desgastada entre a diretoria da Companhia e os ferroviários, como consequência dos conflitos que vinham se avolumando e se arrastando desde meados da década de 1950. Em função de uma conjuntura desfavorável, particularmente à economia agrícola do estado, de início, houve a suspensão da gratificação de Natal aos trabalhadores em 1956; no ano seguinte, a consequência foi ainda mais drástica com a demissão e a decorrente indenização de cerca de 2.000 trabalhadores; durante os dias 14, 15 e 16 de abril de 1959, os ferroviários da Companhia fizeram greve e seus principais líderes ficaram reunidos negociando com a diretoria pelo fim das demissões, por benefícios e aumento de salários; em novembro de 1960, o Sindicato dos ferroviários entregou um ofício relacionando um conjunto de queixas e ameaçando realizar nova greve em caso de não atendimento das reivindicações pela diretoria, o que a levou a pedir guarnição militar ao Estado para proteger seu patrimônio e manter a ferrovia em operação.[3]

Os sucessivos reajustes salariais realizados em agosto de 1956, janeiro de 1959 e outubro de 1960, não foram suficientes para evitar a *débâcle* das negociações e a irrupção da greve de 1961 que pôs fim às possibilidades da Companhia de vislumbrar alguma solução que atendesse razoavelmente aos reclamos dos ferroviários. Nesse contexto, só restava ao Estado subvencionar financeiramente a Paulista ou, do contrário, a greve continuaria *ad infinitum*. Em vista de tal impasse, e da recusa do governo federal de conceder uma parte do subsídio, o governo de São

---

3   RCP, 1957, 1958, 1960 e 1961.

Paulo se adiantou à decisão da União e desapropriou as ações da Companhia de modo a garantir que a Paulista, agora estatizada, ficasse sob a administração do governo do estado.

Se a estatização da Paulista se deu em tom melancólico ou não, acreditamos que isso pouco importa. Do ponto de vista historiográfico, convém mais, não há dúvida, reforçar novamente que a Companhia Paulista representou o último baluarte do capital ferroviário no Brasil ao final de uma era que durou mais de um século, da conclusão do primeiro trecho ferroviário, levado a cabo pelo barão de Mauá em 1854, à desapropriação de suas ações em junho de 1961. Ao final desse longo período, a imagem das ferrovias deixou de simbolizar o progresso e a modernidade, passando a representar o atraso e a decadência.

Tais visões radicais que tomam as ferrovias como símbolo de atraso e decadência, como o faz muitas vezes o imaginário popular, ou que defendem, por meio de posturas ufanistas, o transporte por trilhos como símbolo do progresso, não contribuem com o debate sobre a história dos transportes no Brasil. Nesse sentido, esta pesquisa busca superar essa dicotomia, ao se debruçar sobre a trajetória atípica de uma companhia ferroviária que se mostrou vigorosa do ponto de vista econômico na maior parte do período de sua existência sob a égide do capital privado e que foi estatizada como consequência de uma inflexão na política nacional de transporte.

Enfim, esperamos que este estudo tenha conseguido iluminar a reflexão sobre o transporte ferroviário, enfatizando o papel determinante das políticas do Estado nacional para o sucesso ou fracasso, não somente do setor de transportes, mas de todos os setores econômicos de infraestrutura de nosso país, o que, aliás, pode ser pensado não apenas para refletir sobre o passado, mas também, e principalmente, para se vislumbrar o futuro.

Anexos

A – Decreto nº 4.202, de 10 de março de 1927
B – Decreto-lei nº 7.632, de 12 de junho de 1945
C – Documento da Lademburg Thalmann & Co.
D – Companhia Paulista: discriminação das despesas de custeio, 1930 e 1940 (mil-réis, valores nominais)
E – Companhia Paulista: principais itens das despesas de custeio, 1948 – 1960 (Cr$, valores nominais)
F – Companhia Paulista: discriminação dos investimentos, 1944 – 1961 (Cr$ de 1944)

A – Decreto nº 4.202, de 10 de março de 1927

Decreto nº. 4202 - de 10 de Março de 1927

Autoriza a formação de um fundo especial destinado ao augmento, melhoria e renovação do apparelhamento fixo e rodante das estradas de ferro de concessão do Estado.

O doutor Carlos de Campos, Presidente do Estado de São Paulo, attendendo ao que requereram as estradas de ferro de concessão estadual e ao que lhe representou o Secretario de Estado dos Negócios da Agricultura, Commercio e Obras Publicas,

Decreta:

Artigo 1º. — Ficam todas as estradas de ferro, de concessão do Estado, autorizadas a cobrar uma taxa additional de dez por cento (10%) sobre as tarifas em vigor, para a formação de um fundo destinado, unica e exclusivamente, a occorrer ás despezas com o augmento, melhoria e renovação de seu apparelhamento fixo e rodante.

§ 1º. — O producto da taxa a que se refere este artigo deverá ser, mensalmente, recolhido ao Banco do Estado de São Paulo, em conta corrente especial de cada estrada interessada.

§ 2º. — O fundo especial assim constituido e depositado só poderá ser levantado pelas estradas para o pagamento de despezas, effectivamente realizadas e previamente autorizadas pelo Governo.

§ 3º. — A estrada, que infringir o disposto em qualquer dos paragraphos acima, será privada do favor concedido, por simples despacho do Secretario da Agricultura, Commercio e Obras Publicas.

Artigo 2º. — Para os effeitos da competente fiscalização, poderá o Governo obter do Banco do Estado de São Paulo, independentemente de interferencia ou autorização especial das estradas, todos os esclarecimentos relativos ao estado da conta corrente especial, a que se refere o § 1º., do art. 1º.

Artigo 3º. — A formação do fundo creado por este decreto importará na desistencia expressa da faculdade concedida ás estradas de ferro de concessão do Estado pelo artigo 27, e § unico do decreto nº. 1.759, de 4 de Agosto de 1909.

Artigo 4º. — A concessão que faz objecto do presente decreto poderá ser, a qualquer tempo e de um modo geral revogada pelo Governo.

§ Unico — Revogada a concessão, nos termos deste artigo, ficará salvo ás estradas o direito de continuarem na arrecadação da taxa creada até completarem o pagamento das obras e acquisições já autorizadas pelo Governo e iniciadas ou negociadas.

Artigo 5º. — A autorização constante do artigo 1º. só se tornará effectiva, mediante a acceitação expressa, pelas estradas interessadas, de todos os dispositivos deste decreto, por termos lavrados na Secretaria da Agricultura, Commercio e Obras Publicas.

Artigo 6º. — Revogam-se as disposições em contrario.

Palacio do Governo do Estado de São Paulo, aos 10 de Março de 1927.

CARLOS DE CAMPOS

GABRIEL RIBEIRO DOS SANTOS

Do «Diario Oficial do Estado» nº. 51, de 11/3/1927.

B – Decreto-lei nº 7.632, de 12 de junho de 1945

Decreto-Lei nº. 7.632, de 12 de Junho de 1945

Autoriza a cobrança de taxas adicionais nas Estradas de Ferro.

O Presidente da República, usando da atribuição que lhe confere o artigo 180 da Constituição, decreta:

Art. 1º. — Ficam autorizadas as Estradas de Ferro do País, de administração pública ou privada, a cobrar duas taxas adicionais, de 10 % sôbre as tarifas vigentes, destinadas, uma, à execução de melhoramentos essenciais e outra, à renovação de bens físicos.

§ 1º. — A cobrança destas taxas não poderá ser suspensa dentro do prazo de 20 anos.

§ 2º. — As taxas de Melhoramentos e Renovação Patrimonial, bem como os recursos constituídos para os mesmos fins por quotas debitadas ao custeio, que já estão em vigor em algumas estradas de ferro, enquadrar-se-ão nos dispositivos dêste Decreto-lei.

§ 3º. — O Ministério da Viação e Obras Públicas regulamentará a cobrança, a aplicação e a contabilização dessas taxas, dispondo sôbre a utilização das arrecadações previstas, como garantia de empréstimos contraídos para atender, em aplicação pronta de maior vulto, às finalidades das mesmas taxas.

Art. 2º. — O produto total ou parcial dessas taxas, relativo ao prazo mínimo de 20 anos, a que se refere o § 1º. do artigo anterior, poderá desde logo servir de base ao financiamento, parcial ou total, dos melhoramentos e da aquisição do material fixo ou rodante, de necessidade mais urgente, a serem feitos mediante prévia aprovação do Govêrno.

Art. 3º. — As estradas de ferro deverão, dentro do prazo de 3 (três) meses, apresentar ao Departamento Nacional de Estradas de Ferro, para a devida apreciação, o seu plano de melhoramentos e aquisições a que se refere o artigo anterior.

Art. 4º. — Os juros de financiamento autorizado por êste Decreto-lei não poderão ser superiores a 7 % (sete por cento) anuais.

Art. 5º. — Deverá constar das operações de financiamento a possibilidade de serem elas liquidadas antecipadamente, cessando o vencimento de juros nessa data e não havendo indenização por motivo dessa antecipação.

Art. 6º. — Se a União realizar uma operação para o financiamento conjunto de melhoramentos e aquisições para todas ou parte das estradas de ferro, as estradas assim contempladas serão obrigadas a substituir os contratos de financiamento, que tenham celebrado com terceiros, baseados no produto das taxas a que se refere o artigo 1º. pela operação de crédito que fôr feita pelo poder público em favor delas.

Art. 7º. — Os produtos das taxas a que se refere êste Decreto-lei serão recolhidos em contas de depósitos especiais, para aplicação exclusiva nos têrmos do art. 1º, o que será objeto de contabilização especial.

Artº. 8º. — O presente Decreto-Lei entra em vigor na data de sua publicação, revogadas as disposições em contrário.

Rio de Janeiro, 12 de Junho de 1945, 124º. da Independência e 57º. da República.

GETÚLIO VARGAS
JOÃO DE MENDONÇA LIMA

Do «Diário Oficial da União», de 14/6/1945, nº. 134, página 10.539.

C – Documento da Lademburg Thalmann & Co.

LADENBURG, THALMANN & CO.
CABLE ADDRESS "LADENBURG"

POST OFFICE BOX 40, STATION P   TWENTY-FIVE BROAD STREET

<u>AIR MAIL</u>   NEW YORK   February 11, 1942

Companhia Paulista de Estradas de Ferro,
Hon. Antonio de Padua Salles, President,
Sao Paulo, Brazil.

Dear Sirs:

       We received from The National City Bank of New York yesterday the sum of $2,677,757.23 being in full payment of $2,513,500. principal amount of your First and Refunding Mortgage 7% Sinking Fund Gold Bonds due March 15, 1942, together with the interest thereon due March 15, 1942, calculated as follows:

102% on $2,513,500. principal amount of Bonds outstanding	$2,563,770.00
Our commission of 1% on the payment	25,135.00
Payment of the coupon on said bonds due March 15, 1942	87,972.50
Our commission of 1% thereon	879.73
	$2,677,757.23

       In accordance with your cable of February 11th, reading:

"YOU MAY DISPERSE PAYMENTS TO BONDHOLDERS IMMEDIATELY"

we advise that we have arranged for newspaper advertisement in the form enclosed herewith.

       We understand that you will require evidence of the satisfaction of the mortgage given to us as fiduciary Trustees under the Mortgage Indenture dated April 17, 1922 and which was recorded on April 17, 1922, in Book 2 G, p.99, of the General Mortgage Register of the Municipality of Jundiahy, State of Sao Paulo and in the General Registry of Mortgages in the City of Sao Paulo. We assume that you will send us in due course the form of instrument that you will need. If you send it in Portugese, it will be helpful if you will also send an English translation.

       We confirm the sentiments contained in our cable to you of February 10th, reading:

"FEW TRANSACTIONS IN OUR LONG BANKING CAREER HAVE AFFORDED US THE SATISFACTION WE HAVE EXPERIENCED IN RECEIVING $2,677,757.23 FROM YOU PROVIDING PAYMENT OF PRINCIPAL, PREMIUM, INTEREST AND AGENCY COMMISSION OF YOUR FIRST AND REFUNDING MORTGAGE 7% BONDS DUE MARCH 15TH. WE CONSIDER THE HANDLING OF YOUR COMPANY'S FINANCIAL AFFAIRS IN THE MANNER WHICH HAS MADE POSSIBLE THIS REPAYMENT AN ACHIEVE-

MENT OF OUTSTANDING BRILLIANCE AND EXTEND TO YOU
OUR SINCERE CONGRATULATIONS (stop)   WE ARE PRE-
PARING ANNOUNCEMENT THAT YOU ARE MAKING THIS RE-
PAYMENT TO BE GIVEN TO PRESS WHEN WE HAVE RECEIVED
A REPLY TO OUR CABLES OF FEBRUARY 5TH AND 10TH
(stop)   WRITING YOU REGARDING THE LEGAL DETAILS
IN RESPECT OF THE RELEASE OF THE MORTGAGED PROPERTY."

We wish you to know that during the entire life of this loan our dealings with you have been most satisfactory and pleasant.

With assurances of our high regards, we remain,

Very truly yours,

Encl.
AJM/

D – Companhia Paulista: discriminação das despesas de custeio, 1930 e 1940
(mil-réis, valores nominais)

Designação	1930				1940			
	Pessoal	Material	Contas	Total	Pessoal	Material	Contas	Total
Inspetoria, contabilidade almoxarifado e superintendências	2.546.901	347,151	2,935	2.896.987	3.254.977	677,467	83,096	4.015.540
Tráfego (transporte e estações)	10.289.630	830,188	887,616	12.007.434	17.865.270	1.585.118	1.994.406	21.444.794
Telégrafo	1.512.573	232,026	24,444	1.769.043	1.980.065	397,176	56,214	2.433.455
Locomoção (tração e oficinas)	10.656.974	11.003.619	2.765.353	24.425.946	17.154.181	20.311.014	6.773.958	44.239.153
Linha e edifícios (via permanente e obras de arte)	6.161.259	4.319.285	312,074	10.792.618	7.872.498	4.747.917	248,005	12.868.420
Aluguéis	–	–	187,245	187,245	–	–	–	–
Contadoria Central e Comissão de tarifas	–	–	277,642	277,642	–	–	30,972	30,972
Taxa de esgoto e consumo de água	–	–	63,613	63,613	–	–	135,596	135,596
Indenizações	–	–	120,356	120,356	–	–	1.382.967	1.382.967
Pensões de empregados falecidos	–	–	129,099	129,099	–	–	89,779	89,779
Contribuição para a Caixa de aposentadoria e pensões (1,5% da receita bruta)	–	–	1.272.615	1.272.615	–	–	–	–
Diversos	–	–	274,517	274,517	–	–	1.319.754	1.319.754
Escritório central	–	–	–	–	–	–	4.156.657	4.156.657
Total	31.167.337	16.732.269	6.317.509	54.217.115	48.126.991	27.718.692	12.114.747	92.117.087

E – Companhia Paulista: principais itens das despesas de custeio, 1948 – 1960
(Cr$, valores nominais)

Ano	Despesa total	Principais itens da despesa					
		Pessoal	Pessoal/total (%)	Combustível	Combustível/total (%)	Materiais diversos	Materiais diversos/total (%)
1948	340.458.196	218.689.989	64,2	51.418.795	15,1	63.942.027	18,8
1949	387.333.651	263.557.609	68,0	70.670.723	18,2	46.878.843	12,1
1950	406.651.463	271.518.063	66,8	70.407.617	17,3	59.463.985	14,6
1951	490.884.487	322.734.577	65,7	82.395.559	16,8	77.132.381	15,7
1952	613.442.698	399.942.523	65,2	99.196.604	16,1	105.947.803	17,3
1953	701.823.111	491.623.753	70,0	97.586.684	13,9	105.276.988	15,0
1954	817.890.086	576.617.614	70,5	107.261.144	13,1	130.247.953	15,9
1955	1.030.845.467	693.866.727	67,3	155.388.514	15,0	174.499.415	16,9
1956	1.268.590.625	895.442.014	70,6	155.714.448	12,3	205.891.103	16,2
1957	1.571.016.159	1.171.120.040	74,5	166.884.919	10,6	225.345.181	14,3
1958	1.668.311.273	1.261.436.682	75,6	153.396.405	9,2	243.829.261	14,6
1959	2.248.999.836	1.690.095.780	75,1	150.583.599	6,7	391.682.428	17,4
1960	2.502.195.447	1.959.084.136	78,3	149.678.754	6,0	378.476.126	15,1

Fonte: RCP, 1961, p. 30.

F – Companhia Paulista: discriminação dos investimentos, 1944 – 1961 (Cr$ de 1944)

Anos	Linhas férreas e seu aparelhamento	Gastos custeados pelas duas taxas adicionais	Bens estranhos ao serviço ferroviário	Títulos da dívida pública	Títulos de renda diversos	Investimentos em cias. filiadas	Total
1944	629.818.563	191.666.584	51.301.687	4.839.320	4.571.512	3.938.884	886.136.552
1945	580.928.220	172.754.223	54.925.251	5.791.551	12.123.085	3.841.586	830.363.922
1946	483.574.475	243.442.280	51.247.890	2.598.004	13.505.082	6.025.466	800.393.198
1947	453.586.277	317.010.572	49.285.920	932.525	16.345.961	10.218.560	847.379.817
1948	433.512.429	316.848.238	45.761.299	183.835	14.869.297	12.815.603	823.990.705
1949	391.615.217	296.677.251	41.363.027	289.501	13.141.350	11.329.303	754.415.653
1950	347.997.129	290.873.743	34.975.944	361.430	11.277.765	3.851.461	689.337.474
1951	314.538.875	289.428.266	31.209.540	277.015	1.884.930	3.495.994	640.834.623
1952	267.226.892	293.230.937	27.382.966	636.777	4.809.467	2.823.739	596.116.952
1953	217.687.715	269.017.166	24.996.469	505.850	3.892.236	1.663.670	517.763.109
1954	173.230.443	245.863.652	21.638.421	534.177	3.101.627	1.322.062	445.690.385
1955	148.757.830	252.028.276	19.630.521	521.269	2.669.607	1.134.946	424.772.451
1956	119.694.256	240.908.313	17.870.908	418.529	2.179.120	911.193	381.982.322
1957	109.348.608	251.263.752	19.419.607	392.968	2.095.831	824.888	383.345.657
1958	109.001.078	240.195.999	17.805.706	428.800	2.302.196	669.651	370.403.432
1959	84.408.149	242.956.393	15.394.990	307.576	1.713.715	960.581	345.741.406
1960	68.644.210	217.489.701	13.074.071	229.262	1.330.510	736.355	301.504.111
1961*	53.289.817	329.953.555	9.631.147	168.664	1.004.809	–	394.140.234

*Pela primeira vez, nas contas relativas aos investimentos, aparece o item "Outros investimentos" que, neste ano, apresentou a cifra de Cr$ 92.240,00.
Fonte: Relatórios diversos da Companhia Paulista.

ÍNDICE DE TABELAS

46   Tabela I. 1 – PEA em São Paulo e no Brasil, 1920 e 1940 (%)

62   Tabela I. 2 – Quantidade de animais em trânsito (Capitania de São Paulo)

73   Tabela I. 3 – Tributos recolhidos em cada registro por tipo de animal, 1772 (réis/por cabeça)

84   Tabela I. 4 – São Paulo: população, rede ferroviária e nº de cafeeiros

93   Tabela I. 5 – Número de ações subscritas pelos maiores acionistas da Paulista

110   Tabela II. 1 – Taxas internas de retorno das ferrovias de São Paulo (%)

111   Tabela II. 2 – Companhia Paulista: capital, empréstimos e dividendos (mil-réis)

113   Tabela II. 3 – Companhia Paulista: economia gerada pela eletrificação das linhas

120   Tabela II. 4 – Companhia Paulista: movimento de tráfego e produtividade (1872-1930)

130   Tabela II. 5 – Companhia Paulista: participações do café no transporte e na receita (valores médios por período)

174   Tabela III. 1 – Companhia Paulista: desenvolvimento da rede ferroviária, 1930-1960 (km)

180   Tabela III. 2 – Capital em ações e resultado operacional das companhias subsidiárias, 1948 (Cr$, valores nominais)

181   Tabela III. 3 – Companhia Paulista: seções de transporte em 1960

187   Tabela III. 4 – Companhia Paulista: movimento de tráfego e produtividade (1931-61)

190   Tabela III. 5 – Companhia Paulista: resultado operacional e coeficiente de tráfego, 1931-61 (valores nominais)

191   Tabela III. 6 – Densidade média de tráfego das ferrovias paulistas (1955)

192	Tabela III. 7 – Ferrovias paulistas: resultado operacional e coeficiente de tráfego, 1951 (Cr$, valores nominais)
194	Tabela III. 8 – Receita e despesa por tonelada-quilômetro útil (Cr$ de 1944)
195	Tabela III. 9 – Brasil: discriminação das redes eletrificadas (km)
197	Tabela III. 10 – Companhia Paulista: economia gerada pela eletrificação das linhas e receita líquida, 1930-1959 (valores nominais)
200	Tabela III. 11 – Companhia Paulista: custo real de 1.000 ton-km de peso útil (Cr$ de 1944)
202	Tabela III. 12 – Companhia Paulista: discriminação das despesas de custeio, 1950-60 (Cr$ de 1944)
204	Tabela III. 13 – Companhia Paulista: discriminação da receita, 1950-60 (Cr$ de 1944)
214	Tabela III. 14 – Companhia Paulista: fundos formados a partir das taxas adicionais, 1944-61 (valores nominais)
217	Tabela III. 15 – Companhia Paulista: contrato de crédito nº 479 com o Eximbank
224	Tabela III. 16 – Companhia Paulista: emprego da conta de capital, 1930-1960 (valores nominais)
226	Tabela III. 17 – Companhia Paulista: saldos dos fundos estatutários, 1930-1960 (valores nominais)
258	Tabela IV. 1 – Companhia Paulista: 25 maiores acionistas ao final de 1939 e 1949

ÍNDICE DE IMAGENS

185   Imagem 1 – Mapa da rede ferroviária da Companhia Paulista
186   Imagem 2 – Mapa do sistema ferroviário de São Paulo (1960)
206   Imagem 3 – Companhia Paulista: distribuição da receita, 1955-60 (%)
208   Imagem 4 – Companhia Paulista: volume das principais mercadorias transportadas, 1955-1961 (ton)

FONTES E BIBLIOGRAFIA

1. Fontes Primárias

A Terra Livre, 11/11/1906.

ANDRADA E SILVA, José Bonifácio de. "Instrucção a que se refere o real decreto de 3 de junho do corrente anno, que manda convocar huma Assembléa Geral Constituinte e Legislativa para o Reino do Brasil", 1822. Coleção Instituto Histórico (Lata 416, pasta 12).

ASSIS, Dilermando de. *Abramos as portas. O plano rodoviário do Estado de São Paulo*. São Paulo: Escolas Profissionais do Liceu Coração de Jesus, 1933.

BRASIL, *Anais da Assembleia Constituinte de 1823*. Site da Câmara dos Deputados.

_____. *Apresentação do Ato Adicional à Regência pela Câmara dos Deputados para sua promulgação*. 9 de agosto de 1834. AN.

_____. *Anais da Câmara dos Deputados*. Site da Câmara dos Deputados.

_____. *Anais do Senado*. Site do Senado.

_____. COMISSÃO DE TRANSPORTES, COMUNICAÇÕES E OBRAS PÚBLICAS. CÂMARA DOS DEPUTADOS. *Plano Nacional de Viação e Conselho Nacional de Transporte (projetos nº 364-A e 327 de 1949)*. Rio de Janeiro: Departamento de Imprensa Nacional, 1952.

_____. *Coleção das leis do Império*. São Paulo: Biblioteca do Instituto de Estudos Brasileiros – USP.

_____. *Coleção das leis da República dos Estados Unidos do Brasil*. Rio de Janeiro: Imprensa Nacional, (diversos anos).

_____. *Decreto da Regência conferindo aos deputados eleitos para a legislatura do ano de 1834 faculdade para reformar a Constituição*. Rio de Janeiro: Typographia Nacional, 1832 (Coleção Instituto Histórico).

_____. INSTITUTO BRASILEIRO DE GEOGRAFIA E ESTATÍSTICA. *Censo Econômico de 1907*, (vol. 2).

_____. IBGE. *Anuário Estatístico do Estado de São Paulo*. Rio de Janeiro, 1939.

_____. IBGE. *Anuário Estatístico do Brasil*, ano v, 1939-40. Rio de Janeiro, 1941.

_____. IBGE. *Estradas de Ferro no Brasil.* Rio de Janeiro: Conselho Nacional de Estatística, 1956.

_____. IBGE. *Estatísticas históricas do Brasil. Séries econômicas, demográficas e sociais de 1550 a 1988.* 2ª ed. Rio de Janeiro, 1990.

_____. MINISTÉRIO DA VIAÇÃO E OBRAS PÚBLICAS. *Relatório do MVOP.* Rio de Janeiro, 1956-1959.

_____. MVOP. *Plano de substituição de ferrovias e ramais antieconômicos: relatório do grupo de trabalho nomeado pela portaria 396/65 do MVOP.* Rio de Janeiro, 1965.

_____. MVOP. *Guia geral das estradas de ferro e empresas de transportes com elas articuladas.* Rio de Janeiro: DNEF, 1960.

_____. MVOP, DEPARTAMENTO NACIONAL DE ESTRADAS DE FERRO. *Estatística das estradas de ferro do Brasil.* Rio de Janeiro: Imprensa Nacional, (1913-1955).

_____. MVOP, DNEF. *Relatórios anuais do DNEF.* Rio de Janeiro, 1953-1966.

_____. MVOP. *Retrospecto da estatística ferroviária nacional (1958-1968).* Rio de Janeiro: DNEF, 1968.

_____. CONTADORIA GERAL DOS TRANSPORTES. *Atas do Conselho Administrativo.* Rio de Janeiro, 1958-1970.

_____. MINISTÉRIO DOS TRANSPORTES. *Anuário estatístico dos transportes.* Rio de Janeiro: Serv-Graf, 1970.

_____. MT, CONSELHO NACIONAL DOS TRANSPORTES. *Planos de viação. Evolução histórica (1808-1973).* Rio de Janeiro, 1974.

_____. MT, GRUPO EXECUTIVO DE INTEGRAÇÃO DA POLÍTICA DE TRANSPORTES. *Anuário estatístico dos transportes.* Rio de Janeiro, 1998.

_____. CONSELHO DO DESENVOLVIMENTO. PRESIDÊNCIA DA REPÚBLICA. *Programa de Metas.* Tomo III. Rio de Janeiro, 1958.

_____. PRESIDÊNCIA DA REPÚBLICA. *Mensagem Presidencial ao Congresso na abertura da Sessão Legislativa.* Rio de Janeiro: Imprensa Nacional (1949, 1951, 1953, 1954, 1956).

BRITO, J. N. *Meio século de estradas de ferro.* Rio de Janeiro: Livraria São José, 1961.

BULHÕES, O. G. de. *À margem de um relatório. Texto das conclusões da Comissão Mista Brasileiro-Americana de Estudos Econômicos (Missão Abbink).* Rio de Janeiro: Edições Financeiras S. A., 1950.

CAMARA, J. Ewbank. *Caminhos de Ferro de S. Paulo: dados technicos e estatísticos.* Rio de Janeiro: Typographia G. Eeuzinger & Filhos, 1875.

CARVALHO, Theophilo Feu de. *Caminhos e roteiros nas capitanias do Rio de Janeiro, São Paulo e Minas.* São Paulo: Typographia Diario Official, 1931.

COMISSÃO MISTA BRASIL-ESTADOS UNIDOS PARA DESENVOLVIMENTO ECONÔMICO. *Projetos. Transportes.* vol. IV. Rio de Janeiro, 1953.

_____. *O transporte ferroviário e seus problemas. Estudos diversos.* Rio de Janeiro, 1954.

COMPANHIA PAULISTA DE ESTRADAS DE FERRO. *Apontamentos históricos da Companhia Paulista de Estradas de Ferro.* Jundiaí-SP: Departamento de Engenharia Civil, s/d.

_____. *Relatórios da Diretoria da Companhia Paulista de Vias Férreas e Fluviais apresentados à Assembleia Geral dos Acionistas.* São Paulo: Typographia a vapor de Jorge Seckler & Comp. (1869-1962).

_____. *Congresso Panamericano de Estradas de Ferro.* 1960.

COMPANHIA PAULISTA DE TRANSPORTES. *Relatório da diretoria,* 1957.

Correio Paulistano, 30/3/1864.

COVERDALE & COLPITTS CONSULTING ENGINEERS. *Estudos de Transportes do Brasil. Relatório sobre as estradas de ferro: análise da situação atual.* vol. III-B. Apresentado ao GEIPOT. New York, 1967.

Documentos para a História da Independência. vol. 1, Rio de janeiro: Officinas Graphicas da Biblioteca Nacional, 1923.

FEDERAÇÃO DAS INDÚSTRIAS DO ESTADO DE SÃO PAULO. *Problemas de política econômica (Contribuição da Federação e do Centro das Indústrias do Estado de São Paulo).* São Paulo: Departamento de Economia Industrial-Fiesp, 1944.

JESUS, J. S. P de. *Viação e Obras Públicas (elementos para a história do Ministério).* Rio de Janeiro: Serviço de Documentação do Ministério da Viação e Obras Públicas, 1955.

LALIÈRE, A. *Le Café dans l'État de Saint-Paul.* Paris, 1909.

LIMA, O. de A. *Estudo sobre o estabelecimento de tarifas com valor declarado das mercadorias na origem do transporte.* Rio de Janeiro: DNEF, 1949.

LLOYD, R., et. all. (coords.). *Twentieth century impressions of Brazil: its history, people, commerce, industries, and resources.* Londres: Lloyd`s Greater Britain Publishing Co., 1913.

MISSÃO TÉCNICA AMERICANA. *A Missão Cooke no Brasil: relatório dirigido ao Presidente dos Estados Unidos da América pela Missão Técnica América enviada ao Brasil.* Rio de Janeiro: Fundação Getúlio Vargas, 1949.

PAIVA, Alberto Randolpho (org). *Legislação ferro-viária federal do Brasil.* Rio de Janeiro: MVOP, vol. 16, 1922.

PIMENTA BUENO, Francisco Antônio. *Memória Justificativa dos planos apresentados ao Governo Imperial para o prolongamento da Estrada de Ferro de São Paulo.* Rio de Janeiro: Typographia Nacional, 1876.

PRADO, N. *Antonio Prado no Império e na República: seus discursos e actos colligidos e apresentados por sua filha Nazareth Prado.* Rio de Janeiro: F. Briguiet & Cia., 1929.

REVISTA FERROVIÁRIA. Rio de Janeiro (1940-1957).

REVISTA DOS TRANSPORTES. ECONOMIA E ADMINISTRAÇÃO. vol. I (1), abril-junho, 1961.

SÃO PAULO. *Anais da Assembleia Legislativa Provincial de São Paulo*. APESP (diversos anos).

_____. *Arquivo do Conselho Ultramarino*, vol. 32, 1772. – "Ofícios dos Governadores e Capitães Gerais da Capitania de S. Paulo" (manuscrito).

_____. *Coleção de leis e decretos do Estado de São Paulo*. São Paulo: Imprensa Oficial, 1961.

_____. FERROVIA PAULISTA S. A. *Fepasa 20 anos. Revista comemorativa do 20º aniversário da Fepasa*. São Paulo: Superintendência Geral de Comunicação, 1991.

_____. *Leis, decretos e contratos relativos às concessões vigentes de estradas de ferro, outorgadas pelo governo de São Paulo, 1869-1913*. São Paulo: Diário Oficial, 1914.

_____. *Relatório apresentado ao Ilm. e Exm. Snr. Barão de Guajara, Presidente da Província de São Paulo, pelo Inspector do Thesouro Provincial, Bacharel José Joaquim Cardoso de Mello*. São Paulo: Typographia de Jorge Seckler & Cia., 1884.

_____. *Relatório das Câmaras Municipais à Assembleia Provincial de São Paulo (1841-1851)*. AALESP.

_____. *Relatório Geral do Estado das Obras Públicas Provinciais, apresentado pelo Conselho de Engenheiros, em cumprimento do parágrafo 3º do art. 3º do Regulamento de 4 de outubro de 1851*. APESP.

SILVA, M. M. F. *Geografia dos transportes no Brasil*. Rio de Janeiro: IBGE, 1949.

_____. *Primeiro centenário das ferrovias brasileiras*. Rio de Janeiro: IBGE, 1954.

2. Fontes Secundárias

ABEL, C.; LEWIS, C. *Latin America. Economic imperialism an the state: the political economy of the external connection from independence to the present*. New Hampshire, Athlone, London and Dover, 1985.

AGGIO, A.; BARBOSA, A.; COELHO, H. *Política e sociedade no Brasil (1930-1964)*. São Paulo: Annablume, 2002.

ALDRIGHI, D. M. e SAES, F. A. M. "Financing Pioneering Railways in São Paulo: The Idiossyncratic Case of the Estrada de Ferro Sorocabana (1872-1919)". In: *Estudos Econômicos*. São Paulo, vol. 35, (1), janeiro-março de 2005, p. 133-68.

ALMEIDA, A. *O tropeirismo e a feira de Sorocaba*. Sorocaba, 1968.

ANGELO, C. F. de. *Os transportes rodoviários e ferroviários de carga no Brasil: uma análise comparativa*. São Paulo, tese de doutorado, USP, 1985.

_____. *A estrutura do mercado de transportes: a conduta e o desempenho das empresas ferroviárias brasileiras*. São Paulo: Tese de Livre Docência, USP, 1991.

ANTOSZ FILHO, A. *O projeto e a ação tenentista na Revolução de 1924 em São Paulo: aspectos econômicos, sociais e institucionais*. São Paulo, dissertação de mestrado, USP, 2000.

ARANHA, M. B. C. *Café e a estrada de ferro no estado de São Paulo: um testemunho*. São Paulo: Carlos Schmitt, 1981.

ARAUJO, M. C. S. *O Estado Novo*. Rio de Janeiro: Jorge Zahar, 2000.

ARÓSTEGUI, J. *A pesquisa histórica: teoria e método*. Bauru: Edusc, 2006.

ARRUDA, J. J. A. *O Brasil no comércio colonial*. São Paulo: Ática, 1980.

_____. Linhagens historiográficas contemporâneas: por uma nova síntese histórica. *Economia e Sociedade*, Campinas, jun. (10), 1998, p. 175-191.

_____. e TENGARRINHA, J. M. *Historiografia luso-brasileira contemporânea*. Bauru: Edusc, 1999.

_____. "Exploração colonial e capital mercantil". In: SZMRECSÁNYI, T. (org.) *História econômica do período colonial*. 2ª ed. São Paulo: Hucitec/Edusp/Imprensa Oficial, 2002.

_____. "Cultura histórica: territórios e temporalidades historiográficas". In: *Saeculum – Revista de História*. 16, João Pessoa, jan./jun. 2007, p. p. 25-31.

AUSTREGÉSILO, M. E. "Estudo sobre alguns tipos de transporte no Brasil Colonial". In: *Revista de História*. vol. I, n 4. São Paulo, out.-dez., 1950.

AZEVEDO, M. N. *Transportes sem rumo: o problema dos transportes no Brasil*. Rio de Janeiro: Civilização Brasileira, 1964.

AZEVEDO, F. *Um trem corre para o oeste: estudo sobre Noroeste e seu papel no sistema de viação nacional*. São Paulo: Melhoramentos, 1953.

BACELLAR, C. A. P. *Os senhores da terra: família e sistema sucessório entre os senhores de engenho do Oeste paulista, 1765-1855*. Campinas: Centro de Memória da Unicamp, 1997.

BAGÚ, S. *Estructura social de la colonia. Ensayos de historia comparada de América Latina*. Buenos Aires: Librería "El Ateneo" Editorial, 1952.

BADALONI, N. "Teoria gramsciana delle dislocazioni egemoniche". In: *Crítica marxista*, nº 2-3, março-junho, 1987, p. 29-53.

BALESTRIERO, G. É. *Gênese do planejamento econômico no Brasil*. São Paulo, tese de doutorado, USP, 1996.

BANDEIRA, M. *Presença dos Estados Unidos no Brasil (dois séculos de história)*. Rio de Janeiro: Civilização Brasileira, 1973.

BARAN, P. A. e SWEEZY, P. M. *Capitalismo monopolista*. Trad. Rio de Janeiro: Zahar, 1966.

BARAT, J. "O setor de transporte na economia brasileira". In: *Revista de Administração Pública*. vol. 7, nº 4, out./dez. 1973.

_____. *A evolução dos transportes*. Rio de Janeiro: IBGE, 1978.

_____. *O processo decisório nas políticas públicas e no planejamento dos transportes: uma agenda para avaliação de desempenho*. Rio de Janeiro: APEC, 1979.

BARBOSA, A. A. A. *Do transporte por estradas de ferro: especialmente café*. São Paulo: Revista dos Tribunais, 1955.

BASSINI, L. *As mudanças de rumo da política externa norte-americana e os grupos nacionais de poder: da Missão Cooke à Comissão Mista (1942-1953)*. São Paulo, dissertação de mestrado, USP, 2000.

BATISTA, J. L. "Surto ferroviário e seu desenvolvimento". In: *Congresso de História Nacional*. Rio de Janeiro: Imprensa Nacional, 1942.

BEIGUELMAN, P. *A formação do povo no complexo cafeeiro: aspectos políticos*. 2ª ed. São Paulo: Pioneira, 1978.

BENEVIDES, M. V. de M. *O governo Kubitschek. Desenvolvimento econômico e estabilidade política, 1956-1961*. Rio de Janeiro: Paz e Terra, 1976.

BENEVOLO, A. *Introdução à história ferroviária do Brasil: estudo social, político e histórico*. Recife: Folha da Manhã, 1953.

BORGES, V. P. *Getúlio Vargas e a oligarquia paulista: história de uma esperança e de muitos desenganos através dos jornais da oligarquia, 1926-1932*. São Paulo: Brasiliense, 1979.

BRAGA, J. C. S., AGUNE, A. C. *Transporte na política econômica: Brasil, 1956-1979*. São Paulo: Fundap, 1979.

BRUSANTIN, B. de M. *Na boca do sertão: o perigo político no interior do estado de São Paulo (1930-1945)*. São Paulo: Arquivo do Estado/Imprensa Oficial do Estado, 2003.

BUCI-GLUCKSMANN, C. *Gramsci e o Estado*. Trad. 2ª ed. Rio de Janeiro: Paz e Terra, 1990.

CALVO, C. R. *Trabalho e ferrovia: a experiência de ser ferroviário da Companhia Paulista, 1890-1925*. São Paulo, dissertação de mestrado, PUC, 1994.

CAMARGO, P. *Desenvolvimento e organização das redes de transportes: modelos de análise selecionados e aplicados ao estado de São Paulo*. São Paulo, dissertação de mestrado, USP, 1993.

CANABRAVA, A. P. "Terras e escravos". In: *História econômica: estudos e pesquisa*. São Paulo: Hucitec; Unesp; Abphe, 2005.

CANO, W. *Raízes da concentração industrial em São Paulo*. 4ª ed. Campinas: Unicamp/IE, 1998.

CARDOSO, C. F. e BRIGNOLI, H. P. *Os métodos da história. Introdução aos problemas, métodos e técnicas da história demográfica, econômica e social*. 3ª ed. Rio de Janeiro: Graal, 1983.

CARLOS, A. M. and LEWIS, F. "The profitability of early canadian railroads: evidence from the Grand Trunk and Great Western Railway Companies". In: GOLDIN, C. e ROCKOFF, H. (eds.) *Strategic Factors in Nineteenth Century American Economic History*. Chicago, 1992.

CARONE, E. *Revoluções do Brasil contemporâneo, 1922-1938*. São Paulo, 1965.

_____. *A Primeira República (1880-1930)*. São Paulo: Difusão Europeia do Livro, 1969.

_____. *A República Velha (evolução política)*. São Paulo: Difel, 1971.

_____. *A Segunda República (1930-1937)*. São Paulo: Difusão Europeia do Livro, 1973.

_____. *O pensamento industrial no Brasil, 1880-1945*. Rio de Janeiro: Difel, 1977.

_____. *A evolução industrial de São Paulo (1889-1930)*. São Paulo: SENAC, 2001.

CARR, E. H. *O que é história?* 3ª ed. Rio de Janeiro: Paz e Terra, 1982.

CARVALHO, J. M. de. *A construção da ordem. A elite política imperial*. Brasília: UnB, 1981.

_____. *Cidadania no Brasil: o longo caminho*. 6ª ed. Rio de Janeiro: Civilização Brasileira, 2004.

_____. *Forças Armadas e política no Brasil*. Rio de Janeiro: Jorge Zahar, 2005.

CARVALHO, M. B. O. *Nação e democracia no projeto político das classes produtoras: limites e possibilidades dessas ideias para o Brasil moderno (1943-1964)*. Niterói, tese de doutorado, UFF, 2005.

CASALECCHI, J. Ê. *O partido republicano paulista. Política e poder (1889-1926)*. São Paulo: Editora Brasiliense, 1987.

CASTRO, A. B. de. "O café: auge, 'sobrevida' e superação". In: *7 ensaios sobre a economia brasileira*. 2 ed. Rio de Janeiro: Forense Universitária, vol. II, 1975.

CASTRO, A. C. *As empresas estrangeiras no Brasil 1860-1913*. Rio de Janeiro: Zahar, 1970.

CASTRO, H. *O drama das estradas de ferro no Brasil*. São Paulo: Ed. LR, 1981.

CATÃO, L. A. V. "A new wholesale price index for Brazil during the period 1870-1913". In: *Revista Brasileira de Economia* 46 (4). Rio de Janeiro, outubro/dezembro, 1992, p. 519-33.

CECHIN, J. *A construção e operação das ferrovias no Brasil no século XIX*. Campinas, dissertação de mestrado, Unicamp, 1978.

CHANDLER JR., A. D. "The railroads: the nation's first big business". In: *Business History Review*, 39, 1965, p. 16-40.

CHIARAMONTE, J. C. *Nación y Estado en Iberoamérica: el lenguaje político en tiempos de las independencias*. Buenos Aires: Sudamericana, 2004.

CINTRA, J. P. "História técnica das rodovias e ferrovias brasileiras". In: *Contribuições para a história da engenharia no Brasil*. São Paulo: Ed. Politécnica, s/d.

CIPOLLARI, P. *O problema ferroviário no Brasil*. São Paulo: USP, 1968.

COATSWORTH, J. H. "El impacto económico de los ferrocarriles en una economía atrasada". In: *Journal of Economic History*, 39, (4), 1979, p. 939-60.

_____. and TAYLOR, A. (org.) *Latin America and the world economy since 1800*. Harvard, University Press, 1998.

COHN, G. "Problemas da industrialização no século XX". In: MOTA, C. G. (org.). *Brasil em perspectiva*. 8ª ed. Rio de Janeiro: Difel, 1977.

COLISTETE, R. P. "Salários, produtividade e lucros na indústria brasileira, 1945-1978". In: *Revista de Economia Política*. vol. 29, nº 4, São Paulo, outubro-dezembro/2009.

Disponível em: http://www.scielo.br/scielo.php?script=sci_arttext&pid=S0101-
-31572009000400005&lng=en&nrm=iso. Último acesso em: 20/10/2010.

CORTESÃO, J. A fundação de São Paulo; capital geográfica do Brasil. Rio de Janeiro: Livros de Portugal, 1955.

COSTA, E. V. Da monarquia à república. Momentos decisivos. São Paulo: Brasiliense, 1955.

_____. Da senzala à colônia. São Paulo: Difusão Europeia do Livro, 1966.

COSTA, H. M. As barreiras de São Paulo (estudo histórico das barreiras paulistas no século XIX). São Paulo, dissertação de mestrado, USP, 1984.

COSTA, W. P. Ferrovias e trabalho assalariado em São Paulo. Campinas, dissertação de mestrado, Unicamp, 1976.

COSTA, M. C. e CARARO, A. "Séculos em marcha lenta". In: VASQUEZ, P. (org.) Caminhos do trem: origens. São Paulo: Duetto Editorial, 2008, p. 16-21.

COUTINHO, C. N. "As categorias de Gramsci e a realidade brasileira". In: COUTINHO, C. N. e NOGUEIRA, M. A. (orgs.). Gramsci e a América Latina. Rio de Janeiro: Paz e Terra, 1988.

COUTINHO, C. N. Gramsci: um estudo sobre seu pensamento político. Rio de Janeiro: Civilização Brasileira, 1999.

CUNHA, A. M. "Tropa em marcha, mesa farta". In: Revista de História da Biblioteca Nacional. Ano 3, nº 28. Rio de Janeiro, janeiro de 2008, p. 64-65.

D'AVILA, L. F. Dona Veridiana. A trajetória de uma dinastia paulista. São Paulo: A Girafa Editora, 2004.

DEAN, W. A industrialização de São Paulo 1880/1945. São Paulo: Difel, 1971.

_____. Rio Claro: um sistema brasileiro de grande lavoura, 1820-1920. Rio de Janeiro: Paz e Terra, 1977.

DEBES, C. A caminho do oeste (História da Companhia Paulista de Estradas de Ferro). São Paulo: Ed. Comemorativa do Centenário de Fundação da Companhia Paulista, 1968.

DIAS, J. R. de S. A E. F. Porto Alegre a Uruguaiana e a formação da Rede de Viação Férrea do Rio Grande do Sul. Uma contribuição ao estudo dos transportes no Brasil Meridional, 1866-1920. São Paulo, tese de doutorado, USP, 1981.

DINIZ, D. M. F. L. "Ferrovia e expansão cafeeira: um estudo da modernização dos meios de transportes". In: Revista de História, nº 104. São Paulo, 1975, p. 825-52.

DINIZ, E. Empresário, Estado e capitalismo no Brasil: 1930-1945. Rio de Janeiro: Paz e Terra, 1978.

_____. "A progressiva subordinação das oligarquias regionais ao governo central". In: SZMRECSÁNYI, T. e GRANZIERA, R. G. (orgs.). Getúlio Vargas e a economia contemporânea. 2 ed. Campinas: Editora da Unicamp; São Paulo: Hucitec, 2004, p. 38-46.

_____. e BOSCHI, R. "O Legislativo como arena de interesses organizados: a atuação dos *lobbies* empresariais". In: *Locus: revista de história*. Juiz de Fora: Núcleo de História Regional/Editora UFJF, 1999, vol. 5, n° 1, p. 7-32.

DOURADO, A. B. F. "Aspectos sócio-econômicos da expansão e decadência das ferrovias no Brasil". In: *Ciência e Cultura*, n° 5, vol. 36, maio de 1984, p. 733-36.

DOSI, G., GIANELLI, R. and TONIELLI, P. A. (ed.) *Technology and enterprises in a historical perspective*. Oxford: Clarendon Press, 1992.

DRAIBE, S. *Rumos e metamorfoses: um estudo sobre a constituição do Estado e as alternativas de industrialização no Brasil, 1930-1960*. Rio de Janeiro: Paz e Terra, 1985.

DUNCAN, J. S. *Public and private operation of railways in Brazil*. New York: Columbia University Press, 1932.

EL-KAREH, A. C. *Filha branca de mãe preta: a Companhia de estrada de ferro D. Pedro II, 1855-1865*. Petrópolis: Vozes, 1982.

ELLIS Jr., A. *A economia paulista no século XVIII: o ciclo do muar, o ciclo do açúcar*. São Paulo: Academia Paulista de Letras, 1979.

ENGELS, F. *A origem da família, da propriedade privada e do Estado*. Lisboa: Presença, s/d.

FARIA, S. de C. *A Colônia em movimento*. Rio de Janeiro: Nova Fronteira, 1998.

FAUSTO, B. *A Revolução de 1930: historiografia e história*. São Paulo: Brasiliense, 1970.

_____. "Expansão do café e política cafeeira". In: FAUSTO, B. (org.). *História geral da civilização brasileira*. vol. 3, Tomo I. São Paulo: Difel, 1977.

_____. *Trabalho urbano e conflito social (1890-1920)*. 5ª ed. Rio de Janeiro: Bertrand Brasil, 2000a.

_____. *História do Brasil*. 8ª ed. São Paulo: Edusp, 2000b.

_____. et. al. *Imigração e política em São Paulo*. São Paulo: Editora Sumaré; Fapesp, 1995.

FEBVRE, L. *Combates por la historia*. Trad. Barcelona: Ediciones Ariel, 1970.

FENDT Jr., R. "Investimentos ingleses no Brasil, 1870-1913: uma avaliação da política brasileira". In: *Revista Brasileira de Economia*, 31, (3). Rio de Janeiro, 1977, p. 521-39.

FERNANDES, D. A. L. e MARQUES, M. L. *A estrada de ferro na periferia do sistema capitalista*. São Paulo: Fapesp, 1976.

FERRARI, M. M. *A expansão do sistema rodoviário e o declínio das ferrovias no estado de São Paulo*. São Paulo, tese de doutorado, USP, 1981.

FERREIRA, M. de M. e PINTO, S. C. S. *A Crise dos anos 20 e a Revolução de Trinta*. Rio de Janeiro: CPDOC, 2006.

FERREIRA NETO, F. *150 anos de transporte no Brasil*. Rio de Janeiro: CEDOP do Ministério do Trabalho, 1974.

FISHLOW, A. *American railroads and the transformation of the ante-bellum economy*. Cambridge, Massachusetts, 1965.

_____. "Origens e consequências da substituição de importações no Brasil". In: VERSIANI, F. R. e BARROS, J. R. M. (orgs.). *Formação econômica do Brasil*. São Paulo: Saraiva, 1977, p. 7-40.

FOGEL, R. W. *The Union Pacific Railroad: a case of premature enterprise*. Baltimore, 1960.

_____. *Railroads and american economic growth: essays in econometric history*. Baltimore, 1964.

FONSECA, P. C. D. "Nem ortodoxia nem populismo: o Segundo Governo Vargas e a economia brasileira". In: *Tempo*. vol. 14 (28). Niterói: Departamento de História da Universidade Federal Fluminense, jan.-jul. 2010, p. 19-58.

FONT, M. A. *Coffee, Contention and Change in the Making of Modern Brazil*. Cambridge Ma.: Basil Blackwell, 1990.

FONTANA, J. *História: análise do passado e projeto social*. Trad. Bauru: Edusc, 1998.

FOOT, F. e LEONARDI, V. *História da indústria e do trabalho no Brasil: das origens aos anos vinte*. São Paulo: Global Editora, 1982.

FORJAZ, M. C. S. *Tenentismo e Forças Armadas na Revolução de 1930*. Rio de Janeiro: Forense Universitária, 1988.

FRAGOSO, J. L. R., ALMEIDA, C. M. C. e SAMPAIO, A. C. J. "Cenas do Antigo Regime nos trópicos". In: *Conquistadores e Negociantes: histórias de elites no Antigo Regime nos trópicos. América lusa, séculos XVI a XVIII*. Rio de Janeiro: Civilização Brasileira, 2007.

FURET, F. "O quantitativo em história". In: LE GOFF, J. e NORA, P. (dir.) *História: novos problemas*. Trad. Rio de Janeiro: Francisco Alves Editora, 1976.

FURTADO, C. *A hegemonia dos Estados Unidos e o subdesenvolvimento da América Latina*. Rio de Janeiro: Civilização Brasileira, 1973.

_____. *O mito do desenvolvimento econômico*. São Paulo: Círculo do Livro, 1974.

_____. *Formação econômica do Brasil: edição comemorativa de 50 anos*. São Paulo: Companhia das Letras, 2009.

GARCIA, L. B. R. *Rio Claro e as oficinas da Companhia Paulista de Estradas de Ferro: trabalho e vida operária 1930-1940*. Campinas, tese de doutorado, Unicamp, 1992.

GARCIA, M. E., CIPOLLARI, P. e CARMO, H. C. E. *Emprego, salário e produtividade nas ferrovias brasileiras*. Brasília: Ministério do Trabalho, 1978.

GERRATANA, V. "Stato, partito, strumenti e istituti dell'egemonia nei *Quaderni del carcere*." In: GIOVANNI, B. de, GERRATANA, V. e PAGGI, L. *Egemonia Stato partito in Gramsci*. Roma: Riuniti, 1977.

GOMES, A. C. (org.) *Vargas e a crise dos anos 50*. Rio de Janeiro: Relume Dumara, 1994.

GOMES, A. M. C., LOBO, L. L. e COELHO, R. B. M. "Revolução e restauração: a experiência paulista no período da constitucionalização". In: GOMES, A. M. de C. (coord.). *Regionalismo e centralização política*. Rio de Janeiro: Nova Fronteira, 1980.

GOULART, J. A. *Meios e instrumentos de transporte no interior do Brasil.* Ministério da Educação e Cutltura, Serviço de Documentação, s/d.

GRAHAN, R. *Grã-Bretanha e o inicio da modernização no Brasil (1850-1914).* São Paulo: Brasiliense, 1973.

GRAMSCI, A. *Quaderni del carcere.* 4 vols. ed. crítica organizada por Valentino Gerratana. Turim: Einaudi, 1975.

_____. *Maquiavel, a política e o Estado moderno.* Trad. 2ª ed. Rio de Janeiro: Civilização Brasileira, 1976.

_____. *Concepção dialética da história.* Trad. 10ª ed. Rio de Janeiro: Civilização Brasileira, 1995.

_____. "A conquista do Estado" In: *Escritos Políticos.* vol. 1. Trad. Rio de Janeiro: Civilização Brasileira, 2004.

_____. *Cadernos do cárcere.* vol. 2. Trad. 5ª ed. Rio de Janeiro: Civilização Brasileira, 2010.

GRANDI, G. *Café e expansão ferroviária: a Companhia E. F. Rio Claro, 1880-1903.* São Paulo: Annablume, 2007.

_____. "História Econômica ou Economia Retrospectiva? Robert Fogel e a polêmica sobre o impacto econômico das ferrovias no século XIX". In: *Territórios & Fronteiras.* vol. 2, n° 1, ICHS/UFMT, jan.-jun. 2009, p. 171-190.

GREMAUD, A. P. *Brasil e o fluxo internacional de capitais, 1870-1930: o caso da Brazil Railway Co.* São Paulo, dissertação de mestrado, USP, 1992.

HABER, S. (ed). *How Latin America fell behind. Essays on the economic histories of Brazil and Mexico, 1800-1914.* Stanford: Stanford University Press, 1997.

_____. (org.) *Political institutions and economic growth in Latin America. Essays in policy, history and political economy.* Stanford University, 2000.

HAMEISTER, M. D. *O Continente do Rio Grande de São Pedro: os homens, suas redes de relações e suas mercadorias semoventes (c. 1727-1763).* Rio de Janeiro, dissertação de mestrado, UFRJ, 2002.

HESPANHA, A. M. (org.). *Poder e instituições na Europa do Antigo Regime.* Lisboa: Fundação Calouste Gulbenkian, 1984.

HIRSCHMAN, A. O. "A generalized linkage approach to deveolpment with special reference to staple". In: *Economic Development and Cultural Change 25.* Supplement, 1977, p. 67-98.

HOGAN, D. J. *Café, ferrovia e população: o processo de urbanização em Rio Claro.* Campinas: NEPO/Unicamp, 1986.

HOLANDA, S. B. de. *Caminhos e fronteiras.* 3ª ed. São Paulo: Companhia das Letras, 1994.

_____. *Raízes do Brasil.* 26ª ed. São Paulo: Companhia das Letras, 1995.

_____. (dir.). *História geral da civilização brasileira*. Tomo I, vol. 2. 10ª ed. Rio de Janeiro: Bertrand Brasil, 2003.

HONORATO, C. T. (coord.). *O Clube de Engenharia nos momentos decisivos da vida do Brasil*. Rio de Janeiro: Venosa Design/Clube de Engenharia, 1996.

IANNI, O. *Estado e planejamento econômico no Brasil (1930-1970)*. 3ª ed. Rio de Janeiro: Civilização Brasileira, 1979.

_____. *Estado e capitalismo*. 2ª ed. São Paulo: Brasiliense, 2004.

JACOB, C. *Ferrovia, o caminho certo: panorama das estradas de ferro nos países de economia liberal e dirigida*. São Paulo: IMESP/DAESP, 1982.

JANOTTI, M. L. M. *Os subversivos da República*. São Paulo: Brasiliense, 1986.

KATINSKY, J. R. "Ferrovias nacionais". In: MOTOYAMA, S. (org.). *Tecnologia e industrialização no Brasil: uma perspectiva histórica*. São Paulo: Unesp, 1994.

KLIEMANN, L. H. S. *A ferrovia gaúcha e as diretrizes da ordem e progresso*. Porto Alegre, dissertação de mestrado, PUC, 1977.

KROFTZ, L. R. *As estradas de ferro do Paraná*. São Paulo, tese de doutorado, USP, 1985.

KUGELMAS, E. *Difícil hegemonia: um estudo sobre São Paulo na Primeira República*. São Paulo, tese de doutorado, USP, 1986.

KUZNESOF, E. A. "The role of the merchants in the economic development of São Paulo, 1765-1850". In: *Hispanic American Historical Review*, 60, nov. 1980, p. 571-592.

LAFER, C. *The planning process and the political system in Brazil: a study of Kubitschek's target plan*. Universidade de Cornell, tese de doutorado, 1970.

LAMOUNIER, M. L. "The 'labour question' in nineteenth-century Brazil: railways, export agriculture, and labour scarcity". In: *Working papers in economic history*, n° 59/00. Londres, London School of Economics, 2000.

LANNA, A. L. D. "Ferrovias no Brasil 1870-1920". In: *História Econômica & História de Empresas*. vol. VIII (1). ABPHE, 2005, p. 7-40.

LATINI, S. A. *A implantação da indústria automobilística no Brasil: da substituição de importações ativa à globalização passiva*. São Paulo: Alaúde Editorial, 2007.

LAVALLE, A. M. *Análise quantitativa das tropas passadas no registro do Rio Negro (1830-1854)*. Curitiba: Tese de Livre Docência, UFPR, 1974.

LAVANDER Jr., M. e MENDES, P. A. *SPR, memórias de uma inglesa*. São Paulo: 2005.

LEE, C. H. *The quantitative approach to economic history*. Nova York: St. Martin's Press, 1977.

LÊNIN, V. I. *O Estado e a revolução: a doutrina marxista do Estado e as tarefas do proletariado na revolução*. Trad. São Paulo: Global, 1987.

LEOPOLDI, M. A. P. *Política e interesses na industrialização brasileira: as associações industriais, política econômica e o estado*. São Paulo: Paz e Terra, 2000.

LEVI, D. E. *A família Prado*. São Paulo: Cultura 70, 1977.

LEVY, M. B. e SAES, F. A. M. de. Dívida externa brasileira, 1850-1913: empréstimos públicos e privados. *História Econômica & História de Empresas*. vol. IV (1). ABPHE, 2001.

LEWIS, C. M. *Public policy and private initiative railway building in São Paulo 1860-1889*. Londres: University of London, 1991.

_____. "Regulating the private sector: government and railways in Brazil. c. 1900". In: BÖTTCHER, N. and HAUSBERGER, B. (ed). *Dinero y negocios en la historia da America Latina*. Vervuert/Iberoamericana, 2000.

LIGUORI, G. *Roteiros para Gramsci*. Trad. Rio de Janeiro: Editora UFRJ, 2007.

LIMONCIC, F. *A civilização do automóvel: a instalação da indústria automobilística no Brasil e a via brasileira para uma improvável modernidade fordista, 1956-1961*. Rio de Janeiro, dissertação de mestrado, UFRJ, 1997.

LO PIPARO, F. *Lingua intellettuali egemonia in Gramsci*. Roma-Bari: Laterza, 1979.

LORENZO, H. C. *Origem e crescimento da indústria na região "Araraquara – São Carlos" (1900-1970)*. São Paulo, dissertação de mestrado, USP, 1979.

LOSNAK, C. J. (coord.). *Trabalho e sentimento: história de vida de ferroviários da Companhia Paulista e Fepasa*. Bauru: Prefeitura de Bauru/Secretaria de Cultura, 2003.

LOUREIRO, M. R. *Os economistas no governo*. Rio de Janeiro: FGV, 1997.

LOVE, J. L. "Autonomia e Interdependência: São Paulo e a Federação Brasileira, 1889-1937". In: FAUSTO, B. (dir.). *História geral da civilização brasileira. O Brasil republicano*. Tomo III, vol. 1. São Paulo: Difel, 1977.

_____. *A locomotiva: São Paulo na federação brasileira, 1889-1937*. Trad. Rio de Janeiro: Paz e Terra, 1982.

LUNA, F. V. e KLEIN, H. S. *Evolução da sociedade e economia escravista de São Paulo, de 1750 a 1850*. São Paulo: Edusp, 2005.

LUZ, N. V. *A luta pela industrialização no Brasil*. 2ª ed. São Paulo: Alfa-Omega, 1975.

MALAN, P. S. et. al. *Política econômica externa e industrialização no Brasil (1930/52)*. Rio de Janeiro: Ipea-Coleção Relatórios de Pesquisa, nº 36.

MARAM, S. L. *Anarquistas, imigrantes e o movimento operário brasileiro, 1890-1920*. Rio de Janeiro: Paz e Terra, 1979.

MARANHÃO, R. *O governo Juscelino Kubitschek*. São Paulo: Brasiliense, 1994.

MARTINS, C. E. (org.). *Estado e capitalismo no Brasil*. São Paulo: Hucitec/CEBRAP, 1977.

MARTINS, M. G. *Caminho da agonia: a Estrada de Ferro Central do Brasil, 1908-1940*. Rio de Janeiro, dissertação de mestrado, UFRJ, 1985.

_____. *Caminhos tortuosos: um painel entre o Estado e as empresas ferroviárias brasileiras, 1934-1956*. São Paulo, tese de doutorado, USP, 1995.

MARX, K. *El capital. Crítica de la Economia Política*. Livro II e III. 2ª ed. Cidade do México: Fondo de Cultura Econômica, 1959.

_____. *O capital. Crítica da Economia Política.* Livro I, vol. 1. 3ª ed. Rio de Janeiro: Civilização Brasileira, 1975.

_____. Prefácio à "Contribuição à crítica da economia política" In: MARX, K. e ENGELS, F. *Textos.* vol. III. São Paulo: Edições Sociais, 1977.

MATOS, O. N. de. "Vias de comunicação". In: HOLANDA S. B. *História geral da civilização brasileira.* Tomo II, 4º vol. São Paulo: Difel, 1971.

_____. *Café e ferrovias: a evolução ferroviária de São Paulo e o desenvolvimento da cultura cafeeira.* 2 ed. São Paulo: Alfa-Omega, Sociologia e Política, 1974.

MATTOON Jr, R. H. *The Companhia Paulista de Estradas de Ferro, 1868-1900: o local railway enterprise in São Paulo.* Tese de doutorado, Yale University, 1971.

MAURO, F. *Nova história e nôvo mundo.* São Paulo: Perspectiva, 1969.

MCCLELLAND, P. D. "Social rates of return on American railroads in the nineteenth century". In: *Economic History Review* 25, (3), 1972, p. 471-88.

MEDICCI, A. P., HÖRNER, E. e BITTENCOURT, V. L. N. "Do ponto à trama: rede de negócios e espaços políticos em São Paulo, 1765-1842" In: OLIVEIRA, C. H. de S., BITTENCOURT, V. L. N. e COSTA, W. P. (orgs.). *Soberania e conflito: configurações do Estado Nacional no Brasil do século XIX.* São Paulo: Hucitec, 2010.

MELLO, J. M. C. de. *Capitalismo tardio. Contribuição à revisão crítica da formação e do desenvolvimento da economia cafeeira.* 10ª ed. Campinas: Editora da Unicamp, 1998.

MELLO, Z. C. de. *As metamorfoses da riqueza.* São Paulo: Hucitec, 1985.

MERCER, L. J. *Railroads and land grant policy: a study in government intervention.* New York, 1982.

MESSIAS, R. C. *O cultivo do café nas bocas do sertão paulista: mercado interno e mão-de-obra no período de transição – 1830-1888.* São Paulo: Unesp, 2003.

METZER, J. "Railroad and the efficiency of internal market: some conceptual and practical considerations". In: *Economic Development and Cultural Change* 33, (1), 1984, p. 61-70.

MICELI, S. *Intelectuais e classe dirigente no Brasil (1920-1945).* São Paulo: Difel, 1979.

MILLIET, S. *Roteiro do café e outros ensaios.* 4ª ed. São Paulo/Brasília: Hucitec/INL, 1982.

MONBEIG, P. *Pioneiros e fazendeiros de São Paulo.* São Paulo: Hucitec/Polis, 1984.

MONTEIRO, J. M. *Negros da terra: índios e bandeirantes nas origens de São Paulo.* Companhia das Letras: São Paulo, 1994.

MOREIRA, J. E. *Caminhos das comarcas de Curitiba e Paranaguá.* 3 vols. Curitiba: Imprensa Oficial, 1975.

MOTTA, A. C. C. R. da. *Cobrasma: trajetória de uma empresa brasileira.* São Paulo, tese de doutorado, USP, 2006.

NASCIMENTO, B. H. *Formação da indústria automobilística brasileira. Política de desenvolvimento industrial em uma economia dependente*. São Paulo: IGEOG-USP, 1976.

NATAL, J. L. A. *Transporte, ocupação do espaço e desenvolvimento capitalista no Brasil: história e perspectivas*. Campinas, tese de doutorado, Unicamp, 1991.

NOGUEIRA, M. A. *Um Estado para a sociedade civil: temas éticos e políticos da gestão democrática*. 2ª ed. São Paulo: Cortez, 2005.

NOVAIS, F. A. *Portugal e Brasil na crise do antigo sistema colonial (1777-1808)*. São Paulo: Hucitec, 1979.

NEGRI, B. *Concentração e desconcentração industrial em São Paulo (1880-1990)*. Campinas: Editora da Unicamp, 1996.

NUNES, I. *Douradense: a agonia de uma ferrovia*. São Paulo: Annablume, 2005.

O'BRIEN, P. K. *The new economic history of the railways*. London: Croom Helm, 1977.

OLIVEIRA, V. P. *Programa de consolidação e expansão da ferrovia paulista*. São Paulo: Secretaria dos Transportes e Secretaria de Economia e Planejamento, 1972.

PAULA, D. A. de. *Fim de linha: a extinção de ramais da Estrada de Ferro Leopoldina, 1955-1974*. Niterói, tese de doutorado, UFF, 2000.

PELÁEZ, C. M. *História da industrialização brasileira: crítica à teoria estruturalista no Brasil*. Rio de Janeiro: APEC, 1972.

PERISSINOTTO, R. M. *Estado e capital cafeeiro em São Paulo, 1889-1930*. 2 vol. São Paulo: Annablume, Campinas: Editora da Unicamp, 1999.

PETRATTI, P. *A instituição da São Paulo (Brazilian) Railway Limited*. São Paulo, dissertação de mestrado, USP, 1977.

PETRONE, M. T. S. *Barão de Iguape: um empresário da época da independência*. São Paulo: Companhia Editora Nacional, 1976.

PINTO, A. A. *As estradas de ferro de São Paulo: as suas tarifas, os seus serviços, os seus impostos, a sua encampação*. São Paulo: Vanorden, 1916.

_____. *História da viação pública de São Paulo*. 2ª ed. São Paulo: Governo do Estado, 1977.

POMAR, P. E. da R. *A democracia intolerante: Dutra, Adhemar e a repressão do Partido Comunista (1946-1950)*. São Paulo: Arquivo do Estado/Imprensa Oficial do Estado, 2002.

PORTELLI, H. *Gramsci e o bloco histórico*. Trad. 6ª ed. Rio de Janeiro: Paz e Terra, 2002.

POULANTZAS, N. *Hegemonia y dominación en el Estado moderno*. Córdoba: Pasado y Presente, 1969.

_____. *Poder político e classes sociais do Estado capitalista*. Porto: Portucalense, 1971.

_____. *As classes sociais no capitalismo de hoje*. Rio de Janeiro: Zahar, 1975.

PRADO, M. L. C. *A democracia ilustrada (O Partido Democrático de São Paulo, 1926-1934)*. São Paulo: Ática, 1986.

PRADO Jr, C. *Evolução política do Brasil e outros estudos*. São Paulo: Brasiliense, 1966.

_____. *Formação do Brasil contemporâneo*. São Paulo: Brasiliense, 1970.

_____. *História econômica do Brasil*. 35ª ed. São Paulo: Brasiliense, 1987.

PREZIA, B. "Os indígenas do planalto paulista". In: BUENO, E. (org.). *Os nascimentos de São Paulo*. Rio de Janeiro: Ediouro, 2004.

QUEIROZ, M. I. P. de. *O mandonismo local na vida política brasileira*. São Paulo: IEB/USP, 1969.

QUEIROZ, P. R. C. "Notas sobre a experiência das ferrovias no Brasil". In: *História Econômica & História de Empresas*. vol. II (1), ABPHE, 1999, p. 91-111.

_____. *Uma ferrovia entre dois mundos: a E. F. Noroeste do Brasil na primeira metade do século 20*. Bauru: Edusc; Campo Grande: Ed. UFMS, 2004.

QUEIROZ, S. R. R. *Os radicais da República. Jacobinismo: ideologia e ação, 1893-1897*. São Paulo: Brasiliense, 1986.

RABELO, R. F. "Plano de Metas e consolidação do capitalismo industrial no Brasil". In: *E & G Economia e Gestão*. vols. 2 e 3, (4) e (5). Belo Horizonte, dez. 2002/jul. 2003, p. 44-55.

REIS, E. P. "Poder privado e construção de Estado sob a Primeira República". In: BOSCHI, R. R. (org.). *Corporativismo e desigualdade. A construção do espaço publico no Brasil*. Rio de Janeiro: IUPERJ/Rio Fundo Editora, 1991.

RICARDO, C. *Marcha para oeste. A influência da "Bandeira" na formação social e política do Brasil*. 2 vol. 2ª ed. Rio de Janeiro: José Olympio, 1942.

RIDINGS, E. *Business interest groups in nineteenth-century Brazil*. Cambridge: Cambridge University Press, 1994.

RIPPY, J. F. "A century and a quarter of british investment in Brazil". In: *Inter American Economic Affairs*. vol. 6, (1), 1952.

_____. *British investments in Latin America, 1822-1949. A case study in the operations of private enterprise in retarded regions*. Minneapolis: Ed. Universidade de Minnesota, 1959.

RODRIGUES, E. C. *Crise nos transportes*. São Paulo: Editoras Unidas, 1975.

ROSA, L. B. R. A. *A Companhia de Estrada de Ferro Vitória a Minas, 1890-1940*. São Paulo, dissertação de mestrado, USP, 1976.

SAES, A. M. *Conflitos do capital: Light versus CBEE na formação do capitalismo brasileiro (1898-1927)*. Bauru: Edusc, 2010.

SAES, F. A. M. de. *As ferrovias de São Paulo 1870-1940*. São Paulo: Hucitec, 1981.

_____. *A grande empresa de serviços públicos na economia cafeeira*. São Paulo: Hucitec, 1986.

SANTOS, M. *Estradas reais: introdução ao estudo dos caminhos do ouro e do diamante no Brasil*. Belo Horizonte: Estrada Real, 2001.

SARETTA, F. *Política econômica brasileira (1946-1951)*. Araraquara: FCL/Laboratório Editorial/UNESP; São Paulo: Cultura Acadêmica Editora, 2000.

SCANTIMBURGO, J. de. *Gastão Vidigal e sua época.* São Paulo: Fundação Gastão Vidigal de Estudos Econômicos, 1988.

_____. *Os paulistas.* São Paulo: Imprensa Oficial do Estado de São Paulo, 2006.

SCHULZ, J. *A crise financeira da abolição (1875-1901).* São Paulo: Edusp/Instituto Fernand Braudel, 1996.

SCHUMPETER, J. A. *História da análise econômica.* Rio de Janeiro: Fundo de Cultura, 1964.

SCHVARZER, J. y GÓMEZ, T. *La primera gran empresa de los argentinos: el Ferrocarril del Oeste (1854-1862).* Buenos Aires: Fondo de Cultura Económica, 2006.

SEGNINI, L. R. P. *Ferrovia e ferroviários.* São Paulo: Autores Associados/Cortez, 1982.

SEMEGUINI, U. C. *Do café à indústria: uma cidade e seu tempo.* Campinas: Editora da Unicamp, 1991.

SHAPIRO, H. "A primeira migração das montadoras: 1056-1968". In: ARBIX, G. e ZILBOVICIUS, M. (orgs.). *De JK a FHC: a reinvenção dos carros.* São Paulo: Scritta, 1997.

SILVA, C. P. *A reforma das tarifas.* São Paulo: Laemmert, 1901.

_____. *Política e legislação de estradas de ferro.* 2 vols. São Paulo: Laemmert, 1904.

_____. *O problema da viação no Brasil.* São Paulo: Levy, 1910.

SILVA, S. *Expansão cafeeira e origens da indústria no Brasil.* São Paulo: Alfa-Omega, 1976.

SIMONSEN, R. C. *A evolução industrial do Brasil e outros estudos.* São Paulo: Companhia Ed. Nacional /Edusp, 1973.

_____. *A controvérsia do planejamento na economia brasileira: coletânea da polêmica Simonsen x Gudin, desencadeada com as primeiras propostas formais de planejamento da economia brasileira ao final do Estado Novo.* Rio de Janeiro: Ipea/Inpes, 1977.

SINGER, P. "O Brasil no contexto do capitalismo internacional, 1889-1930". In: FAUSTO, B. (org.). *História geral da civilização brasileira,* tomo III, vol. 1. São Paulo, 1989.

SINTONI, E. *Em busca do inimigo perdido: construção da democracia e imaginário militar no Brasil (1930-1964).* Araraquara: FCL/Laboratório Editorial/UNESP; São Paulo: Cultura Acadêmica Editora, 1999.

SIQUEIRA, T. V. de. "As primeiras ferrovias do nordeste brasileiro: processo de implantação e o caso da Great Western Railway". In: *Revista do BNDES.* vol. 9, (17). Rio de Janeiro, junho de 2002, p. 169-220.

SKIDMORE, T. *Brasil: de Getúlio a Castelo, 1930-1964.* 7ª ed. Rio de Janeiro: Paz e Terra, 1982.

SODRÉ, N. W. *As razões da independência.* Rio de Janeiro: Civilização Brasileira, 1965.

_____. *Brasil: radiografia de um modelo.* 7ª ed. Rio de Janeiro: Bertrand Brasil, 1987.

_____. *Capitalismo e revolução burguesa no Brasil.* 2ª ed. Rio de Janeiro: Graphia, 1997.

SPINDEL, C. R. *Homens e máquinas na transição de uma economia cafeeira.* Rio de Janeiro: Paz e Terra, 1980.

STEFANI, C. R. B. *O sistema ferroviário paulista: um estudo sobre a evolução do transporte de passageiros sobre trilhos.* São Paulo, dissertação de mestrado, USP, 2007.

STOLCKE, V. *Cafeicultura, homens, mulheres e capital, 1850-1980.* São Paulo: Brasiliense, 1986.

SUMMERHILL, W. R. "Market intervention in a backward economy". In: *Economic History Review.* vol. LI, (3). August, 1998a, p. 542-68.

_____. "Railroads in Imperial Brazil, 1854-1889". In: COATSWORTH, J. H. and TAYLOR, A. M. (eds). *Latin America and the World Economy Since 1800.* Cambridge, Mass., 1998b.

_____. *Order against progress: government, foreign investment, and railroads in Brazil, 1854-1913.* Stanford, California: Stanford University Press, 2003.

SUPRINYAK, C. E. "Tropas conduzidas pela barreira de Itapetininga e o comportamento do mercado de muares, 1854-1869". In: *História Econômica & História de Empresas.* vol. IX (2). ABPHE, 2006, p. 49-72.

_____. *Tropas em marcha: o mercado de animais de carga no centro-sul do Brasil imperial.* São Paulo: Annablume, 2008.

SUZIGAN, W. "Notas sobre desenvolvimento industrial e política econômica no Brasil da década de 30". In: *Revista de Economia Política.* vol. 4, (1), jan.-mar. 1984, p. 132-143.

_____. *Indústria brasileira. Origens e desenvolvimento.* São Paulo: Hucitec/Editora da Unicamp, 2000.

SYLOS, H. *São Paulo e seus caminhos.* São Paulo: McGraw-Hill, 1976.

TAUNAY, A. de E. *História do café no Brasil* vol. 10, tomo II. Rio de Janeiro: Departamento Nacional do café, 1941.

_____. *História das bandeiras paulistas.* Tomo I. 2ª ed. São Paulo: Melhoramentos, 1961.

TAVARES, M. da C. "Notas sobre o problema do financiamento numa economia em desenvolvimento: o caso do Brasil". In: *Da substituição de importações ao capitalismo financeiro: ensaios sobre economia brasileira.* 4ª ed. Rio de Janeiro: Zahar, 1975.

TEIXEIRA, A. e GENTIL, D. L. "O debate em perspectiva histórica: duas correntes que se enfrentam através dos tempos". In: TEIXEIRA, A., MARINGONI, G. e GENTIL, D. L. *Desenvolvimento: o debate pioneiro de 1944-1945.* Brasília: Ipea, 2010.

TELLES, P. C. da S. *História da engenharia no Brasil – século XX.* Rio de Janeiro: Clavero Editoração, 1993.

TENÓRIO, D. *Capitalismo e ferrovias no Brasil (as ferrovias em Alagoas).* Maceió: EDUFAL, 1979.

TOPIK, S. A. "State interventionism in a liberal regime: Brazil, 1889-1930". In: *Hispanic American Historical Review,* 60, nov. 1980, p. 593-616.

_____. *A presença do Estado na economia política do Brasil: de 1889 a 1930.* Rio de Janeiro: Record, 1987.

TRINDADE, J. B. *Tropeiros*. São Paulo: Editoração, Publicações e Comunicações Ltda, 1992.

VEYNE, P. "A história conceitual". In: LE GOFF, J. e NORA, P. (dir.) *História: novos problemas*. Rio de Janeiro: Francisco Alves Editora, 1976.

VIANNA, S. B. "Duas tentativas de estabilização: 1951-1954". In: ABREU, M. de P. (org.). *A ordem do progresso: cem anos de política econômica republicana, 1889-1989*. Rio de Janeiro: Campus, 1992.

VILAR, P. "História marxista, história em construção". In: LE GOFF, J. e NORA, P. (dir.). *História: novos problemas*. Rio de Janeiro: Francisco Alves Editora, 1976.

_____. "Para uma melhor compreensão entre economistas e historiadores. 'História quantitativa' ou econometria retrospectiva?" In: *Desenvolvimento econômico e análise histórica*. Lisboa: Editorial Presença, 1982.

VILLELA, A. V. e SUZIGAN, W. *Política do governo e crescimento da economia brasileira, 1889-1945*. Rio de Janeiro: IPEA/INPES, 1973.

WATKINS, M. "A staple theory of economic growth". In: *Candian Journal of Economics and Political Science*, 29 (2), 1963, p. 141-58.

WEINGAST, B. R., SHEPSLE, K. A. and JOHNSEN, C. "The political economy of benefits and costs: a neoclassical approach to distributive politics". In: *Journal of Political Economy*, 89, (4), 1981, p. 642-64.

WINSTON, C. Conceptual developments in the economics of transportation: an interpretative survey. *Journal of Economic Literature*. vol. XXIII, March, 1985, p. 57-94.

ZAMBELLO, M. H. "A história do sindicalismo ferroviário paulista (1930-1961)". In: ARAÚJO, S. M., BRIDI, M. A. e FERRAZ, M. (orgs.). *O sindicalismo equilibrista: entre o continuísmo e as novas práticas*. Curtiba: UFPR/NUPESPAR/Gráfica Popular, s/d, p. 15. Disponível em: http://sindpaulista.org.br/arquivos/historia_sindicalismo_ferroviario_por__marco_henrique_zambello.pdf.

3. Outras Fontes

Agência Estado, 21/9/2009.

Agência Nacional de Transportes Terrestres. *Evolução do transporte ferroviário*, 2008. Disponível em: http://www.antt.gov.br/concessaofer/EvolucaoFerroviaria.pdf. Último acesso em 23/9/2008.

As estradas de rodagem em território paulista – Histórico – O Departamento de Estradas de Rodagem, p. 6. Disponível em: www.der.sp.gov.br/institucional/memoria.aspx. Último acesso em: 6/11/2009.

Brasil Econômico, 19/3/2010.

Entrevista de Célio Debes concedida ao autor em 5/11/2010.

Revista Ferroviária, 28/3/2008.

Agradecimentos

ELABORAR UM ESTUDO HISTORIOGRÁFICO EXIGE DISPONIBILIDADE de tempo e uma resoluta dedicação à consulta nos acervos históricos e ao trabalho voltado propriamente à confecção do texto. Por isso, quero agradecer, em primeiro lugar, a todos os meus familiares e amigos que compreenderam minha ausência durante quatro anos e meio de intenso trabalho.

Agradeço, fundamentalmente, ao Prof. Dr. José Jobson de Andrade Arruda que, com a erudição que lhe é característica, sempre demonstrou disposição para me esclarecer os sentidos epistemológicos da pesquisa histórica.

Quero manifestar minha profunda gratidão a outros dois professores que têm me acompanhado desde o início de minha trajetória acadêmica: à Profa. Dra. Maria Lúcia Lamounier, a quem devo meu interesse pelas ferrovias e pela história econômica; e ao Prof. Dr. Flávio Azevedo Marques de Saes, pelos valiosos comentários tecidos durante sua participação na banca que examinou a primeira versão do conteúdo deste livro, quando o texto ainda se encontrava em seu formato de tese de doutoramento.

Sou grato ao Prof. Dr. Renato Perim Colistete, ao Prof. Dr. Fernando Antonio Novais e ao Prof. Dr. Paulo Roberto Cimó de Queiroz, que também participaram da banca examinadora da tese que deu origem a este estudo. Em suas arguições, todos os professores me sugeriram valiosos encaminhamentos que contribuíram sobremaneira para uma melhor percepção acerca do meu trabalho.

À Fapesp agradeço pelo subsídio dado a esta publicação, ao CNPq pelo financiamento concedido durante parte da realização da pesquisa e à Alameda Casa Editorial pelo seu compromisso e competência em divulgar trabalhos acadêmicos.

Impreteríveis foram as colaborações do Dr. Célio Debes, grande conhecedor da história ferroviária do Brasil, que se prontificou a conceder seu valioso depoimento sobre a época da encampação da Paulista em que trabalhou como advogado da Companhia; de Karin Bizzarro, diretora do Complexo Fepasa, que abriga a biblioteca do Museu da Companhia Paulista sediada no município de Jundiaí-SP; e dos funcionários da biblioteca, Carlos Tonielo e Marcos Nascimento, que amigavelmente procuraram me ajudar na localização dos documentos que serviram de base a este estudo.

Agradeço também aos professores doutores Adalton Diniz, pelo fornecimento dos diversos materiais de pesquisa; Ivanil Nunes, pelas enriquecedoras sugestões dadas às versões finais de alguns capítulos; e Alexandre Saes e Thiago Gambi, pelos instigantes debates historiográficos que surgiram das afinidades de pesquisa.

Aos colegas professores da Faculdade Cásper Líbero, Cláudio Arantes, Maximino Boschi, Genilda Alves de Souza, Mônica Brincalepe, José Augusto Dias Jr., Jorge Paulino, Anton Míguez, Nanami Sato, Sandra Goulart e Gilberto Maringoni, agradeço pela convivência, constante troca de ideias e, sobretudo, pela amizade. Ao economista Rodolfo Amstalden, por ter pacientemente me auxiliado no tratamento dos dados monetários.

Por fim, agradeço à Marina Menezes, companheira de todos os dias que me ajuda não somente em relação às atividades acadêmicas, na revisão dos textos e com apontamentos e sugestões dos mais interessantes, mas em todas as instâncias da vida, ao me compreender nos momentos difíceis e me apoiar sempre que necessário. Ma, este livro também é dedicado a você.

Esta obra foi impressa em São Paulo na verão de 2013 pela gráfica Vida e Consciência. No texto foi utilizada a fonte Electra LH em corpo 10,5 e entrelinha de 15,5 pontos.